Ihre Arbeitshilfen zum Download:

Die folgenden Arbeitshilfen stehen für Sie zum Download bereit:

- Leitfragen
- Teamübungen
- Dialog- und Austauschformate

Den Link sowie Ihren Zugangscode finden Sie am Buchende.

New Pay – Alternative Arbeits- und Entlohnungsmodelle

Sven Franke/Stefanie Hornung/Nadine Nobile

New Pay – Alternative Arbeits- und Entlohnungsmodelle

1. Auflage

Haufe Group
Freiburg · München · Stuttgart

Bibliografische Information der Deutschen Nationalbibliothek

Die Deutsche Nationalbibliothek verzeichnet diese Publikation in der Deutschen Nationalbibliografie; detaillierte bibliografische Daten sind im Internet über http://dnb.dnb.de abrufbar.

Print:	ISBN 978-3-648-11725-5	Bestell-Nr. 14067-0001
ePub:	ISBN 978-3-648-11727-9	Bestell-Nr. 14067-0100
ePDF:	ISBN 978-3-648-11728-6	Bestell-Nr. 14067-0150

Sven Franke/Stefanie Hornung/Nadine Nobile
New Pay – Alternative Arbeits- und Entlohnungsmodelle
1. Auflage, 2019

© 2019 Haufe-Lexware GmbH & Co. KG, Freiburg
www.haufe.de
info@haufe.de

Produktmanagement: Bernhard Landkammer
Lektorat: Ulrich Leinz

Inhaltsverzeichnis

Vorwort

Der Glaube, es gebe nur eine Wirklichkeit, ist die gefährlichste Selbsttäuschung.
Paul Watzlawick

Dieses Buch ist eine Einladung an alle Menschen, die sich mit Vergütung im Allgemeinen und dem eigenen Vergütungsmodell im Speziellen kritisch auseinandersetzen wollen. Es ist ein Praxisbuch, das Fragen aufwirft, zur Reflexion anregt und Impulse für alternative Arbeits- und Entlohnungsmodelle gibt. Dieses Buch bietet jedoch keine allgemeinen Wahrheiten oder Blaupausen. Denn jede vorgestellte Unternehmenslösung ist eine Momentaufnahme eines individuellen Weges.

Wir freuen uns, wenn Ihr unsere Beobachtungen und Anmerkungen kritisch reflektiert. Denn wir spiegeln in diesem Buch unsere individuellen Blickwinkel und somit nur eine mögliche Form der Betrachtung und Beschreibung.

Wir wünschen Euch eine spannende Zeit mit diesem Buch und viele neue und inspirierenden Gedanken rund um die Vergütung.

Eure Autoren Sven Franke, Stefanie Hornung und Nadine Nobile

1 Warum wir »New Pay« brauchen! Eine Einleitung von Prof. Dr. Stephan Fischer

»Warum arbeiten wir eigentlich?« – so lautete ursprünglich der Arbeitstitel für dieses Buch. Als die drei Autoren mich baten, ein einleitendes Kapitel dafür zu schreiben, erzählten sie mir auch von der Entstehungsgeschichte: Ihre Frage war: Wie beantworten Menschen diese Frage wohl mehrheitlich – heute, in einer Welt, in der Konzepte wie »New Work« in Unternehmen immer mehr Anklang finden? Hat Geld Priorität? Oder ist das wichtigste eine Arbeit, die jemand »wirklich wirklich will« (Frithjof Bergmann)?

Da sich die Werte von New Work deutlich von denen bestehender Arbeitskonzepte unterscheiden, stehen folgerichtig herkömmliche Anreizsysteme, Vergütungsprinzipien und Verhandlungsstrategien auf dem Prüfstand. Unternehmen lassen sich auf eine neue Art zu arbeiten ein, weil sich immer mehr Beschäftigte – und zwar vor allem die hochqualifizierten Talente – in einer neuen Wertewelt bewegen. Gleichzeitig versprechen sich Arbeitgeber von New Work mehr Erfüllung, Selbstverantwortung und Sinnstiftung bei den Mitarbeitenden sowie eine Beschleunigung der Innovations- und Transformationsprozesse im Unternehmen.

New Pay basiert auf Werten von New Work
Das Konzept »New Work« entwickelte der bereits erwähnte austro-amerikanische Sozialphilosoph Frithjof Bergmann[1]. Es beinhaltet als zentrale Werte Selbstständigkeit, Freiheit und Teilhabe an der Gemeinschaft. Für Bergmann ist Arbeit sowohl eine Tätigkeit zur Zweckerfüllung (zum Beispiel Finanzierung des Lebensunterhalts) als auch zur Sinnerfüllung. Heute steht New Work eher allgemeiner für eine Veränderung der Arbeitswelt, in der selbstbestimmtes Handeln statt starrer Arbeitsmodelle und Netzwerke statt klassischer Organisationen dominieren[2]. Zentral sind dabei Werte und Prinzipien wie Kollaboration, Arbeiten auf Augenhöhe, Wissensteilung, Ermächtigung, verteilte Führung, Nähe der Akteure, ein positives Menschenbild, hohe Transparenz, Partizipation sowie eine Silos überwindende Form der Zusammenarbeit.[3] Vor diesem Hintergrund geraten aktuell auch herkömmliche Vergütungsmodelle als ein wesentliches Element von betrieblichen Anreizsystemen in den Fokus. Bei Anreizsystemen lassen sich monetäre und nicht-monetäre Anreize unterscheiden. Monetäre Anreize beinhalten ganz klassisch das tarifliche und außertarifliche Entgelt sowie die

---

1 Bergmann, Frithjof H: On Being Free. University of Notre Dame, Paris 1977; Bergmann, Frithjof H: Neue Arbeit, Neue Kultur. Arbor, Freiburg 2004.
2 Hackl, Benedikt / Wagner, Marc / Attmer, Lars / Baumann, Dominik: New Work: Auf dem Weg zur neuen Arbeitswelt – Management-Impulse, Praxisbeispiele, Studien. Springer, Wiesbaden 2017.
3 Väth, Markus: Arbeit – die schönste Nebensache der Welt. Wie New Work unsere Arbeitswelt revolutioniert. Gabal, Offenbach 2016

betrieblichen Zusatzleistungen. Das tarifliche Entgelt basiert dabei auf bestimmten Bewertungsschemata, mit Hilfe derer Arbeitgeber festlegen wie »wertvoll« eine Tätigkeit für sie ist und welche Entgeltgruppe sich daraus ableiten lässt. Diese Kriterien sind in tarifgebundenen Unternehmen je Branche vergleichbar. Das außertarifliche Entgelt ist in der Gestaltung freier und unterscheidet sich deshalb zwischen den Unternehmen auch deutlicher. Unter den nicht-monetären Anreizen versteht man etwa die Arbeitsplatzgestaltung oder auch die Weiterbildung. Es geht dabei aber immer um die Aufstellung von Regeln, nach denen im Betrieb vergütet wird. In Unternehmen mit Betriebsrat hat der Betriebsrat dabei ein erzwingbares Mitbestimmungsrecht nach § 87 I Nr. 10 BetrVG. Benötigen nun diese Prozesse und Regeln im Zuge von Innovationsdruck und neuen Werteentwicklungen ein Update und wie könnte dieses aussehen?

New Pay stellt grundsätzliche Fragen
Die Autoren dieses Buches verwendeten den Begriff »New Pay« im Herbst 2017 erstmals im Zuge einer Blogparade. Die Idee: New Pay steht für verschiedene neue Vergütungsmodelle, die die oben genannten Prinzipien von New Work widerspiegeln und sich trotzdem den gesetzlichen Anforderungen stellen. Dabei werden grundsätzliche Fragen zum Teil ganz neu gestellt:

Wofür wollen Unternehmen ihre Beschäftigten eigentlich bezahlen? Ist die Grundlage die Leistung, Anwesenheit, Zielerreichung, Verantwortungsübernahme, Kreativität, Berufserfahrung, Stellenbewertung oder gar das Lernen aus Fehlern?

Was wird in einem Vergütungssystem verteilt? Geht es nur um Geld oder gewinnen im Sinne des Total-Compensation-Ansatzes andere Zusatzleistungen wie Verfügbarkeit und Hoheit über die eigene Zeit oder steigende Selbstbestimmung eine immer größere Bedeutung?

Wie wird verteilt? Sind die Mitarbeitenden eingebunden? Haben sie Transparenz über die Vergütung der anderen? Und wenn ja, nutzt das den Unternehmen oder schadet das sogar?

In Unternehmen, die New Work ernsthaft betreiben, können noch weitere Fragen hinzukommen: Braucht es bei einer hohen Sinnerfüllung der Arbeit überhaupt noch Anreize oder leisten die Mitarbeitenden aufgrund von Sinnhaftigkeit automatisch ihren Beitrag? Hat das Konzept der extrinsischen Motivation vielleicht sogar ganz ausgedient?

Unabhängig davon, wie Unternehmen all diese Einzelfragen für sich beantworten, scheint eines klar: Das Vergütungssystem sollte mit der Kultur der Unternehmen korrespondieren, damit diese wirksam sein können. Unternehmen, in denen die Prinzipien von New Work dominieren, sollten passende Anreize einsetzen. Wer Wert auf Eigenverantwortung, Kollaboration und den übergeordneten Sinn einer Arbeit legt, lässt sich nicht mit der vielzitierten Karotte locken.

New Pay lebt von Verteilungs- und Verfahrensgerechtigkeit

Bei der Vergütung ging der klare Trend die letzten 25 Jahre hin zu individuellen Zielvereinbarungen (MbO), die sich möglichst kaskadenförmig von den Unternehmenszielen ableiten lassen sollten. In vielen Trainings lernten Führungskräfte, wie sie smarte Ziele setzen. Nicht zu viele sollten es sein, damit der Fokus erhalten bleibt. Garniert wurde das System mit einem Mitarbeitergespräch, das einmal im Jahr stattfand (manchmal auch mit einem Zwischen-Review zur Jahresmitte) und eine Zielvereinbarung und eine Zielerreichungsüberprüfung beinhaltete. Die Ziele waren entweder quantitativ (und damit leichter messbar) oder qualitativ ausgerichtet. Dazu gab es mehr oder weniger elaborierte Systeme zur Leistungsmessung. Sowohl die Zielerreichung als auch die Leistungsbeurteilung waren Grundlage für die Vergütung, die Unternehmen entweder als Bonus oder als variable Komponente bezahlten. Die Grundlogik hinter den Systemen war klar: Es gibt eine Person (Vorgesetzter), die eine andere Person (Mitarbeiter) hinsichtlich Zielerreichung und Leistung bewertet. Die so bewertete Person erhielt dann entsprechend viel Vergütung.

Dieses Vorgehen hat viele Jahre (mehr oder weniger) gut funktioniert und wurde selten hinterfragt. Vermutlich passt dieser Steuerungsmechanismus auch sehr gut zur tayloristischen Organisation mit klassischer funktionaler Arbeitsaufteilung. Nun lässt sich aber immer häufiger die Grenze dieses Vorgehens beobachten. Denn Kollaboration und Gemeinschaftssinn gedeihen nicht unbedingt, wenn Unternehmen ihre Mitarbeiter für individuelle Leistungen oder Ziele belohnen. Zudem hemmt Geheimniskrämerei ebenfalls die Kollaboration. Doch sind wir schon bei der »Lösung« angekommen, wenn wir Ziele (wenn überhaupt) kollektiv auszurichten, Transparenz über Vergütung herstellen und möglichst das Team beim Thema Vergütung beteiligen?[4][5]

Reduzieren wir Vergütung auf das Wesentliche, geht es neben den drei oben aufgeworfenen Fragen des Wofür, Was und Wie um das zentrale Phänomen der sozialen

---

4   Breuer, K. (2017), Repetitive Arbeit vs. Kreation und Innovation – Warum Bonussysteme aus dem Industriezeitalter nicht mehr funktionieren. Online verfügbar unter: https://www.workpath.com/magazine/repetitive-arbeit-vs-kreation-und-innovation-warum-bonussysteme-aus-dem-industriezeitalter-nicht-mehr-funktionieren/, letzter Zugriff 17.3.2019.

5   Rahn, M. / Aleweld, T. (2018), Vergütung in agilen Organisationen: Lassen Sie sich inspirieren! Warum klassische Vergütungsansätze an ihre Grenzen geraten und welche Alternativen es gibt. Online verfügbar unter: https://www.compbenmagazin.de/verguetung-in-agilen-organisationen-lassen-sie-sich-inspirieren, letzter Zugriff 17.3.2019.

Gerechtigkeit. Dabei spielen zwei Prinzipien eine wichtige Rolle: die Verteilungsgerechtigkeit und die Verfahrensgerechtigkeit[6].

Bei der *Verteilungsgerechtigkeit* vergleichen wir uns permanent mit anderen[7] und finden es dann gerecht oder eben nicht, ob die anderen mehr oder weniger arbeiten als wir oder mehr oder weniger Geld verdienen. Die Verteilungsgerechtigkeit gewinnt umso mehr an Bedeutung, je transparenter die Vergütung und je direkter der Vergleich ist. In einer idealen Welt würde die Vergütung mit der Leistung oder dem gewünschten Beitrag des Einzelnen so korrespondieren, dass alle die Unterschiede als gerecht wahrnehmen. Leider ist dies selten der Fall. Es gibt aktuell verschiedene Faktoren, die zu einer ungleichen Verteilung der Vergütung führen. Zum einen sind Beschäftigte mit gleichen Qualifizierungen zu unterschiedlichen Zeitpunkten unterschiedlich selten auf dem Arbeitsmarkt und damit unterschiedlich teuer. Zum anderen hängt das Gehalt meist davon ab, wie gut jemand verhandeln kann. Wenn das allerdings transparent wird, empfinden das viele als ungerecht. Ein zentraler Einflussfaktor ist dabei auch, woran die Vergütung bemessen wird. Wenn es nicht mehr (nur) um Ziel und Zielerreichung, sondern um Sinn und Sinnerreichung geht, benötigen Unternehmen neue Methoden, dies zu bewerten oder zu messen. Ebenso komplex dürfte vermutlich sein, den Beitrag zur Kollaboration, zu einem gemeinsamen Ziel oder zur Wissensweitergabe zu ermitteln.

Daneben gibt es die *Verfahrensgerechtigkeit*. Sie bestimmt, ob wir das Verfahren als gerecht empfinden, das zu einer Verteilung führt.[8] Unternehmen im Umfeld von New Work versuchen dies durch Partizipation oder Transparenz zu erreichen. Vermutlich reicht dies jedoch nicht aus. Aus der Literatur wissen wir, dass ein Verfahren sechs Kriterien erfüllen sollte, damit es als gerecht erlebt wird:
1. Regeln konsistent anwenden,
2. bei Entscheidungen unvoreingenommen sein,
3. fehlerhafte Entscheidungen korrigieren,
4. relevante Informationen nutzen und fehlerhafte Vorannahmen vermeiden,
5. ethische und moralische Standards erfüllen und
6. die Interessen der Betroffenen einbeziehen.

Was heißt das aber für eine neue Form der Vergütung, für New Pay? Inwiefern die Beschäftigten Verteilungsgerechtigkeit und Verfahrensgerechtigkeit beurteilen kön-

---

6   Folger, Robert: Distributive and procedural justice: Combined impact of »voice« and improvement on experienced inequity. Journal of Personality and Social Psychology, 1977, 35, 108-119.

7   Adams, J. Stacy: Inequity in Social Exchange. In L. Berkowitz (Hrsg.): Advances in Experimental Social Psychology, Vol. 2. Academic Press, New York 1965, S. 267-299.

8   Leventhal, Gerald S.: What should be done with equity theory? New approaches to the study of fairness in social relationships. In K. Gergen, M. Greenberg, & R. Willis (Hrsg.), Social Exchange: Advances in Theory and Research. Plenum Press, New York 1980, S. 27–55.

nen und als angemessen wahrnehmen, ist ein entscheidendes Erfolgskriterium für die Akzeptanz neuer Vergütungssysteme.

New Pay braucht kritische Veränderungsbereitschaft

Das vorliegende Buch will einen Beitrag dazu leisten, bisherige Vergütungsmethoden zu hinterfragen und neue Ansätze vorzustellen. Dabei dienen Kennzeichen von »New Work« als Impuls für eine neue Arbeitswelt und somit auch für »New Pay«. Die Autoren distanzieren sich von normativen oder dogmatischen New-Work-Vorgaben und möchten vielmehr zur Reflexion einladen. Sie sind überzeugt davon, dass Arbeitgeber die Regeln der Zusammenarbeit ihren Bedürfnissen entsprechend mitgestalten und formen können. Doch nur wer die Auswirkungen von Systemveränderungen ständig im Blick hat, erreicht die gewünschte Wirkung. Mit »New Pay« ist in diesem Buch die Haltung von ständiger kritischer Veränderungsbereitschaft in Bezug auf Vergütungssysteme gemeint und kein konkretes neues Vergütungsmodell.

Die Ausprägungen in der Praxis sind teilweise sehr verschieden und zeichnen eine große Bandbreite von Entwicklungsmöglichkeiten. Evidenzbasierte Erkenntnisse zu empirisch belegten Zusammenhängen zwischen neuen Formen der Vergütung im Sinne von New Pay liegen derzeit noch nicht vor. Welche Ideen sich für welche Arten von Organisationen langfristig tatsächlich durchsetzen, werden wir erst in ein paar Jahren wissen. Deshalb zeigt das Buch alternative Ansätze und Modelle aus der Praxis auf, die aktuellen Herausforderungen wie Digitalisierung, Fachkräftemangel oder Werteverschiebung beim Zusammenspiel von Arbeit und Freizeit auf neue Weise begegnen. Lassen Sie sich davon zum Nachdenken anzuregen und zum Experimentieren einladen.

2 Wie New Pay entstand – eine kurze Geschichte

New Work ist Arbeit, die man »wirklich, wirklich will« – so definierte Fritjof Bergmann einst den Begriff (siehe Kapitel 3.2). Und auch wenn diese Beschreibung intuitiv verständlich ist, so ist der Versuch, den Begriff New Work einzukreisen, ein schwieriges Unterfangen. Denn von der ursprünglichen Idee der »Neuen Arbeit« Frithjof Bergmanns, einer Arbeit, die jeder Mensch »wirklich, wirklich will«, ist heute im praktischen Verständnis nur wenig geblieben. Die Perspektive hat sich von individueller Freiheit hin zu einer organisationalen Notwendigkeit, zu einer Art Überlebensstrategie verschoben.

Belange von Mitarbeitern sind für Arbeitgeber eher selten ein Veränderungsimpuls. Dominanter sind diesbezüglich neue Umweltfaktoren, wie etwa die zunehmende Digitalisierung. Die Kräfte dieser Veränderung erschüttern die Grundfesten der Arbeitswelt. Neue, disruptive Player mischen fast alle Branchen auf: Organisationen begreifen, dass sich die Marktentwicklung in einer durchdigitalisierten Welt nicht mehr einfach planen lässt. Permanenter Wettbewerb erfordert laufend neue Lösungen. Die Umwelt ist kompliziert, gar komplex und wandelt sich immer schneller. Entscheidungen müssen daher nah am Kunden fallen. Starre Hierarchien und »Command and Control« sind dabei hinderlich. New Work ist ebenso wie das agile Unternehmen die Verheißung, um in dieser unsicheren, sich schnell ändernden Umwelt eine bessere Anpassungsfähigkeit zu entwickeln.

2.1 New Work trifft auf neue Einstellung zur Arbeit

Die Erfolgsgeschichte von New Work fußt gleichwohl nicht ausschließlich auf einer dynamischen Marktlage. Auch die Menschen richten sich neu aus: Insbesondere nachrückende Generationen, aber auch viele erfahrene Fachkräfte, haben inzwischen andere Vorstellungen von ihrer Arbeit. Sinnstiftung, Verantwortung und eine gute Vereinbarkeit mit dem Privatleben werden wichtiger. So lässt sich auch erklären, warum ein bedingungsloses Grundeinkommen in aller Welt immer mehr Fans gewinnt. In einer Situation von akutem Fachkräftemangel suchen viele Menschen den Weg in die Selbständigkeit. Für Fach- und Führungskräfte hat frei verfügbare Zeit einen hohen Stellenwert – entweder um sich sozial zu engagieren oder um mehr Zeit für Familie und Freunde zu haben. Die gesellschaftliche Debatte um flexible Arbeitsmodelle, die der Tarifkonflikt mit der IG Metall Anfang 2018 exemplarisch verdeutlichte, ist ein weiterer Mosaikstein dieser Werteverschiebung.

So gewinnen die Vorstellungen und Wünsche der Mitarbeiter in den Organisationen mehr Gewicht. Schon lange ist von einem Arbeitnehmermarkt die Rede: Die veränderten Vorstellungen und Wünsche werden bereits dann spürbar, wenn es ans Rekrutieren neuer Mitarbeiter geht. Doch auch im Innern vieler Organisationen ist einiges im Gange: Die Leistung der Akteure wird neu verteilt und bewertet.

2.2   Warum New Work oft beim Gehalt aufhört

Folglich erscheint es logisch, neue Ansätze in der Arbeitswelt, wie sie etwa im New-Work-Umfeld oder in agilen Organisationen entstehen, auch bei der Vergütung konsequent weiter zu denken und zu übertragen. Doch oftmals machen selbst innovativste Unternehmen vor diesem Thema lieber halt. Es gilt als gewagt, an den Grundfesten der Gehaltspfründe zu rütteln. Konkret darüber zu sprechen, wer wieviel verdient, ist im deutschsprachigen Raum noch immer ein Tabu. Vergütungsfragen sind ein heißes Eisen, das auch New-Work-Pioniere nicht unbedingt gerne anfassen.

Immer mehr Unternehmen geben ihren Mitarbeitern mehr Selbstverantwortung, setzen auf Hierarchieabbau oder Transparenz – und sprechen dabei von New Work. Aber nur wenige Vorreiter wagen sich bislang auf das noch unsichere und weitgehend unbekannte Terrain »Gehalt«. Umso spannender ist es, zu beobachten, dass sich in letzter Zeit die Experimente mehren und mehr Mut zur Veränderung erkennbar wird (siehe Unternehmensbeispiele in Kapitel 7).

2.3   Blogparade #NewPay – Beginn einer »neuen Bewegung«

Um mehr darüber zu erfahren, inwiefern verschiedene Akteure in der Arbeitswelt die bisherige Gehaltsfindung als verkrustet empfinden und wie sie sich anders gestalten könnte, riefen wir, als Autorentrio, im Herbst 2017 eine Blogparade aus. Der Hashtag #NewPay war naheliegend und zu dem Zeitpunkt noch ungenutzt. Wie sehr wir dadurch einen Nerv trafen, hat uns selbst überrascht: Verschiedene Berater vereinnahmten daraufhin den Begriff auf Kongresspodien und erweckten den Anschein, schon längst das Thema New Pay zu betreiben.

Auch die Teilnehmer der Blogparade nahmen den Begriff wie eine natürliche Folge von New Work auf. Innerhalb von sechs Wochen steuerten 50 Autorinnen und Autoren 55 Beiträge bei. Dabei entstanden vielschichtige Einblicke in die Wertedimension einer neuen Gehaltsfindung. Sie reichten vom persönlichen Umgang mit dem eigenen Gehalt bis hin zu Lösungen in Organisationen. Ebenso umfassend waren die angesprochenen Themen, wie zum Beispiel agile Zielsetzungssysteme, Abkehr von Bonuszahlungen, Lohngerechtigkeit, Transparenz, nicht-monetäre Entlohnung wie Zeit, Sinn oder Weiterbildung, Verteilungs- und Verfahrensgerechtigkeit, Tabu Gehaltsrück-schritte und der Zusammenhang von Bezahlung und Macht.

Die meisten Beiträge beschäftigten sich nicht mit einer Begriffsdefinition. Die Autoren hinterfragten gar nicht, was der Begriff bedeuten soll. Vielmehr schien er bei den meisten Bloggern intuitiv einen Nerv zu treffen. Die Assoziationen zu New Pay in unserer Blogparade sind somit oft nicht eindeutig, aber zeichnen in ihrer Gesamtheit ein spannendes Bild. Einige Zitate aus der Blogparade:

»New Pay ist für mich Projekte zu machen, bei denen am Ende die Teilnehmer*innen strahlende Augen haben und die Welt jedes Mal ein kleines bisschen gerechter wird. Mir doch wurscht, ob mein Jahresgehalt dabei nur fünfstellig ist oder nicht.« *Daniel Wunderer*[9]

»Auch New Pay muss die ungeklärte Frage beantworten, die es schon heute beim Thema Vergütung gibt: Wie gelingt endlich eine Kopplung an den wirklichen Wertbeitrag zum Unternehmenserfolg?« *Shiran Habekost*[10]

»Das Gebiet (New Pay) ist sozusagen frisch und noch nicht besetzt – genau richtig um frei denken zu können.« *Manuela Bach*[11]

»Eine […] Erkenntnis ist […], dass im Rahmen von New Pay die Grundvergütung im Verhältnis zur variablen Vergütung wieder eine stärkere Bedeutung einnimmt und mithin eine Renaissance erfährt, um die Jobdesigns der Arbeitswelt 4.0 auszugestalten.«[12] *Markus Gunnesch*

»In […] Fällen, in denen sich […] eher starre Arbeitgeber-Arbeitnehmer-Beziehungen aufweichen und individuelle Wünsche und Gestaltungen bedient werden, bedarf es weiterer vielfältigerer Lösungen für das Thema Gehalt. […] Wir können nicht über Augenhöhe, Auflösung von Arbeitsorten, Arbeitszeiten, Arbeitsaufgaben sprechen und dabei die Vergütung so lassen wie sie ist. Auch Vergütung muss im Sinne von New Work »agil« werden.« *Britta Redmann*[13]

---

9   Wunderer, D. (2017), New Pay- Alter Hut, online verfügbar unter: https://inklusionsgedanken.wordpress.com/2017/10/17/new-pay-alter-hut/, letzter Zugriff 17.3.2019.
10 Habekost, S. (2017), Was bin ich wert?, online verfügbar unter: http://hrpepper.de/was-bin-ich-wert/, letzter Zugriff 17.3.2019.
11 Bach, M. (2017): New Pay = Zeit, online verfügbar unter: https://eyewall.de/2017/10/new-pay-zeit/, letzter Zugriff 17.3.2019.
12 Gunnesch, M. (2017), Key Insights: Steigende Gehälter und Vergütungssysteme im Wandel, online verfügbar unter: https://www.kienbaum.com/de/blog/key-insights-gehaltsentwicklungsprognose-2018, letzter Zugriff 17.3.2019.
13 Redmann, B. (2017), Agilität ist fair, online verfügbar unter: https://brittaredmann.blogspot.com/2017/10/agilitat-ist-fair.html, letzter Zugriff 17.3.2019.

»Es wird [...] nicht ein Modell geben, das alle Unternehmen anwenden können. [...] Allerdings: Wer sich New Work wünscht, wünscht sich oft auch mehr Freiheit. Und Freiheit kommt im Tandem mit (Selbst-)Verantwortung und hat Sicherheit nicht immer auf dem Gepäckträger.« *Gaby Feile*[14]

»Hier ›Moral‹ und ›Würde‹, da ›Leistung‹ und ›Nutzen‹. Und dazwischen die ›Gerechtigkeit‹: Wir können in Unternehmen Moral und Würde mit New Work realisieren, dauerhaft aber nicht mit New Pay im Sinne eines von Leistung und Nutzen entkoppelten Systems.« *Sabine Kluge*[15]

»Ist es nicht klug, wenn wir all die armen Vorstände, Geschäftsführer und Manager von dem Anreiz erlösen, solche Positionen allein deswegen anzustreben, weil sie ihnen als Menschen finanzielle Vorteile bringen? Daraus kann folgende #NewPay-Idee hervorgehen: Umso mehr jemand im Unternehmen zu sagen und zu bestimmen hat, umso schlechter sollte er verdienen.« *Ardalan Ibrahim*[16]

»Wenn wir eine [...] Wirtschaft wollen, die wirklich neu ist, brauchen wir Modelle wie das Bedingungslose Grundeinkommen.« *Monika Jiang*[17]

»New Pay = Old Pay: Viele – zum Teil als revolutionär – dargestellte Beispiele von New Pay gibt es, seit es Menschen gibt. Es gibt nicht die eine Lösung, das eine Geschäftsmodell, die eine reine Lehre!« *Franz-Peter Staudt*[18]

»Es gibt viel zu viele Menschen, für die das Thema New Pay wahrscheinlich nicht ansatzweise wertschöpfend sein wird, wenn wir den dazugehörigen gesamtgesellschaftlichen Diskurs, wenn auch meist unbewusst, umschiffen.« *Anna-Marie Kühne*[19]

»New Pay ist nicht nur ein Thema für Unternehmen – es ist, vielleicht noch viel mehr ein Thema einer sich verändernden Gesellschaft.« *Guido Bosbach*[20]

---

14   Feile, G. (2017): Gleicher Lohn für gleiche Arbeit, oder was?, online verfügbar unter: https://www.klub-der-komplizen.de/gehaelter-fair/, letzter Zugriff 17.3.2019.
15   Kluge, S. (2017), Bekommen? Verdienen? #NewPay? #FairPay? Gestatten, ich werde mal wieder persönlich, online verfügbar unter: https://www.linkedin.com/pulse/bekommen-verdienen-newpay-fairpay-gestatten-ich-werde-sabine-kluge/, letzter Zugriff 17.3.2019.
16   Ibrahim, A. (2017), #NewPay: Schlichte Umkehrung der Gehaltspyramide, online verfügbar unter: https://wyriwif.wordpress.com/2017/09/22/newpay-schlichte-umkehrung-der-gehaltspyramide/, letzter Zugriff 17.3.2019.
17   Jiang, M. (2017), Was tun, wenn wir nicht mehr für's Geld arbeiten?, online verfügbar unter: https://medium.com/MonikaJiang/was-tun-wenn-wir-nicht-mehr-fürs-geld-arbeiten-2a71b45f47ff, letzter Zugriff 17.3.2019.
18   Staudt, F.-P. (2017), New Pay – was ist New und was Pay?, online verfügbar unter: https://www.linkedin.com/pulse/new-pay-ist-und-franz-peter-staudt/, letzter Zugriff 17.3.2019.
19   Kühne, A.-M. (2017), #NewPay – Einbeziehen anstatt abzuhängen, online verfügbar unter: https://www.coplusx.de/2017/11/03/newpay-einbeziehen-anstatt-abzuh%C3%A4ngen/, letzter Zugriff 17.3.2019.
20   Bosbach, G. (2017), Arbeit, bezahlt mit meinem Leben?! – #newpay, online verfügbar unter: http://www.bosbach.mobi/2017/10/30/arbeit-bezahlt-mit-meinem-leben-newpay/, letzter Zugriff 17.3.2019.

»Mit dem Schleifen tradierter Hierarchien und dem Einzug von Digital Leadership und zunehmender Selbstorganisation müssen Manager vielerorts sukzessive Kontrolle auf- und Macht abgeben. Die letzte Bastion, die ihnen in vielen Unternehmen noch geblieben ist: Die Entscheidung über Lohn und Gehalt ihrer Mitarbeiter. Doch ist dies noch zeitgemäß? Muss New Work nicht auch New Pay bedeuten? Meiner Ansicht nach: Auf jeden Fall.« *Hermann Arnold*[21]

»Geld kommt und geht, Zeit geht nur.« *Lydia Krüger*[22]

»Mir kommt es vor, als sei das, was wir suchen – individuelle und faire Vergütungsformen – tatsächlich eher eine Rückbesinnung, ein »back to basic«. Ein Zurück zum Tauschgeschäft: Arbeit gegen Dienstleistung, gegen Ware oder eben gegen mehr Zeit für Privates oder ein Leben in einem Umfeld, in dem man sich gerne bewegt.« *Pascal Machate*[23]

»Bei meiner Betrachtung offensichtlich kulturell exzellent aufgestellter Unternehmen erkenne ich ein Muster bewährter Praktiken (von New Work). Was ich aber bisher in allen von mir beobachten modernen Unternehmen praktisch nicht gefunden habe, ist ein konsequent auf New Work ausgerichtetes Vergütungssystem, was ich in der Folge als New Pay bezeichnen werde.« *Uwe Rotermund*[24]

Trotz der Vielfalt an Themen zeichneten sich in der Blogparade einige Schwerpunkte ab: Neben der Präferenzverschiebung vom Gehalt hin zu mehr Freizeit und Selbstbestimmung gehörten dazu insbesondere die kritische Reflexion sogenannter leistungsgerechter Vergütungsmodelle und die Forderung nach mehr Transparenz beim Thema Gehalt.

2.4   Ist leistungsgerechte Vergütung noch zeitgemäß?

Individuelle Boni, Incentives und die sogenannte »leistungsgerechte Vergütung« zahlen – in der Art und Weise, wie sie heute funktionieren – demnach selten auf den Unternehmenserfolg ein. Die Anreize sind zu oft nach Schema F gedacht und bieten wenig

21   Arnold, H. (2017), #NewPay: Macht, Geld, Sinn?, online verfügbar unter: https://vision.haufe.de/blog/new-pay-macht-geld-sinn/, letzter Zugriff 17.3.2019.

22   Krüger, L. (2017), Zeit ist das neue Geld, online verfügbar unter: https://bueronymus.wordpress.com/2017/10/24/zeit-ist-das-neue-geld/, letzter Zugriff 17.3.2019.

23   Machate, P. (2017), #NewPay – Zwischen Wunsch und Wirklichkeit, online verfügbar unter: https://www.future-of-hr.com/2017/10/vorsicht-vor-der-ego-falle-newpay-und-der-spagat-zwischen-wunsch-und-wirklichkeit/, letzter Zugriff 17.3.2019.

24   Rotermund, U. (2017), New Pay – Welches Vergütungssystem passt zu New Work?, online verfügbar unter: https://www.culture-change-management.de/blog-reader/new-pay-welches-verguetungssystem-passt-zu-new-work.html, letzter Zugriff 17.3.2019.

Raum für agile Anpassung. Was viele Unternehmen vergessen: Bezahlung ist ein Werkzeug der Kulturarbeit und Signal für die Mitarbeiter, was in einer Organisation belohnt und bestraft wird. Wer Querdenker und unternehmerisches Denken honoriert, setzt andere Zeichen als derjenige, der Dienst nach Vorschrift vergütet. Der Nachteil von starren Boni kommt hinzu: Die Belohnung ist an bekannte Parameter geknüpft, die oft zu unflexibel sind. Die Gefahr ist groß, dass Mitarbeitern dadurch den Blick fürs Ganze verlieren. Unternehmen legen ihren Mitarbeiter durch Zielvereinbarungen letztlich nahe, für ihre Brieftasche statt für Kunden zu arbeiten.

Als Gegenmodell im Sinne von New Pay zeichnet sich ein dynamisch gestalteter Gehaltsprozess ab, der sich am tatsächlichen Wertbeitrag der Mitarbeiter orientiert. Da in einem Umfeld von New Work weniger die Hierarchie als die tatsächliche Verantwortung gefragt ist, müssten Boni in Zukunft stärker an wechselnde Rollen geknüpft sein. Eine weitere Alternative stellen die sogenannten OKRs (Objectives and Key Results) dar: transparente, kurzfristig formulierte Ziele, die vom Unternehmensziel abgeleitet sind, sich aber nicht in einem Bonus niederschlagen. Als Motivationsfaktor setzen sich Mitarbeiter und Teams fordernde und unbequeme Ziele. Das System bietet Motivation durch Hochleistung, aber auch Entlohnung durch Wirksamkeit oder Anerkennung im Team.

Auch Raum für die Wünsche und Erwartungen der Beschäftigten, die ihrer aktuellen Lebenssituation entsprechen, kommen als Entlohnungselement in Frage: Gehaltsfindung gestaltet sich dabei als individueller Prozess. Berufserfahrung und soziale Aspekte wie Verantwortung für Kinder oder Pflege der Eltern kommen ins Spiel. Die Deutsche Bahn löste sich bei ihrem 2018 neu eingeführten Tarifmodell zum Beispiel komplett von der kollektivrechtlichen Lösung. Nun konnte sich jeder Mitarbeiter zwischen höherem Gehalt oder weniger arbeiten beziehungsweise sechs Tage mehr Urlaub entscheiden.

2.5 Das Transparenz-Dilemma

Die heftigsten Reaktionen in der Diskussion um neue Ansätze der Entlohnung löste in der Blogparade das Thema Gehaltstransparenz aus. Angefeuert wurde die Debatte durch das Entgelttransparenzgesetz, das seit 2018 zur Anwendung kommt. Auch die Gender-Pay-Gap-Debatte zeigte Wirkung.

Warum Unternehmen (ohne klare Gehaltsstruktur durch Tarifverträge) Transparenz noch mehrheitlich ablehnen, liegt auf der Hand: Es ist das schlechte Gewissen der Organisation, dass Menschen für dieselben Jobs unterschiedliche Gehälter bekommen und sich das – außer vielleicht über Verhandlungsgeschick – nicht begründen lässt. Erstaunlich ist jedoch, dass Mitarbeiter oft selbst gar nicht wissen möchten, wo sie in der Gehaltspyramide stehen, frei nach dem Motto, »was ich nicht weiß, macht mich nicht heiß«. Wer mehr verdient als die Kollegen, hat Angst vor der Veröffentlichung eigener Privilegien, wer weniger bekommt, vor dem Gefühl, für dumm verkauft zu werden. Letztlich zeigt sich darin auch der Respekt vor Veränderung: Über Gehalt spricht man nicht. Gerade deshalb fürchten wir die Sprengkraft in der Organisation, wenn wir es plötzlich doch tun. Wie wir an einigen Unternehmensbeispielen noch sehen werden, hängt vieles vom richtigen Timing, der Kommunikation und Erklärung von Gehaltsunterschieden sowie einem nachvollziehbaren, angemessenen und verlässlichen Verfahren ab.

2.6   Jenseits des New-Work-Korsetts

Um es gleich vorweg zu nehmen: Einem konkreten »New-Pay-Modell« werden wir uns in diesem Buch verweigern. Die normative Ebene von New Work beinhaltet nach unserer Ansicht die Gefahr von Dogmatismus und verstellt den Blick für Veränderungsmechanismen und Fehlentwicklungen. Blaupausen sind bequem und vereinfachen komplexe Zusammenhänge. Doch wirklich sinnvoll sind sie in der Praxis höchst selten. New Pay ist für uns eine offene utopische Haltung und kein festes New-Work-Korsett.

Bevor wir später in diesem Buch (Kapitel 6) unsere eigene Vorstellung von New Pay noch genauer einkreisen, blicken wir deshalb auf die geschichtlichen Meilensteine im System Arbeit, die aus unserer Sicht die Diskussion um »New Work« und in dem Umfeld entstehende Vergütungsmodelle beeinflusst haben.

3 Was ist Arbeit? Meilensteine aus den letzten 2000 Jahren

»Arbeit gehört zu unserem Leben!« Ein Satz, dem sicherlich viele zustimmen würden. Doch was ist eigentlich Arbeit?

3.1 Wie Philosophie, Soziologie und andere Wissenschaften Arbeit verstehen

Schaut man in die Literatur und die Ausführungen in unterschiedlichen Wissenschaften, ergeben sich vielfältige Definitionen und Sichtweisen auf den Begriff »Arbeit«.

Arbeit aus philosophischer Sicht
Arbeit umfasst alle bewussten schöpferischen Aktivitäten, mit der wir Gesellschaft und Natur gestalten. Sinngebend für diese Aktivitäten ist der selbstbestimmte und eigenverantwortlich handelnde Mensch mit seinen individuellen Anschauungen, Bedürfnissen und Fähigkeiten. Soweit die traditionelle philosophische Beschreibung. Der Philosoph Wilhelm Schmid hat in einem Artikel für das Magazin »momentum« eine neue Definition versucht: »Arbeit ist all das, was ich in Bezug auf mich und mein Leben leiste, um ein schönes und bejahenswertes Leben führen zu können. Jede Aufmerksamkeit und jeder Aufwand an Kraft hierfür kann Arbeit sein, körperlich, seelisch, geistig. Dann kommen Arbeiten in den Blick, die gewöhnlich gar nicht als solche betrachtet werden, die aber von Bedeutung sind.«[25]

Arbeit aus volkswirtschaftlicher Sicht
Arbeit ist der Produktionsfaktor, der jede menschliche Tätigkeit erfasst, mit der ein Einkommen erzielt werden soll. In der Volkswirtschaftslehre wird der Begriff Arbeit auf die reine Erwerbsarbeit reduziert. Das bedeutet, dass unbezahlte Tätigkeiten wie Haus- und Familienarbeit, aber auch gemeinnützige und ehrenamtliche Tätigkeiten nicht berücksichtigt werden.

Arbeit aus betriebswirtschaftlicher Sicht
Arbeit ist betriebliche Wertschöpfung. Dabei unterscheidet der Wirtschaftswissenschaftler Erich Gutenberg zwischen Potentialfaktoren, der menschlichen Arbeit am Objekt und den dispositiven Faktoren, der Leitung, Planung, Organisation und Kontrolle.

---

25   Schmid, W. (2012), Was ist Arbeit?, online verfügbar unter: https://momentum-magazin.de/de/was-ist-arbeit/, letzter Zugriff 17.3.2019.

Arbeit aus sozialwissenschaftlicher Sicht

Arbeit ist eine zielbewusste und durch soziale Bräuche abgestützte, besondere Form der Tätigkeit, mit der wir in unserer Umwelt zu überleben versuchen.

Arbeit aus sprachwissenschaftlicher Sicht

Der Begriff »arabeit« kommt aus den Alt- und Mittelhochdeutschen und bedeutete »Mühsal«, »Not« oder »Bedrängnis«. Die mit der Arbeit verbundene Mühe stand im Mittelpunkt des Begriffs. Die erste neue Definition des Begriffes stammt von Christian Wolff (1679-1754), einem der einflussreichsten Philosophen und Universalgelehrten des 18. Jahrhunderts. Er definierte neben den philosophischen Begriffen wie Bedeutung, Aufmerksamkeit und Bewusstsein auch den Begriff der Arbeit folgendermaßen: »Die Verrichtungen, welche der Mensch vornimmt, zeitliches Vermögen zu erwerben, werden Arbeit genannt.«

Arbeit aus psychologischer Sicht

Die Psychologie geht davon aus, dass der Mensch während der Arbeit aktiv und zielgerichtet agiert. Dabei verstehen die Psychologen Arbeit als Auftrag innerhalb eines Arbeitssystems, während der Mitarbeiter diesen Auftrag als objektive Aufgabe übernimmt und ihr einen subjektiven Wert gibt.

Sicherlich könnte man diese Aufzählung noch weiter fortführen. Denn einige wissenschaftliche Disziplinen wie die Physik haben wir ausgeklammert. Wichtig ist uns jedoch die folgende Botschaft: Der Begriff der Arbeit, den wir fast täglich nutzen, ist sehr facettenreich. Zumal ein Begriff des täglichen Gebrauchs sich auch immer dem Zeitgeist anpasst. Dies veranschaulicht beispielsweise folgendes Zitat von Willy Brandt aus den 80er Jahren:

»Menschliche Arbeit hat nicht nur einen Ertrag, sie hat einen Sinn. Für die Mehrzahl der Bürger ist sie Gewähr eines gelingenden Lebensprozesses: Sie ermöglicht soziale Identität, Kontakte zu anderen Menschen über den Kreis der Familie hinaus und zwingt zu einem strukturierten Tagesablauf.« *Willy Brandt*, 1983 [26]

Die verschiedenen Definitionen von Arbeit stehen dabei mal mehr und mal weniger mit Vergütung oder Bezahlung in Verbindung. Da diese Verbindung der Kern unseres Buches ist, werfen wir auf dieses Zusammenspiel noch einen genaueren Blick.

---

[26]   Brandt, Willy: Vorwort zu Jahoda: Wieviel Arbeit braucht der Mensch? Beltz, Weinheim 1983.

3.2   Wie sich das Verständnis von Arbeit und Vergütung entwickelte

In der gemeinsamen Geschichte von Arbeit und Vergütung gibt es sicherlich zahlreiche Meilensteine. Diese Geschichte mit ihren wichtigen Ereignissen, Wendepunkten und Umbrüchen bildet aus unserer Sicht die Basis von New Pay.

Altertum – Der Anfang der Lohnarbeit
Lohnarbeit und Geld sind eng verknüpft – und das schon seit über 4.000 Jahren. Laut dem Lexikon der Antike war schon zu Zeiten der mesopotamischen Hochkultur Lohnarbeit üblich.[27] In Mesopotamien wurden die Lohnarbeiter vor allem in der Landwirtschaft eingesetzt, damals allerdings noch mit Naturalien bezahlt.

Das änderte sich im antiken Griechenland und im antiken Rom (16. Jahrhundert v. Chr. bis 146 v. Chr.): Nun wurden die Lohnarbeiter bereits mit Geld entlohnt. Die Lohnarbeiter dieser Zeit waren im Gegensatz zu den Sklaven juristisch frei. Doch mangels Besitzes an Produktionsmitteln und Boden waren sie gezwungen, ihre Arbeitskraft zu verkaufen. Sie leisteten zumeist schwere und eintönige Arbeit, auch ein Grund warum der Arbeitsbegriff schon damals negativ belegt war. So besang beispielsweise Homer den Müßiggang des Adels als anzustrebendes Ziel und die körperliche Arbeit nur als den Frauen, Slaven und Knechten gemäße Tätigkeit. Das mag zwar aus heutiger Sicht diskriminierend wirken. Doch gleichzeitig haben wir diese Rangunterschiede zwischen fremdbestimmter Handarbeit und selbstbestimmter Kopfarbeit in großen Teilen bis heute erhalten.

Ora et labora – bete und arbeite
Ein Grund, warum diese Rangunterschiede über die Jahrtausende aufrechterhalten blieben, war die christliche Auffassung von Arbeit. Beispielhaft steht dafür die biblische Geschichte vom Sündenfall. Die Strafe für die Erkenntnis besteht in der Mühsal der Arbeit (1. Mose 3.). Im Gegensatz zur Arbeit galt der Gottesdienst als heilig und höherwertig.

Der heilige Benedikt von Nursia (480 bis 560), Gründer des ältesten Mönchsordens, der Benediktiner, sorgte mit seiner Ordensregel »ora et labora« (bete und arbeite) erstmalig für die Gleichwertigkeit der Arbeit und der religiösen Einkehr. Das beginnende Mittelalter (ab 500) war in Europa besonders in der Landwirtschaft von unfreier Arbeit von Männern, Frauen und Kindern geprägt. Die Dreiteilung der Stände im Frühmittelalter wies zugleich jedem die Tätigkeit zu, der er nachgehen sollte. Der unterste Stand war der Stand der Bauern, die für die Herstellung von Lebensmitteln und von Materia-

---

27   Irmscher, Johannes: Lexikon der Antike, Digitale Bibliothek Bd. 18. Directmedia, Berlin 1999, S. 3346.

lien für die Bekleidung sowie für Dienstleistungen und Bauarbeiten zuständig waren. Der zweite Stand war der Adel. Die Rechte dieses privilegierten Standes begründete sich auf Geburt, Besitz oder erbrachter Leistung. Der oberste Stand war der Klerus, der für das Seelenheil der Menschen verantwortlich war.

Im Hochmittelalter (ca. 1050–1250) wandelte sich der negative Blick auf die Arbeit. Zum ersten Mal in der Geschichte sahen die Menschen manuelle Arbeit und geistige Konzentration nicht mehr als unvereinbar. Unter anderem bedingt durch diesen Wertewandel veränderte sich die Gesellschaft: Mit der Neugründung von Städten vor allem zum Ende des Hochmittelalters entstand die neue Schicht der einfachen Stadtbürger und der freien Handwerker. Letztere schlossen sich zu städtischen Zünften zusammen, um ihre gemeinsamen Interessen zu wahren. Die Zünfte sollten bis in 19. Jahrhundert Bestand haben.

Die Reformation – Bloß kein Müßiggang

2017 feierten wir das Lutherjahr und damit die Reformation, die unter anderem der Anschlag der 95 Thesen an die Schlosskirche von Wittenberg ausgelöst hatte. Mit Martin Luther (1483–1546), dem Mönch, dem Theologen, dem Zweifler, dem Reformator und dem Arbeitsfanatiker änderte sich auch der Blick auf die Arbeit. »Der Mensch ist zur Arbeit geboren wie der Vogel zum Fliegen«, predigte Martin Luther[28]. Diese Haltung wurde auch von Johannes Calvin (1509–1564), ebenfalls Reformator, mitgetragen. Calvin sagte: »Wenn wir nur unseren Beruf gehorchen, so wird kein Werk so unansehnlich und gering sein, dass es nicht vor Gott bestehen und für sehr köstlich gehalten würde. Unsere Arbeit, unser Broterwerb ist Gottesdienst und heilig. Müßiggang und Prasserei sind es, die die Menschen verderben. Darum arbeitet fleißig und lebt bescheiden, meidet Rausch, Tanz und Spiel. Das sind die Versuchungen des Teufels.«[29] Im Calvinismus, der Bewegung, die sich aus den Lehren Calvins entwickelte, lebte diese Auffassung wirkmächtig fort.

Seit der Antike waren Luther und Calvin die ersten, die den Begriff der Arbeit durchweg positiv besetzen – der Beruf als Berufung. So behauptete Luther entgegen dem biblischen Gebot und der mittelalterlichen Tradition, dass »heilige Tage nicht heilig, Werkeltage aber heilig sind«. Die Auswirkungen dieser neuen Sichtweise waren an vielen Stellen zu spüren. So ging die Zahl der arbeitsfreien Tage, die Papst Gregor IX 1232 auf 85 festgelegt hatte, massiv zurück. Andererseits kam mit Luther der Zwang zur Arbeit in die Welt. Die Armen erhielten nicht mehr zwangsläufig die Würdigung der Kirche. Luther

---

28   Spät, P. (2016), Martin Luther, der Vater des Arbeitsfetischs, online verfügbar unter: https://www.zeit.de/karriere/2016-11/martin-luther-reformation-arbeit-kapitalismus, letzter Zugriff 17.3.2019.

29   Spät, P. (2016), Martin Luther, der Vater des Arbeitsfetischs , online verfügbar unter: https://www.zeit.de/karriere/2016-11/martin-luther-reformation-arbeit-kapitalismus/seite 2, letzter Zugriff 17.3.2019.

dazu: »Wer nicht arbeitet, ist nicht mein Nächster.«[30] Das bedeutete, man arbeitete nicht mehr, um zu leben, sondern man lebte, um zu arbeiten.

Beginn der Industrialisierung

Mitte des 18. Jahrhunderts beginnt die Industrialisierung. Die Gründe dafür waren vielfältig und auch die Wissenschaft ist sich hier nicht immer einig. Damals explodierten jedenfalls die Bevölkerungszahlen. Ungelernte Bauern ohne eigenes Land strömten mit ihren Familien in die Städte. Somit standen den neu entstandenen Fabriken eine große Anzahl von Kindern, Frauen und Männern als Arbeitskräfte zur Verfügung. Der Ausbau der Eisenbahnstrecken und die Verbreitung der Dampfmaschine beschleunigte das Leben und steigerte die Produktionsfähigkeit der Fabriken. Da die Arbeiter es jedoch nicht einsahen mehr als nötig zu arbeiten, ließen sie bei Lohnauszahlung einfach die Maschinen stehen. Das wollten sich die Fabrikanten nicht gefallen lassen und so senkten sie die Löhne. Diese Hungerlöhne zwangen die Arbeiter dazu, immer mehr zu arbeiten, um zu überleben. Der Kapitalismus festigte sich und als Gegenbewegung entstand die Arbeiterbewegung. Doch die Arbeitsbedingungen verbesserten sich nur langsam.

Fabrikgesetze – staatliche Gesetzgebung zum Schutz der Arbeiter vor Willkür

Ab 1833 wurden in England die ersten Fabrikgesetze zum Schutz der bis dahin rechtlosen und unterdrückten Arbeiter verabschiedet. Zu dieser Zeit formierten sich die ersten Gewerkschaften und forderten kürzere Arbeitszeiten und das Ende der Kinderarbeit. Der Arbeitstag dauerte 15 Stunden und länger. In den ersten Gesetzen lag der Fokus vor allem auf Frauen und Kinder, die als nationale Ressource galten.

- ... 1833: Beschränkung der Arbeit der 9- bis 13-Jährigen auf acht Stunden, der 14- bis 18-Jährigen auf 12 Stunden, wobei Kinder unter 9 Jahren die Schule besuchen sollten
- ... 1842: Verbot der Frauen- und Kinderarbeit in Bergwerken
- ... 1844: Beschränkung der Arbeit von unter 13-jährigen auf 6,5 Stunden, von Frauen auf zwölf Stunden bei gleichzeitigem Verbot von Nachtarbeit

Weitere und weitergehende Fabrikgesetze wurden in England bis 1901 erlassen.

Der Gesetzgebung in England folgend erließen auch vielen Staaten Europas vergleichbare Bestimmungen. Das Königreich Preußen verabschiedete 1839 ein Gesetz zur Begrenzung von Kinderarbeit in Fabriken. Die Beweggründe waren jedoch nicht humanitärer Art. Vielmehr sah sich das Militär mit immer mehr Rekruten konfrontiert,

---

30   Muck, F. (2017), »Mit Luther kam der Arbeitszwang in die Welt«, online verfügbar unter: https://www.deutsche-handwerks-zeitung.de/mit-luther-kam-der-arbeitszwang-in-die-welt/150/3094/359863, letzter Zugriff 17.3.2019.

die bedingt durch die harte Arbeit in ihrer Kindheit in ihrer körperlichen und geistigen Entwicklung beeinträchtigt waren.

Die ersten Gewerkschaften entstanden in Deutschland

Die ersten Gewerkschaften auf nationaler Ebene entstanden im Verlauf der deutschen Revolution 1848/1849. In den wachsenden Großstädten gründeten sich Berufsverbände. Beispielsweise schlossen sich die Drucker, Bergleute, Bäcker, Schuhmacher jeweils zu Verbänden zusammen. 1865 wurde der Allgemeine Deutsche Cigarrenarbeiter-Verein gegründet. Damit entstand die erste zentral organisierte Gewerkschaft in Deutschland. Zur gleichen Zeit beschäftige sich Karl Marx mit der Analyse und der Kritik der kapitalistischen Gesellschaft und fasste seine Gedanken in seinem Werk »Das Kapital« zusammen. Nur der erste von drei Bänden erschien zu Lebzeiten Marx' (1867) und war sowohl eine Kritik der kapitalistischen Produktionsweise als auch der Wirtschaftswissenschaft und der Volkswirtschaftslehre seiner Zeit.

Der Achtstundentag

Die Forderung nach dem Achtstundentag, wie er heute noch in vielen Arbeitsverhältnissen Standard ist, entstand bereits 1834 in England. 1840 gab es den ersten dokumentierten erfolgreichen Streik in Wellington, Neuseeland. 1856 erkämpften die Steinmetze und Gebäudearbeiter in Melbourne (Australien) den ersten Achtstundentag mit vollem Lohnausgleich. Das Symbol für demokratisch erkämpfte Arbeitnehmerrechte war geschaffen und hat danach Generationen geprägt. Der Siegeszug des Achtstundentags war nicht mehr aufzuhalten. 1884 führte als erstes deutsches Unternehmen die Degussa (Deutsche Gold- und Silberscheideanstalt) den Achtstundentag ein. Richtig Aufschwung bekam das Thema mit dem Automobilproduzenten Henry Ford, der am 12. Januar 1914 die Arbeitszeit von neun Stunden auf acht Stunden reduzierte und zugleich den Mindestlohn mehr als verdoppelte. In Deutschland ist der Achtstundentag seit 1918 gesetzlich als Höchstarbeitszeit festgeschrieben (§ 3 ArbZG).

Die Arbeit des Frederick Winslow Taylor

Frederick Winslow Taylor wurde am 20. März 1856 in Germantown, Pennsylvania, USA geboren. Nach einer Lehre als Werkzeugmacher und Maschinist machte er Karriere bei Midvale Steel und wurde dort zum Leitenden Ingenieur befördert. In dieser Position startete er erste Rationalisierungsversuche. Da er aber damit den Machtanspruch des Managements in Frage stellte, waren die Versuche zum Scheitern verurteilt. Es folgten verschiedene weitere Stationen als Generaldirektor, Unternehmensberater und Beratender Ingenieur. Aufgrund gesundheitlicher Probleme beschloss Taylor 1901, dass »er es sich nicht länger leisten konnte, für Geld zu arbeiten«[31]. Seinen Lebensunterhalt

---

31   Copley, Frank Barkley / Taylor, Frederick W.: Father of Scientific Management. Routledge, London 1993 [1923].

bestritt er aus Industriebeteiligungen und den Einnahmen seiner Patente. Zusätzlich verfasste er weitere Schriften, war Privatdozent und lehrte von 1909 bis 1914 an der Harvard University Scientific Management, also Wissenschaftliche Betriebsführung. In dieser Zeit veröffentliche er auch sein Standardwerk »The Principles of Scientific Management«. Dabei glaubte Taylor Management, Arbeit und Unternehmen mit einer rein wissenschaftlichen Herangehensweise optimieren und dadurch soziale Probleme lösen zu können. Im Fokus seiner Lösung standen sechs Grundprinzipien[32]:

1. Die externen und internen Prozesse eines Unternehmens können berechnet und beherrscht werden.
2. Die Arbeit kann in ausführende und planende Arbeit getrennt werden.
3. Die Arbeiter und Maschinen erfüllen lediglich einzelne Funktionen, die sich zentral planen und steuern lassen.
4. Anhand wissenschaftlicher Methoden ist es möglich, die beste Art und Weise zur Ausführung eines Arbeitsschrittes zu ermitteln.
5. Die notwendigen Arbeitsabläufe, um ein Produkt zu fertigen, bestehen aus einer bestimmten und festlegbaren Abfolge von Ausführungsfunktionen.
6. Menschen arbeiten lediglich, um Geld zu verdienen.

Mit diesen Grundprinzipien sollte Taylor mehr als ein ganzes Jahrhundert die Industriegeschichte prägen.

Peter Drucker – Management by Objectives and Self-control

Der 1909 in Wien geborene Peter Ferdinand Drucker gilt als einer der einflussreichsten Managementvordenker unserer Zeit. 1931 promovierte Drucker in Frankfurt. Da eines seiner Werke vom NS-Regime auf die Liste der »Aktion wider den undeutschen Geist« gesetzt und 1933 öffentlich verbrannt wurde, emigrierte er nach Großbritannien und vier Jahre später in die USA. Ab 1940 veröffentlichte er 35 Bücher zur Theorie und Praxis des Managements, die sich über 5 Millionen Mal verkauften.

Während Taylor auf Management by Direction and Control (Führung durch Anweisung und Kontrolle) gesetzt hatte, war der Ansatz von Drucker Management by Objectives and Self-control, die er in seinem Buch »The Practice of Management« 1954 veröffentlichte[33]. Der Unternehmensberater Egon Krämer schreibt zu Druckers Ansatz: »Leider werden die drei letzten Worte meistens falsch übersetzt oder komplett ignoriert. In der Übersetzung bedeutet Management by Objectives and Self Control: Führen mit Zielen und Selbststeuerung. ›To control‹ heißt nicht, wie wir intuitiv meinen und in vielen, wie gesagt, falschen Übersetzungen lesen, ›Kontrolle‹, sondern steht für ›steuern‹ oder ›regeln‹. Peter Drucker dachte beim Führen mit Zielen also daran, die Mit-

---

32   Taylor, Frederick W.: The Principles of Scientific Management. Cosimo, New York 2006 [1911].
33   Drucker, Peter F.: The Practice of Management. HarperBusiness, New York 2006 [1954].

arbeiter an der Steuerung und Regelung mit zu beteiligen, ihnen damit Verantwortung zu übergeben und so die Kompetenz der Mitarbeiter zu würdigen.«[34]

Drucker selbst sah in diesem Ansatz ein umfassendes Instrument zur Befriedigung und Motivation von Mitarbeitern. In der Praxis ging dieser ganzheitliche Blick verloren und Management by Objectiv (MBO) wurde in der Regel eine Methode, um übergeordnete Unternehmensziele in operative Ziele herunterzubrechen. Die Erreichung dieser operativen Ziele wurde dann wiederum an individuelle Bonusvereinbarungen geknüpft, was die Kooperationen und Kollaboration in Unternehmen beeinträchtigte (siehe auch Kapitel 5 – Motivation und Vergütung).

Dabei sollte es nicht bleiben. Mitte der 1970er wurde bei Intel in Anlehnung an Peter Druckers Konzept und unter Federführung des Intel-Mitgründers Andrew Grove die Managementmethode »Objectives and Key Results« (OKR) entwickelt und eingeführt. Anders als bei der praktizierten Methode, die sich von Peter Druckers Idee entfernt hatte, rückte jetzt die Selbststeuerung des Mitarbeiters wieder stärker in den Mittelpunkt. Ziele (Objectives) und Kernergebnisse (Key Results) gab bei Intel nicht nur die Führungsebene vor. Die Aufgabe der Führungsebene war es, die Unternehmensvision zu beschreiben, aus der zusammen mit dem weiteren Management die Mission für die einzelnen Teams abgeleitet wurde. Das bedeutete in der Umsetzung, dass die OKRs nicht einfach vorgeschrieben wurden. Vielmehr standen die Teams und die Mitarbeiter vor der Herausforderung, eine Antwort darauf zu finden, wie ihr Aufgabenbereich am besten zum Unternehmenserfolg und der vorgegeben Mission beitragen kann und welche Ziele sie daraus ableiten können. Diese Ziele wurden nicht mehr für die Laufzeit von einem Jahr definiert, sondern eher für zwei bis vier Monate. Im Idealfall ergaben sich daraus OKRs, die zu 40 Prozent aus dem Management kamen und zu 60 Prozent aus der Mitarbeiterschaft. Der große Durchbruch diese Managementmethode kam erst 25 Jahre später. Seit 1999 setzt Google OKR durchgehend ein. Nicht zuletzt durch den Erfolg von Google verbreitete sich diese Methode weiter.[35]

Douglas McGregor und das natürliche Verhältnis von Menschen zu ihrer Arbeit
Der 1906 in Detroit geborene Douglas Murray McGregor gilt als weiterer Gründungsvater des zeitgenössischen Verständnisses von Management. McGregor, der Professor am Massachusetts Institute of Technology (MIT) war, beschäftigte sich mit der Mitarbeiterdynamik in Unternehmen. 1960 veröffentliche er seine Forschungsergebnisse in seinem Buch »The Human Side of Enterprise«. Den Kern des Buches bildeten Prinzi-

---

34 Krämer, E. (2010), Führen mit Zielen heißt: die Kompetenz der Mitarbeiter wertschätzen!, online verfügbar unter: https://www.egon-kraemer.de/Presseartikel%20Fuehren%20mit%20Zielen%20-%20Egon%20Kraemer.pdf, letzter Zugriff 17.3.2019.
35 Klau, R. (2013), Startup Lab workshop: How Google sets goals: OKRs, online verfügbar unter: https://www.youtube.com/watch?time_continue=16&v=mJB83EZtAJc, letzter Zugriff 17.3.2019.

pien, die es dem Management ermöglichen sollten, ein Klima von Engagement, Motivation und Enthusiasmus zu schaffen, das sich unmittelbar auf Effizienz und Markterfolg auswirkte. Dabei waren für McGregors bereits damals selbstbestimmtes Arbeiten und flache Hierarchien der Schlüssel zum Erfolg.

McGregor entwickelte zudem die Theorien X und Y, die das Verhältnis von Menschen zu ihrer Arbeit in Gegensätzen beschreiben. Die Theorie X nimmt an, dass der Mensch von Natur aus faul ist und Arbeit zu vermeiden versucht. Durch extrinsische Maßnahmen kann er jedoch zur Arbeit motiviert werden. Im Gegensatz dazu besagt die Theorie Y, dass der Mensch aus sich heraus ehrgeizig ist. Zur Erreichung sinnvoller Ziele kann er sich selbst Disziplin und Kontrolle auferlegen. Arbeit ist für ihn eine Quelle der Zufriedenheit.

McGregor lehnte die Theorie X ab, da diese nur ein Bild beschreibe, das wir uns von anderen Menschen machen. Mit einem einfachen Experiment lässt sich diese Auffassung nachvollziehen. Zunächst stellt man einer Gruppe beide Theorien vor. Dann soll jeder Teilnehmer auf einen kleinen Zettel notieren, ob er sich Theorie X oder Theorie Y zuordnet. Jeder Teilnehmer muss sich für eine Theorie entscheiden! Das Ergebnis ist in jedem Fall eindeutig. Nur selten ordnet sich ein Teilnehmer der Theorie X zu. Das bestätigt die Annahme von McGregor, dass Theorie X nur funktioniert, wenn man sie anderen Menschen zuschreibt.

Frithjof Bergmann – New Work als Gegenentwurf

Wer sich mit dem Thema New Work beschäftigt, kommt an Frithjof Bergmann nicht vorbei. Ist es doch Bergmann, der den Grundstein für die New-Work-Bewegung gelegt hat. Die Geschichte von Bergmanns New Work beginnt in den 1970er bei General Motors in Flint, USA. Bergmann selber, der 1930 in Sachsen geboren wurde, hatte zu diesem Zeitpunkt schon eine sehr bewegte Karriere hinter sich: vom Tellerwäscher zum Philosophieprofessor an der Universität in Michigan. Die damalige Autoindustrie hatte ein ähnliches Problem wie heute: Die Digitalisierung schritt dramatisch voran. Man setzte immer mehr Computer ein und es sollte Massenentlassungen geben. So beschreibt Bergmann heute die damalige Situation[36]. Letztendlich handelt es sich um eine Frage, die uns nach mehr als 40 Jahren immer noch beschäftigt und aktuell heißen könnte: Wie verändert die Digitalisierung unsere Arbeitswelt und wie reagieren wir darauf?

Bergmanns Vorschlag, um Massenentlassungen bei GM zu vermeiden, war eine Zweiteilung der Arbeitszeit. »Die Hälfte der Arbeitszeit sollte man am Fließband erledigen

---

36   Hornung, S. (2018), Frithjof Bergmann: »Ich ärgere mich sehr, sehr tüchtig«, online verfügbar unter: www.haufe.de/personal/hr-management/frithjof-bergmann-uebt-kritik-an-akteuller-new-work-de-batte_80_467516.html, letzter Zugriff 17.3.2019.

und in der anderen Hälfte der Arbeitszeit herausfinden, was man wirklich, wirklich will.«[37]. Das von ihm geschaffene Zentrum für Neue Arbeit unterstützte in der Folge Mitarbeiter von GM dabei herauszufinden, was sie »wirklich, wirklich« wollten.

Doch damit ist Bergmann nicht am Ende seiner Vision von New Work und der Gesellschaft insgesamt. Das Ideal ist aus seiner Sicht ein Drittel Erwerbsarbeit, ein Drittel dezentrale Selbstversorgung und ein Drittel Arbeit, die jemand »wirklich, wirklich« machen möchte.

Agilität – Das agile Manifest

Agilität ist seit ein paar Jahren in aller Munde. Doch in einigen Organisationen steht der Begriff bereits auf der roten Buzzword-Liste. Bereits 2001 hielt der Begriff Agilität in Form des agilen Manifests Einzug in die Arbeitswelt, genauer gesagt in die Softwareentwicklung. Die Softwareentwicklung gehörte zu den ersten Branchen, die von der steigenden Komplexität mehr und mehr betroffen war. Immer wieder stellten die Entwickler fest, dass die klassischen Denkweisen und Herangehensweisen trotz ausufernder Prozesse nicht zum Erfolg führten. Und so kam immer öfter die Frage auf, wie man unter diesen Rahmenbedingungen zu besseren Ergebnissen kommen kann. Dies erschien möglich, wenn alle Projektbeteiligten (Entwickler, Kunden, Lieferanten) an einem Strang ziehen und die Zwischenergebnisse regelmäßig daraufhin überprüften, ob der Kundennutzen erfüllt wird. Aus dieser Erkenntnis entstand das agile Manifest.

»Wir erschließen bessere Wege, Software zu entwickeln, indem wir es selbst tun und anderen dabei helfen. Durch diese Tätigkeit haben wir diese Werte zu schätzen gelernt.
… Individuen und Interaktionen mehr als Prozesse und Werkzeuge
… Funktionierende Software mehr als umfassende Dokumentation
… Zusammenarbeit mit den Kunden mehr als Vertragsverhandlungen
… Reagieren auf Veränderung mehr als das Befolgen eines Plans

Das heißt, obwohl wir die Werte auf der rechten Seite wichtig finden, schätzen wir die Werte auf der linken Seite höher ein.«[38]

Bedingt durch den Erfolg des agilen Ansatzes in der Softwareentwicklung entstand eine Sogwirkung, so dass weitere Organisationsbereiche den agilen Ansatz für sich übernahmen oder weiterentwickelten.

---

37   Hornung, S. (2018), Frithjof Bergmann: »Ich ärgere mich sehr, sehr tüchtig«, online verfügbar unter: www.haufe.de/personal/hr-management/frithjof-bergmann-uebt-kritik-an-akteuller-new-work-debatte_80_467516.html, letzter Zugriff 17.3.2019.

38   Beck, Kent u. a. (2001), Manifest für Agile Softwareentwicklung, online verfügbar unter: https://agilemanifesto.org/iso/de/manifesto.html, letzter Zugriff 17.3.2019.

In den letzten Jahren entstanden noch weitere Ansätze. Sei es Holacracy, ein basis-demokratisches Betriebssystem von Brian Robertson, sei es »Reinventing Organizations« von Frederic Laloux, das sich eine sinnstiftende Form der Zusammenarbeit zum Ziel setzt, oder das kollegial geführte Unternehmen von Bernd Oestereich und Claudia Schröder – um nur ein paar zu nennen. Wir können gespannt sein, welche Manage-mentmoden sich in den nächsten Jahren noch entwickeln.

Die Reise durch die Geschichte der Arbeitswelt, die unser Verständnis bis heute prägt, hatte immer einen Treiber: die gesellschaftlichen Veränderungen. Im folgenden Kapi-tel gehen wir darauf im Detail ein, denn aus unserer Sicht sind diese Entwicklungen ebenfalls maßgeblich für den Weg hin zu New Pay.

4 Die gesellschaftlichen Konfliktfelder der Vergütung

Wie bereits in Kapitel 2.3 angerissen, formulierten die Beiträge zur New-Pay-Blogparade aktuelle Themen und Fragestellungen, die derzeit an gesellschaftlicher Bedeutung gewinnen oder an denen sich eine Verschiebung gesellschaftlicher Wertvorstellungen und Normen aufzeigen lässt. Diesen Entwicklungen widmen wir uns in diesem Kapitel und stellen Fragen zur Diskussion, die neue Perspektiven auf die Themen Vergütung und Zusammenarbeit anregen könnten.

Besonders bedeutsam erscheinen uns nach der Analyse der Blogparade folgende Themen:
... Gesprächsthema Gehalt – Wie sich der Blick auf das Gehalt verändert
... Mindestlohn – Die Utopie der Armutsbekämpfung
... Grundeinkommen – Revolution oder Notwendigkeit
... Gender-Pay-Gap – Die Vielschichtigkeit geschlechtergerechter Entlohnung
... Wertigkeit sozialer Berufe – Gesellschaftliche Maßstäbe im Wandel
... Zeit ist das neue Geld – Wie sich Präferenzen und Lebensentwürfe verändern
... Gehaltstransparenz – Erwartungen und Mehrwert transparenter Vergütung

Wir laden Dich ein, Dich mit unseren Ausführungen kritisch auseinanderzusetzen. Notiere Dir Thesen und Passagen, von denen Du Dich herausgefordert fühlst oder die Ablehnung in Dir hervorrufen. Notiere Dir ebenso Aussagen und Gedanken, die Dich begeistern oder bestärken. Unsere Zielsetzung ist es hierbei, die persönliche Auseinandersetzung mit diesen Themen anzuregen.

4.1 Gesprächsthema Gehalt – Wie sich der Blick auf das Gehalt verändert

»Über Geld spricht man nicht!« Mit diesem Glaubenssatz sind wir groß geworden. Und er hat sich tief in unsere gesellschaftliche DNA gebrannt. Dieses Tabu zeigt sich insbesondere am Umgang mit dem eigenen Gehalt. So spricht laut einer Studie des Business-Netzwerks Xing ein knappes Drittel der Befragten nicht einmal mit dem eigenen Partner über das Gehalt. Eine ähnliche Diskretion existiert gegenüber Eltern oder auch Freunden.[39]

---

39 Xing (2017), Die Deutschen befürworten Gehaltstransparenz, online verfügbar unter: https://corporate. xing.com/de/newsroom/pressemitteilungen/meldung/xing-studie-die-deutschen-befuerworten-gehalts-transparenz/ letzter Zugriff 17.3.2019.

Doch dafür, dass über Geld und Gehalt vermeintlich nicht geredet wird, gab es in den vergangenen Jahren einige sehr intensive gesellschaftliche Diskussionen darüber. Mindestlohn, Grundeinkommen, Gender Pay Gap oder auch die Verdienstsituationen in sozialen Berufen bewegten und bewegen die Gemüter.

Die Debatte über Geld und Gehalt wird immer leidenschaftlich, oft auch ideologisch geführt. Dies zeigt sich nicht nur während Tarifverhandlungen der verschiedensten Branchen. Auch die Diskussionen um den Mindestlohn, das Grundeinkommen oder den Gender Pay Gap sind in der Regel hoch emotional. Beim Austausch der Argumente verteidigen Befürworter und Gegner ihre Standpunkte hartnäckig. Ein gemeinschaftliches Ergebnis zu erzielen oder voneinander zu lernen, scheint nicht das Ziel zu sein. Die Diskussionsteilnehmer suchen vielmehr danach in der verbalen Auseinandersetzung als Sieger vom Platz zu gehen. Aber warum ist das so? Unser Blick auf Geld und Gehalt ist eng verwoben mit unserem Wertesystem. Stellt jemand dieses prägende System in Frage, werfen wir sofort den Verteidigungsmodus an. Dieser innere Modus kennt jedoch nur gegensätzliche Zustände: richtig oder falsch, schwarz oder weiß, gut oder böse.

Wie eng das Gehalt mit Werten verbunden ist, zeigt sich aktuell auch an den Diskussionen über die Gehaltsstrukturen in sozialen Berufen. Es ist mittlerweile gesellschaftlicher Konsens, dass Tätigkeiten in der Altenpflege oder der frühkindlichen Bildung besser vergütet sein sollten. Die Wertigkeit, die wir diesen Berufen gesellschaftlich zuschreiben, hat sich in den vergangenen Jahren stetig erhöht. Das zeigte sich exemplarisch beim letzten Bundestagswahlkampf, als ein Pfleger in einer Talkrunde mit seinem an Angela Merkel gerichteten Statement eine öffentliche Diskussion lostrat und der Arbeitssituation von Pflegekräften für mehrere Wochen mediale Aufmerksamkeit bescherte.

Und es gibt weitere gesellschaftliche Entwicklungen, die unseren Blick auf Geld und Gehalt verändern. Diese Veränderungen betreffen die Bewertung des Verhältnisses von Geld und Zeit. Das prägende Postulat der Leistungsgesellschaft, das Geld und materiellen Zuwachs höher bewertet als Zeit und soziale Beziehungen, verliert an Zugkraft. Verknüpft wird diese Entwicklung in den Medien mit der Generation Y und ihrer Sinnsuche. Wobei wir die Auffassung vertreten, dass dies weniger das Phänomen einer Generation ist, sondern Folge einer Wohlstandsgesellschaft, die sich selbst hinterfragt.

Fragen zur Reflexion
... Mit wem aus Deinem Umfeld sprichst Du über Dein Gehalt oder Gehaltsfragen?
... Welche Gefühle und Gedanken löst es bei Dir aus, wenn Du erfährst, dass jemand aus Deinem beruflichen oder privaten Umfeld deutlich mehr oder weniger verdient?

… Mit wem würdest Du Dich gerne über Gehaltsfragen austauschen? Und was hält Dich aktuell davon ab?

… Welche Aspekte vergütet Dein aktuelles Gehalt (Qualifikation, Zugehörigkeit, Arbeitszeit, Leistung etc.)

… Welche Aspekte fehlen Dir dabei oder kommen Dir zu kurz?

… Wie viel Stunden pro Woche gehst Du bezahlter Arbeit nach? Und wie viele Stunden würdest Du gerne bezahlt arbeiten?

4.2 Mindestlohn – Die Utopie der Armutsbekämpfung

Wie kontrovers über Gehalt gestritten wird, verdeutlicht die Diskussion über den Mindestlohn. Als der Mindestlohn Anfang 2015 in Deutschland eingeführt wurde, geschah dies unter heftigem Getöse. Gewerkschaftsvertreter feierten ihn als wichtigsten Baustein zur Armutsvermeidung. Das Arbeitgeberlager hingegen prophezeite den Verlust hunderttausender Arbeitsplätze.

Vier Jahre nach der Einführung steht fest, der Mindestlohn hat weder die Armut verringert noch den Beschäftigungsboom gebremst. Laut Statistischen Bundesamtes sank die Arbeitslosenquote seit der Einführung sogar um ein Prozent[40]. Doch ein Rückgang der Armut hatte dies ebenfalls nicht zur Folge. Zum einen, weil ein Mindestlohngehalt nicht ausreicht, um über die statistische Armutsschwelle hinauszukommen. Zum anderen, weil die Bedürftigen unter einem Mangel an Arbeit leiden. Denn die meisten Armen finden sich in der Bevölkerungsgruppe der Arbeitslosen sowie unter den Alleinerziehenden, die oft nur in Teilzeit ihrem Beruf nachgehen können. Auch die sogenannten »Aufstocker« arbeiten meist nicht in Vollzeit. Doch so hoch, dass eine geringe Teilzeitbeschäftigung bereits zum Leben reicht, lässt sich der Mindestlohn derzeit nicht festsetzen. Das gilt erst recht, wenn das Gehalt für eine ganze Familie reichen soll.

Der gesetzliche Mindestlohn in Deutschland beträgt seit dem 1. Januar 2019 9,19 Euro und steigt zum 1. Januar 2020 auf 9,35 Euro. Damit liegt Deutschland im Vergleich mit anderen EU-Staaten im oberen Drittel. Setzt man den Mindestlohn ins Verhältnis zum mittleren Einkommen im jeweiligen Land, zeigt sich ein anderes Bild. Dann liegt Deutschland im unteren Bereich. Der höchste Mindestlohn wird übrigens in Luxemburg gezahlt. Dort lag er 2018 bei 11,55 Euro. Insgesamt gibt es einen Mindestlohn in 22 der 28 EU-Mitgliedsstaaten.

---

40 Statista (2019), Arbeitslosenquote in Deutschland im Jahresdurchschnitt von 2004 bis 2019, online verfügbar unter: https://de.statista.com/statistik/daten/studie/1224/umfrage/arbeitslosenquote-in-deutschland-seit-1995/, letzter Zugriff 17.3.2019.

Am Beispiel des Mindestlohns werden zwei Dinge deutlich: Erstens, ein komplexes gesellschaftliches Phänomen wie Armut lässt sich nicht durch eine einzelne Maßnahme bekämpfen. Und zweitens, die Auswirkung einer einzelnen Intervention auf ein Gesamtsystem lässt sich nicht vorhersehen. Komplexen Herausforderungen werden wir nur gerecht, wenn wir sie vielschichtig mit allen möglichen Wechselwirkungen betrachten und angehen. Wir benötigen einen öffentlichen Diskurs darüber, was wir Menschen in unserer Wohlstandsgesellschaft als Existenzminimum zugestehen. Dafür ist auch eine Debatte über den Wert von Arbeit unerlässlich.

Fragen zur Reflexion
... Wie hoch sollte der Mindestlohn aus Deiner Sicht mindestens sein?
... Was sollte ein Mindestlohn seinen Empfängern ermöglichen?
... Sollte nach Deiner Meinung zwischen Grundsicherung und dem Mindestlohn ein Mindestbetrag liegen? Und wenn ja, wie hoch sollte dieser ausfallen?
... Gibt es Maßnahmen, die Du für zielführender hältst, um Armut zu bekämpfen? Wenn ja, welche wären das?

4.3   Grundeinkommen – Revolution oder Notwendigkeit

»Wer leben will, und zwar in menschlicher Würde und in Freiheit, der braucht etwas zu essen, er muss sich kleiden, er benötigt ein Dach über dem Kopf und er muss in einem angemessenen Rahmen am politischen, gesellschaftlichen und kulturellen Leben der Gesellschaft teilnehmen können«[41], so Götz Werner über die Notwendigkeit eines Existenzminimums oder auch Kulturminimums, wie er es nennt. Der Gründer von dm – drogerie markt gilt als einer der bekanntesten und vehementesten Fürsprecher des bedingungslosen Grundeinkommens. Sein Buch »Einkommen für alle« erschien in seiner ersten Auflage bereits 2007 – in einer Zeit, in der diese Idee für viele nach Utopie klang und von vielen weiteren als Spinnerei abgetan wurde.

Heute ist die Befürwortung des Grundeinkommens im politischen Mainstream angekommen – und zwar in vielen Ländern der Welt. Neu ist die Idee nicht. Sie reicht zurück bis ins 16. Jahrhundert. Erste dokumentierte Experimente dazu gab es jedoch erst 300 Jahre später, unter anderem in den 1970er Jahren in Kanada (bekannt geworden als das Sozialexperiment Mincome)[42].

---

41   Werner, Götz W.: Einkommen für Alle – Bedingungsloses Grundeinkommen – die Zeit ist reif. Kiepenheuer & Witsch, Köln 2018, S. 61.
42   Wikipedia (2018), Bedingungsloses Grundeinkommen, online verfügbar unter: https://de.wikipedia.org/wiki/Bedingungsloses_Grundeinkommen, letzter Zugriff 17.3.2019.

Eine breite, öffentliche Diskussion hat sich jedoch vor allem in den letzten Jahren entwickelt. So startete 2016 ein Experiment in Finnland, das große mediale Aufmerksamkeit auf sich zog. 2.000 per Los ausgewählte Arbeitslose erhielten dort 560 Euro monatlich für zwei Jahre – und das ohne Auflagen. Interessanterweise wurde das Ende des
Projekts in den Medien sogleich als »Scheitern« bewertet. Wissenschaftliche Ergebnisse zu den Beschäftigungseffekten liegen noch keine vor. Die Auswertung startete
erst Anfang 2019 nach Beendigung des Projekts. Analysen werden voraussichtlich
Ende 2019 oder Anfang 2020 vorliegen, wie die zuständige Behörde auf ihrer Webseite
berichtet.[43]

Das größte Experiment zum Grundeinkommen läuft derzeit in Kenia. Dort sind 26.000
Menschen in 300 Dörfern Teil eines Feldversuchs. Initiiert und durchgeführt wird dieses Experiment von GiveDirectly, eine in den USA von Studenten gegründete NGO. Das
Projekt ist auf insgesamt zwölf Jahre angelegt. Mindestens 5.000 Kenianer sollen
dabei zwölf Jahre lang ein bedingungsloses Grundeinkommen von 22 US-Dollar pro
Monat erhalten. Um den Effekt dieser Maßnahme zu untersuchen, vergleicht GiveDirectly die Auswirkungen der Zahlungen mit drei Vergleichsgruppen. Eine Gruppe
erhält das Grundeinkommen zwei statt zwölf Jahre, eine weitere Gruppe erhält statt
monatlicher Zahlung eine Einmalzahlung in Höhe von 530 US-Dollar, und die letzte
Gruppe erhält keine Zahlung und dient als Kontrollgruppe.[44]

Mit wissenschaftlich fundierten Ergebnissen ist aufgrund der Länge des Forschungs-
projekts ebenfalls erst in einigen Jahren zu rechnen. Inwieweit diese Ergebnisse auf
Industrieländer und ihre Herausforderungen übertragbar sind, ist gleichwohl fraglich.
»In Industrieländern wird ein Grundeinkommen oft als Reaktion auf die Folgen der
Automatisierung oder als Mittel zur Sicherung sozialer Gerechtigkeit diskutiert«, so
Caroline Teti, Direktorin für externe Beziehungen bei GiveDirectly. »Armutsbekämp-
fung in Entwicklungsländern ist jedoch ein grundsätzlich anderes Ziel.«[45]

Auch in Deutschland gibt es erste Erfahrungen mit dem Grundeinkommen. Ein privat
initiiertes Projekt verlost bereits seit 2014 bedingungslose Grundeinkommen in Höhe
von 1.000 Euro für die Dauer von einem Jahr. Ideengeber und Initiator des Projekts ist
Michael Bohmeyer. Der Gründer und IT-Spezialist war 2013 aus seinem Start-up ausgestiegen und erhielt in der Folge 1.000 Euro pro Monat ausbezahlt. Die dadurch

---

43   Kela (2018), Contrary to reports, the Basic Income Experiment in Finland will continue until the end
     of 2018, online verfügbar unter: https://www.kela.fi/web/en/-/contrary-to-reports-the-basic-income-
     experiment-in-finland-will-continue-until-the-end-of-2018, letzter Zugriff 1.3.2019.
44   Wikipedia (2018), Bedingungsloses Grundeinkommen in Kenia, online verfügbar unter: https://de.wiki-
     pedia.org/wiki/Bedingungsloses_Grundeinkommen#Kenia, letzter Zugriff 10.2.2019; GiveDirectly (2018),
     Basic income, online verfügbar unter: https://givedirectly.org/basic-income, letzter Zugriff 31.1.2019.
45   Dörrie, P. (2017), Können wir Armut nicht einfach abschaffen?, online verfügbar unter: https://perspective-
     daily.de/article/330/nwKY9ZOx, letzter Zugriff 31.1.2019.

gewonnene finanzielle Sicherheit und neue Entscheidungsfreiheit brachten ihn auf die Idee, auch anderen Menschen diese Erfahrung nahezubringen. So entstand die Idee von »Mein Grundeinkommen« – einer Plattform, die Spenden akquiriert und mit dem gesammelten Geld bedingungslose Grundeinkommen verlost.[46]

Auch wenn das Projekt nicht die Voraussetzungen für eine wissenschaftlich fundierte Forschung mitbringt, kamen Masterstudenten in einer Untersuchung zu folgendem Ergebnis: »Das Grundeinkommen führt vor allem dazu, dass die Gewinner ihre neu gewonnenen Freiräume nutzen, um neben ihrer bisherigen Lohnarbeit stärker an persönlichen Projekten, wie zum Beispiel Fortbildungen oder Kunstprojekten, zu arbeiten.«[47]

Die Skepsis gegenüber dem Grundeinkommen bleibt jedoch in breiten Teilen der Wirtschaft und Politik weiterhin groß. Es sei unfinanzierbar, würde viele Menschen in die Untätigkeit treiben oder gar durch den Gießkanneneffekt auch diejenigen begünstigen, die ein Grundeinkommen nicht nötig hätten.

Da sich die Auswirkungen eines solchen Instruments wie dem Grundeinkommen schwer voraussagen lassen, bleibt eine konkrete Prognose reine Spekulation. Was sich in Diskussionen über das Grundeinkommen jedoch offenbart, ist das Menschenbild, das die jeweilige Vorhersage prägt. Douglas McGregor und seine Theorien X und Y liefern hier die entsprechenden Grundgedanken.[48]

Prägend für die Wahrnehmung eines Grundeinkommens wirken aber auch Glaubenssätze wie »Im Leben bekommt man nichts geschenkt!« oder »Ohne Fleiß keinen Preis!«. Sie sind Zeugnis einer protestantischen Prägung und zugleich ein Katalysator unserer Leistungsgesellschaft.

Fragen zur Reflexion

... Welche finanziellen Mittel sollten Menschen in unserem Land mindestens zur Verfügung stehen? Was sollte dieses Einkommen ermöglichen bzw. absichern?

... Was spricht aus Deiner Sicht für ein bedingungsloses Grundeinkommen? Was dagegen?

... Stell Dir vor, Du würdest ab morgen zusätzlich zu Deinem Gehalt ein bedingungsloses Grundeinkommen in Höhe von 1.000 Euro erhalten, was würde sich dadurch für Dich verändern? Wie würdest Du dieses Geld nutzen?

---

46 Mein Grundeinkommen (2019), Startseite, online verfügbar unter: https://www.mein-grundeinkommen. de/, letzter Zugriff 17.3.2019.

47 Zaremba, M. L. (2016), Erste Studie zu unseren Gewinner*innen, online verfügbar unter: https://www. mein-grundeinkommen.de/news/6AtRCWMMQoo8amu4aqEeK, letzter Zugriff 1.2.2019.

48 McGregor, Douglas: The Human Side of Enterprise. McGraw-Hill, New York 1960, S. 33-57.

4.4   Gender Pay Gap – Die Vielschichtigkeit geschlechtergerechter Entlohnung

Damit sind wir beim nächsten Reizthema in Sachen Geld angelangt: die ungleiche Entlohnung von Männern und Frauen. Interessanterweise verläuft der Graben nicht zwischen den Geschlechtern selbst. Wer genauer hinhört, erkennt vielmehr, dass es um Bewertungsmaßstäbe geht, mit denen die Diskutanten Lohngerechtigkeit definieren oder ungleiche Vergütung begründen.

Der Gender Pay Gap beschreibt den prozentualen Unterschied zwischen dem durchschnittlichen Bruttostundenlohn von Männern und Frauen. Die Berechnungen sind europaweit einheitlich und ermöglichen somit Vergleiche zwischen den EU-Mitgliedstaaten. Laut Statistischem Bundesamt lag der Gender Pay Gap in Deutschland 2018 wie bereits 2017 und 2016 bei 21 Prozent.[49] Das bedeutet konkret, während Männer im Durchschnitt auf einen Bruttostundenlohn von 21,60 Euro kommen, liegen Frauen bei durchschnittlich 17,09 Euro.[50]

Der EU-Durchschnitt beim Gender Pay Gap liegt bei 16 Prozent. Deutschland belegt mit 21 Prozent den unrühmlichen dritten Platz, direkt hinter Estland mit 25 Prozent und der Tschechischen Republik mit 22 Prozent. In Österreich und der Schweiz liegt der Gender Pay Gap etwas darunter mit 20 Prozent und 17 Prozent[51]. Die geringsten Differenzen gibt es in Belgien und Luxemburg mit jeweils sechs Prozent sowie in Italien und Rumänien mit jeweils fünf Prozent. Doch schon innerhalb Deutschlands kommt es zu gravierenden Unterschieden. Während in Sachsen-Anhalt und Brandenburg nur eine Differenz von zwei und drei Prozent beim Durchschnittslohn bestehen, sind es in Bayern und Hessen 24 Prozent und in Baden-Württemberg sogar 27 Prozent.[52]

Die Ursachen für den Lohnunterschied zwischen Männern und Frauen sind vielschichtig. Laut Statistischem Bundesamt lassen sich Lohnunterschiede in drei von vier Fällen auf strukturelle Unterschiede zurückführen. »Die wichtigsten Gründe für die Differenzen der durchschnittlichen Bruttostundenverdienste sind Unterschiede in den

---

49   Kehrt man übrigens die Bezugsgrößen um und setzt den Durchschnittslohn von Frauen als Basis an, ergibt sich ein Lohnvorteil von 26 Prozent für Männer.

50   Statistisches Bundesamt (Destatis) (2019), Verdienstunterschied zwischen Frauen und Männern 2018 unverändert bei 21 %, online verfügbar unter: https://www.destatis.de/DE/PresseService/Presse/Pressemitteilungen/2019/03/PD19_098_621.html, letzter Zugriff 13.3.2019.

51   Statistisches Bundesamt (Destatis) (2018), Gender Pay Gap 2016: Deutschland weiterhin eines der EU-Schlusslichter, online verfügbar unter: https://www.destatis.de/Europa/DE/Thema/BevoelkerungSoziales/Arbeitsmarkt/GenderPayGap.html, letzter Zugriff 1.3.2019; Statista (2018), Gender Pay Gap in der Schweiz bis 2016, online verfügbar unter: https://de.statista.com/statistik/daten/studie/292066/umfrage/verdienstabstand-zwischen-maennern-und-frauen-gender-pay-gap-in-der-schweiz/, letzter Zugriff 1.3.2019.

52   Statistisches Landesamt Rheinland-Pfalz (2018), Equal Pay Day: Verdienstunterschied zwischen Frauen und Männern unverändert, online verfügbar unter: https://www.statistik.rlp.de/no_cache/de/einzelansicht/news/detail/News/2412/, letzter Zugriff 1.3.2019.

Branchen und Berufen, in denen Frauen und Männer tätig sind, sowie ungleich verteilte Arbeitsplatzanforderungen hinsichtlich Führung und Qualifikation. Darüber hinaus sind Frauen häufiger als Männer teilzeit- oder geringfügig beschäftigt.«[53] Aus diesem Grund berechnet das Statistische Bundesamt den so genannten »bereinigten Gender Pay Gap«, der diese Aspekte berücksichtigt. 2014 lag der bereinigte Gender Pay Gap in Deutschland bei 6 Prozent.[54]

Doch »der erklärte Anteil des Pay Gap ist keineswegs frei von Diskriminierungen, wie umgekehrt die bereinigte Lohnlücke nicht mit Entgeltdiskriminierung gleichzusetzen ist«[55], so das Wirtschafts- und sozialwissenschaftliche Institut (WSI) der Hans-Böckler-Stiftung. Denn dass die Löhne und Gehälter in Branchen oder Berufen, in denen überwiegend Frauen tätig sind, geringer ausfallen, bedeutet nicht, dass die Leistung, die Beschäftigte dort erbringen, auch objektiv weniger wert ist.

Kommt es in einem Unternehmen zu Lohndifferenzen zwischen Frauen und Männern, so gibt dies nach unserer Ansicht auch Aufschluss über die Kultur in der jeweiligen Organisation. Insbesondere dann, wenn die Vergütung auf der gleichen oder ähnlichen Position spürbare Gehaltsunterschiede aufweist. Welche Dimensionen dieser Unterschied in einer einzelnen Organisation annehmen kann, zeigte sich unter anderem bei der BBC.

Dort wandte sich Carrie Gracie, Redaktionsleiterin der BBC in China, mit einem offenen Brief an ihren Arbeitgeber. Sie hatte festgestellt, dass männliche Kollegen in der gleichen Position bis zu 50 Prozent mehr verdienten als sie. Ihre Vorgesetzten boten ihr eine üppige Gehaltserhöhung an, doch Gracie lehnte ab. Denn selbst mit der üppigen Gehaltserhöhung wäre ihr Gehalt weiterhin unter dem ihrer männlichen Kollegen geblieben. Und so schmiss sie die Redaktionsleitung in Peking hin und ging zurück nach London. Denn ihr Ziel, die gleiche Bezahlung von Frauen und Männern, gestand man ihr nicht zu. Ihr Schritt sorgte für großes Aufsehen und auch dafür, dass sich bald schon die ersten männlichen Kollegen meldeten und anboten auf einen Teil ihres Gehalts zugunsten von Kolleginnen zu verzichten. Mittlerweile hat die BBC nach eigenen Angaben die Gehälter angepasst.

In Großbritannien müssen seit 2018 Unternehmen mit mehr als 250 Mitarbeitern ihren Gender Pay Gap publizieren. Diese Daten werden auf einer Regierungswebseite veröffentlicht und können von jedem eingesehen werden.[56]

---

53 Statistisches Bundesamt (Destatis) (2017): Drei Viertel des Gender Pay Gap lassen sich mit Strukturunterschieden erklären, online verfügbar unter: https://www.destatis.de/DE/PresseService/Presse/Pressemitteilungen/2017/03/PD17_094_621.html, letzter Zugriff 1.3.2019.
54 Ebd.
55 Klenner, C. (2016), Gender Pay Gap, online verfügbar unter: https://www.boeckler.de/wsi_63839.htm?produkt=HBS-006394, letzter Zugriff 1.3.2019.
56 Englische Regierungsseite (o.J.), Search and compare gender pay gap data, online verfügbar unter: https://gender-pay-gap.service.gov.uk/, letzter Zugriff 1.3.2019.

4.5   Exkurs: Verhandlungsgeschick trifft auf unbewusste Vorurteile

Ein Argument, das bei einem Gehaltvorsprung von Männern häufig angeführt wird, ist ihr vermeintliches Verhandlungsgeschick. Die Botschaft, die dabei mitschwingt, lautet: »Frauen sind selbst daran schuld, dass sie weniger verdienen. Hätten sie besser verhandelt, würden sie das Gleiche bekommen.« Auf den ersten Blick erscheint das logisch. Doch wer diesen Antwortautomatismus hinterfragt, dem eröffnen sich weitere Erklärungsmuster.

Wer trägt in einem Entscheidungsprozess die größte Verantwortung? Derjenige, der Informationen zur Verfügung stellt? Oder die Person, die den Gesamtprozess verantwortet? In unserem Verständnis letztere und das sind im Fall der Gehaltsfindung die Personen, die den Zuschlag für ein Gehalt erteilen, also HR oder in kleineren Unternehmen die Geschäftsführung. Sie kennen die Anforderungen an die Stelle, sie kennen die Bewerber, sie kennen deren Gehaltsforderungen und sie kennen das Gehaltsgefüge in der Organisation und tragen auch die Verantwortung für den gesamten Prozess. Zudem haben sie die größere Erfahrung, wenn es um Gehaltsfindung geht, denn es ist Teil ihres »daily business«.

Wieso antizipiert ein Unternehmen nicht den vermeintlichen Fakt des »selbstbewussten Verhandlers« und reagiert im Aushandlungsprozess entsprechend? Warum sind sie bereit für einen »guten Verhandler« mehr auszugeben, wenn sie die gleichen Kompetenzen für einen geringeren Betrag erhalten könnten? Entspricht der Wert, den ein angeblich »schlechter Verhandler« aufruft, am Ende nicht vielleicht sogar eher seinem realistischen Wertbeitrag? Hat der »forsche Verhandler« die Interessen des Unternehmens im Blick oder geht es ihm darum, den eigenen Nutzen zu maximieren? Nur wer laut trommelt und sich zu verkaufen weiß, ist deshalb noch lange kein Leistungsträger.

Die vielen Fragen deuten es an: Hier gilt es, sich den eigenen Denkmodellen und positiven wie negativen Vorurteilen bewusst zu werden und diese kritisch zu prüfen. Fakt ist, unser Gehirn ist ein Profi in Kategorienbildung und Bewertungen – und vermag diese in annähernder Lichtgeschwindigkeit vorzunehmen. Das hilft uns in neuen Situationen bei der schnellen Orientierung. Was jedoch nicht heißt, dass die Verallgemeinerungen und Stereotypenbildung richtig und dauerhaft zielführend sind. Diese Prozesse erfolgen unbewusst und bilden Grundannahmen oder auch irrationale Ängste ab. So kommt es zu »unconscious bias«, unbewusster Voreingenommenheit die positiv wie negativ ausfallen können. Und dadurch wird beispielsweise das Verhalten eines Mannes oft anders bewertet, als das einer Frau.

In einem Experiment erhielten Studenten an der Havard Business School die Beschreibung eines erfolgreichen Entrepreneurs und Investors namens Howard Roizen. Howard, so die Ausführungen, sei Mitgründer eines erfolgreichen Hightech-unternehmens, habe bei Apple gearbeitet, sei Freund von Bill Gates und Boardmit-glied bei den prestigeträchtigsten Firmen des Silicon Valley. In der Fallstudie beschreibt Howard in eigenen Worten seinen Werdegang. Nach der Lektüre wurden die Studenten aufgefordert die Persönlichkeit des Managers einzuschätzen und zu entscheiden, ob sie ihn einstellen oder sogar für ihn arbeiten würden. Viele der befragten Studenten waren Howard gegenüber positiv eingestellt und konnten sich gut vorstellen für ihn zu arbeiten. Doch Howard heißt im wahren Leben Heidi. Die Vergleichsgruppe, die den Lebenslauf mit dem echten Vornamen bewerten sollte, kam zu einem ganz anderen Urteil. Für Heidi wollte niemand arbeiten. Begründung: Eine dermaßen erfolgreiche Frau müsse unsympathisch sein. Und so bleibt es frag-lich, ob ein forsches und selbstbewusstes Auftreten von Frauen die gleiche Wirkung erzielt wie das von Männern.

Dass Frauen und Männern unterschiedliche Kompetenzen zugeschrieben werden, zeigt sich auch bei der Auswahl von Orchestermusikern. Als Orchester in den 70er-Jah-ren begannen, Musiker hinter einem Vorhang vorspielen zu lassen, stieg die Anzahl weiblicher Orchestermitglieder kontinuierlich an.[57]

Und so ist es auch keine Überraschung, dass die Zuschreibung geringerer oder höhe-rer Kompetenzen sich aufgrund des Geschlechts auch auf die Vergütung auswirkt und eine entsprechende Entlohnung zur Folge hat. Wer seinen eigenen geschlechtsspezi-fischen Vorurteilen auf die Spur kommen möchte, der findet im Internet verschiedene Tests, beispielsweise auf der Webseite der »Initiative Chefsache«.[58]

Fragen zur Reflexion
... Wie erklärst Du Dir die großen regionalen Unterschiede beim Gender Pay Gap in der EU und innerhalb Deutschlands?
... Wie sollten Frauen und Männer vorgehen, wenn sie den Eindruck haben, in ihrer Organisation schlechter vergütet zu werden als Kollegen?
... Welche positiven wie negativen Vorurteile gegenüber Frauen und Männern begeg-nen Dir regelmäßig?
... Welche eigenen, unbewussten Vorurteile gegenüber Frauen und Männern sind Dir zuletzt bewusst geworden?

---

57   Bohnet, Iris: What works: Wie Verhaltensdesign die Gleichstellung revolutionieren kann. C. H. Beck, Mün-chen 2016.
58   Initiative Chefsache (2018), Chefsache-Test: Testen Sie Ihre unbewussten Vorurteile, online verfügbar unter: https://initiative-chefsache.de/handlungsbedarf/chefsache-test/, letzter Zugriff 1.3.2019.

4.6   Wertigkeit sozialer Berufe – Gesellschaftliche Maßstäbe im Wandel

Betrachtet man die Vergütungsstrukturen in sozialen Berufen, wird schnell klar, dass man sich nicht des Geldes wegen für diese Karriere entscheidet. Wer möglichst viel verdienen möchte, sollte sich anderen Berufssparten zuwenden, etwa dem verarbeitenden Gewerbe oder dem Banken- oder Versicherungswesen.

Um Zahlen sprechen zu lassen: Der durchschnittliche Arbeitnehmer im Sozial- und Gesundheitswesen kommt laut Statistischem Bundesamt im 1. Quartal 2018 auf einen monatlichen Bruttoverdienst von 2.940 Euro. Dem stehen Bruttoeinkommen von 4.156 Euro im verarbeitenden Gewerbe und 5.245 Euro im Bank- und Versicherungswesen gegenüber.[59] Damit wird in diesen Branchen 41 bzw. 78 Prozent mehr verdient als beispielsweise in der Alten- und Krankenpflege.

Für die Wissenschaftlerinnen Christina Schildmann und Dorothea Voss belegen diese Verdienstunterschiede, dass die Verantwortung für das physische wie psychische Wohlergeben anderer Menschen strukturell unterbewertet wird.[60] Die Ursache für diese Gehaltsdifferenzen sehen sie in der unterschiedlichen Entlohnung von Frauen und Männern. »Es existiert eine Reihe von Analysen, die eine inversen Zusammenhang zwischen dem Frauenanteil in einer Branche und der Vergütung belegen, d. h. ihre Tätigkeiten sind niedrig bezahlt, weil sie einen geringeren gesellschaftlichen Status genießen als Männer, was sich auf die Berufe überträgt, die in der Mehrzahl von Frauen ausgeübt werden.«

Indizien für diese Diskriminierung liefert neuerdings auch der »Comparable Worth«-Index. Dieser vergleicht geschlechtsneutral die Arbeitsanforderungen und -belastungen in typischen Frauen- und Männerberufen und setzt sie in ein Verhältnis zu den jeweiligen Verdienstniveaus in den einzelnen Berufen. Bei dieser Bewertung werden vier Kriterien berücksichtigt: Wissen und Können, psychosoziale Kompetenzen, Verantwortung sowie physische Anforderungen. »Vielfach werden beispielsweise psychosoziale Anforderungen und Belastungen, die in der Regel häufiger im Zusammenhang in vermeintlich weiblichen Berufen auftreten, per Verfahren ausgeklammert und lediglich die jeweilige Qualifikation und Führungsverantwortung berücksichtigt«, so

---

59   Statistisches Bundesamt (Destatis) (2018), Verdienste und Arbeitskosten, online verfügbar unter: https://www.destatis.de/DE/Publikationen/Thematisch/VerdiensteArbeitskosten/Arbeitnehmerverdienste/ArbeitnehmerverdiensteVj2160210183214.pdf?__blob=publicationFile, letzter Zugriff 3.3.2019.
60   Schildmann, C. / Voss, D. (2018), Aufwertung von sozialen Dienstleistungen. Warum sie notwendig ist und welche Stolpersteine auf dem Weg liegen, Forschungsförderung Report, Nr. 4, Hans-Böckler-Stiftung, online verfügbar unter: https://www.boeckler.de/pdf/p_fofoe_report_004_2018.pdf, S. 12, letzter Zugriff 1.3.2019.

Sarah Lillemeier, Soziologin am Institut für Arbeit und Qualifikation an der Universität Duisburg-Essen.[61]

Doch die Forschung rund um den »Comparable Worth«-Index steht noch am Anfang. Weitere Analysen sind notwendig, um ein vollständiges Bild vor allem auch der Wirkungszusammenhänge zu erhalten. Und so gilt für viele Frauen heute immer noch, dass sie doppelt diskriminiert werden. Einmal, sofern sie in sozialen Berufen tätig sind, und dazu noch in der unentgeltlichen Sorgearbeit für Familienangehörige. Denn auch in den Familien übernehmen Frauen immer noch den überwiegenden Teil der Erziehung, Pflege und Hausarbeit.

Für den zweiten Gleichstellungsbericht der Bundesregierung wurde erstmals der sogenannte »Gender Care Gap« ermittelt. Dieser misst, wie sich Sorgearbeit in den Familien auf Männer und Frauen verteilt. Nina Klünder, Forscherin an der Universität Gießen, kommt in ihrem Beitrag für den Gleichstellungsbericht der Bundesregierung zu folgendem Ergebnis: Frauen widmen zu über 50 Prozent mehr Zeit der Sorgearbeit als Männer. »Bei der Betrachtung der gesamten Care-Arbeit zeigt sich, dass Frauen täglich 87 Minuten mehr Care-Arbeit verrichten als ihre Partner. Selbst bei vollzeiterwerbstätigen Personen in Paarhaushalten ohne Kinder leisten Frauen ein Viertel mehr«, beschreibt Klünder die aktuellen Gegebenheiten.[62] Diese ungleiche Verteilung wirkt sich doppelt aus. Zum einen in den geringen Gehältern von Frauen, die im Sinne der Familie häufig ihre Erwerbstätigkeit in Teilzeit ausüben und auf die Zukunft bezogen auch in ihren Rentenzahlungen.

Wenn man sich diese Differenzen in der Sorgearbeit vergegenwärtigt, erscheinen die 50er Jahre des letzten Jahrtausends noch sehr präsent. Doch es bewegt sich etwas. Immer mehr Frauen und Männer fordern einen neuen Blick auf soziale Tätigkeiten und ihrer Akteure – wie auch auf die Rollenbilder in den Familien. Auch der Wahlkampf der letzten Bundestagswahl hat bewiesen: Soziale Berufe erfahren einen Wandel – vor allem im Hinblick auf ihre Wertigkeit in der Gesellschaft. Der Krankenpfleger Alexander Jorde löste mit seinem Statement gegenüber der amtierenden Kanzlerin eine wochenlange Diskussion über die Situation in den Krankenhäusern und Altenpflegeeinrichtungen aus. Jorde wollte wissen, warum die Bundesregierung noch keinen Personalschlüssel für die Alten- und Krankenpflege beschlossen hätte. Die derzeitige Situation in den Einrichtungen führe nach seiner Erfahrung dazu, dass Menschen tagtäglich in

---

61   Lillemeier, S. (2016), Der »comparable worth«-Index als Instrument zur Analyse des Gender Pay Gaps«. Working Paper Nr. 205, Hans Böckler Stiftung, online verfügbar unter: https://www.boeckler.de/pdf/p_wsi_wp_205.pdf, S. 14, letzter Zugriff 1.3.2019.
62   Klünder, N. (2016), Differenzierte Ermittlung des Gender Care Gap auf Basis der repräsentativen Zeitverwendungsdaten 2012/13, online verfügbar unter: https://www.gleichstellungsbericht.de/kontext/controllers/document.php/30.b/a/f83f36.pdf, S. 11, letzter Zugriff 1.3.2019.

ihrer Würde verletzt würden.[63] Doch Jorde beschreibt hier kein neues Phänomen. Schon seit Jahren spitzt sich der Fachkräftemangel in den Einrichtungen zu. So weist die Bundesagentur für Arbeit im Dezember 2017 für jedes der 16 Bundesländer einen Mangel an examinierten Pflegekräften aus.[64]

Und das hat gravierende Auswirkungen – nicht nur auf die Qualität der Pflege, sondern auch auf die Arbeitsbedingungen für die Menschen, die in der Pflege tätig sind. 76 Prozent der Beschäftigten in der Altenpflege geben an, oft oder sehr oft unter Zeitdruck zu stehen, im Gesundheitsbereich und der Krankenpflege, Rettungsdienst und Geburtshilfe sind es sogar 80 Prozent.[65] Diese Arbeitsbelastungen wirken sich körperlich wie psychisch aus. Das Ergebnis: Fachkräfte werden öfter krank, hängen ihren Beruf an den Nagel oder gehen früher als andere Berufsgruppen in Rente. Die Politik reagierte auf die anhaltende öffentliche Debatte mit der Ankündigung, weitere Fachkräfte einstellen zu wollen. Doch das ist kein einfaches Unterfangen. Denn schon heute werden offene Stellen im Schnitt erst nach 102 Tagen neu besetzt.[66] Warum das so ist, liegt auf der Hand: Die Berufe sind unattraktiv geworden, viel Verantwortung lastet auf den Schultern dieser Fachkräfte und das, wie wir am Anfang des Kapitels gesehen haben, bei vergleichsweise niedrigen Gehältern. Fehler der Pflegekräfte können die Gesundheit oder gar das Leben der zu pflegenden Menschen gefährden. Gleichzeitig sind Anforderungen und Umfang administrativer Tätigkeiten stetig gestiegen, ohne dass dafür zusätzliche Kapazitäten zur Verfügung gestellt wurden. Die Beschäftigten müssen kranke oder auch fehlende Kollegen kompensieren, durch Überstunden, höheres Arbeitstempo und eine größere Anzahl von Rufbereitschaften. Attraktive Arbeitsbedingungen sehen anders aus. Und so empfehlen Schildmann und Voss, auch für eine Verbesserung an vier Dimensionen gleichzeitig anzusetzen: der Personalbemessung, dem Einkommen, der Arbeitszeit und den beruflichen Entwicklungsmöglichkeiten. Diese Erkenntnis ist auch auf andere Branchen übertragbar: Die monetäre Vergütung ist und bleibt nur ein Aspekt, der die Qualität von Arbeitsbedingungen bestimmt. Arbeitsplatzzufriedenheit und Arbeitgeberattraktivität hängen von weit mehr ab, als dem, was am Ende des Monats auf dem Gehaltszettel steht (Siehe Kapitel 7.9: »Die Buurtzorg-Pioniere – durch selbstverantwortliche Teams zurück zum Sinn der Pflege bei Sander Pflegedienst«).

Die sozialen Berufe könnten durch den Fachkräftemangel und seine gesellschaftlichen wie politischen Folgen eine Aufwertung erfahren. So kündigte die Bundesregierung

---

63   Alexander Jorde in Tagesschau (2017), ARD-Wahlarena: Frage an Merkel zur Pflege, online verfügbar unter: https://www.youtube.com/watch?v=WClqdJSgsok, letzter Zugriff 5.3.2019.

64   Schildmann, C. / Voss, D. (2018), Aufwertung von sozialen Dienstleistungen, Forschungsförderung Report, Nr. 4, Hans Böckler Stiftung, online verfügbar unter: https://www.boeckler.de/pdf/p_fofoe_report_004_2018.pdf, S. 4, letzter Zugriff 5.3.2019.

65   Ebd., S. 7.

66   Ebd., S. 4.

im Frühjahr 2018 an, unter Beteiligung der drei zuständigen Ministerien – dem Bundesministerium für Gesundheit, dem Bundesministerium für Familie, Senioren, Frauen und Jugend sowie dem Bundesministerium für Arbeit und Soziales – die Herausforderung Pflegenotstand anzugehen.[67]

Es bleibt zu hoffen, dass in dieser konzertierten Aktion wirksame Lösungen entwickelt werden und das Vorgehen auch auf weitere von Fachkräftemangel gekennzeichnet Berufsfelder ausstrahlt. Denn im gesamten Bundesgebiet fehlt es in Krippen, Kindertagesstätten und Schulen an Fachkräften.

Fragen zur Reflexion

... Welche typisch weiblichen Berufe werden aus Deiner Sicht unterbezahlt? Wie erklärst Du Dir deren geringe Vergütung?

... Gibt es auch in Deinem Unternehmen Bereiche, die von einem vermeintlichen Fachkräftemangel gekennzeichnet sind?

... Was macht die Arbeit in diesen Bereichen attraktiv und einladend für die Mitarbeiter?

... Was wirkt demotivierend oder hält Mitarbeiter gar von ihrer eigentlichen Aufgabe ab?

... Welchen Grad an Autonomie haben die Beschäftigten in ihrer täglichen Arbeit?

... Was macht Deine Arbeit attraktiv?

... Welche negativen Aspekte würdest Du gerne reduzieren?

4.7   Zeit ist das neue Geld – Wie sich Präferenzen und Lebensentwürfe verändern

Die Blogparade #NewPay offenbarte eine weitere gesellschaftliche Veränderung hinsichtlich der Wahrnehmung von Gehalt: Viele Beiträge setzten sich kritisch mit dem Thema Arbeitszeit auseinander. Die Autoren hinterfragten dabei zwei scheinbar unveränderliche Eckpfeiler unserer Arbeitswelt: Die Vergütung nach Arbeitszeit und den Achtstundentag in einer Fünftagewoche.

Die Autoren bemängelten die Präsenzkultur in vielen Unternehmen: Belohnt wird immer noch, wer lange im Büro anwesend ist. Jegliche Form der Abwesenheit und sei es, um im Homeoffice zu arbeiten, werden weiterhin oft kritisch betrachtet. Diese Haltung beruht oft auf der Annahme, dass Mitarbeiter in mehr (Arbeits-)Zeit auch mehr leisten – und das vor allem dann, wenn sie präsent sind. Diese Annahme trifft aus unse-

---

67   Bundesregierung (2018), Mehr Menschen für Pflegeberufe begeistern, online verfügbar unter: https://www. bundesregierung.de/Content/DE/Artikel/2018/07/2018-07-03-aktion-pflegekraefte-gewinnen.html, letzter Zugriff 5.3.2019.

rer Sicht nur dann zu, wenn die Beschäftigten stark standardisierte Tätigkeiten ausführen, die in nahezu beliebig viele Prozessschritte zerlegbar sind. Doch diese Aufgaben übernehmen heute immer häufiger Maschinen oder Computer. Somit ist diese Haltung ein Indiz, dass tradierte Arbeitskonzepte aus dem Industriezeitalter beharrlich auf heutige Tätigkeitsbereiche ausstrahlen, die nach anderen Logiken funktionieren.

Bei dem einen oder anderen mehren sich Zweifel, dass die zunehmende Dynamik und Komplexität der Arbeitsanforderungen sich in Achtstundentagen abarbeiten lassen. Wer kann schon die Konzentration für hochkomplexe Aufgaben acht, neun oder gar zehn Stunden am Tag aufrechterhalten? Auch Kreativität hält sich eher selten an Zeitvorgaben und vorgegebene Arbeitsorte und ist nicht beliebig reproduzierbar (siehe dazu auch Kapitel 5 »Wie Motivation und Vergütung zusammenhängen«).

Diesen Überlegungen lassen erste Unternehmen Taten folgen, indem sie mit alternativen Arbeitszeitmodellen experimentieren. Weltweites Aufsehen erregten Unternehmen in den USA und Schweden, die einen Fünfstundentag bei gleichem Lohn erprobten bzw. dauerhaft einführten. Wie zum Beispiel die Firma Tower Paddle Board in Kalifornien, USA. Stephan Aarstol, Gründer des Surfbrettherstellers, inspirierte viele mit seinem Buch »The five-hour workday: live differently, unlock productivity, and find happiness«. Doch dort ist der Fünfstundentag aktuell lediglich auf die Sommermonate Juni bis September begrenzt.

Und auch in Deutschland sorgt ein Unternehmen für Furore: Rheingans Digital Enabler aus Bielefeld, eine Digitalagentur mit rund 15 Mitarbeitern, mit der Mission, Unternehmen in der digitalen Transformation zu begleiten und zu beraten. Hier arbeitet die Belegschaft seit November 2017 nur noch 25 Stunden pro Woche und das bei vollem Lohnausgleich. Gestartet als Experiment für ein paar Monate, arbeitet das Unternehmen auch ein Jahr später noch in diesem neuen Arbeitszeitmodell. Die Presseresonanz ist beeindruckend: Allein in den ersten neun Monaten nach der Umstellung auf den Fünfstundentag erschienen rund 90 Beiträge im In- wie Ausland über diesen alternativen Ansatz. (Mehr über dieses Unternehmen in Kapitel 7.4 »Der Fünfstundentag – das radikale Arbeitszeitmodell bei Rheingans Digital Enabler«.)

Warum löst ein Arbeitszeitexperiment in einem kleinen Unternehmen in Ostwestfalen-Lippe diese Resonanz aus? Warum erscheint es so revolutionär, den Arbeitstag in Anbetracht veränderter Arbeitsanforderungen zu überdenken und neue Wege zu erproben?

Fakt ist, der Achtstundentag ist in unsere kulturelle DNA derart verwoben, dass viele Menschen sich eine andere Gestaltung der Arbeitszeit schlicht nicht vorstellen können. Doch die Idee des Achtstundentags ist erst rund 200 Jahre alt und war ursprünglich eine Forderung der Arbeiterbewegungen. 1856 erstmals in Australien gesetzlich verankert, dauerte es noch bis 1918 bis der Achtstundentag erstmals auch in Deutschland gesetzlich festgeschrieben wurde. Damals allerdings noch im Rahmen einer Sechstagewoche.[68]

Erleben wir auch heute wieder einen solchen Einschnitt beim Thema Arbeitszeit? Die Reaktionen auf das Experiment in Bielefeld, die von Begeisterung bis zu absoluter Ablehnung reichen, halten uns den Spiegel vor: Unsere Arbeitswelt wird immer noch geprägt von Glaubenssätzen wie »Erst die Arbeit, dann das Vergnügen!«. Dass das Vergnügen länger andauern könnte als die Arbeit, erscheint vielen in unserem kulturellen Kontext für undenkbar. In unserer Arbeitsethik ist das christlich-religiöse Erbe, wie bereits im Kapitel 3 und 4.3 beschrieben, tief verwoben.

Insbesondere die protestantisch-calvinistische Ethik findet sich in den Tugenden, die der preußische Staat unter Friedrich Wilhelm I. propagierte und förderte, wieder. Daraus entstanden »deutsche Tugenden« wie Pünktlichkeit, Ordnung oder Fleiß.

Diese Werte haben unsere Wirtschaft im Industriezeitalter erfolgreich gemacht. Ob sie uns auch in der Wissens- und Informationsgesellschaft weiterhelfen werden, bleibt fraglich. Die Möglichkeit von Planung und Kontrolle sind in einer hoch-vernetzen, komplexen und zum Teil auch chaotischen Umwelt begrenzt. Dafür benötigen wir neue Kompetenzen und Verhaltensweisen. Und wenn wir nach neuen Formen der Arbeit suchen, tun wir gut daran, alle Parameter zu hinterfragen und kritisch zu prüfen.

Aktuell erleben wir, dass frei verfügbare Zeit für Menschen immer bedeutsamer wird. Das zeigt sich zum einen in einer steigenden Nachfrage nach Sabbaticals und in einem über alle Altersgruppen gestiegenem Bedürfnis nach Freizeit. Verschiedene Studien besagen, dass sich mittlerweile jeder zweite Arbeitnehmer eine längere Auszeit wünscht.[69]

Die Entwicklung macht die Sehnsucht nach mehr Freizeit verständlich. Zeit erscheint vielen Menschen heute kostbarer als Geld. Ein gutes Beispiel für diesen Wertewandel ist der Tarifabschluss der IG Metall Anfang 2018. Unter dem Motto »Mein Leben – meine Zeit. Arbeit neu denken!« setzte sich die Gewerkschaft nicht nur für mehr Lohn ein,

---

68   Wikipedia (2018), Achtstundentag, online verfügbar unter: https://de.wikipedia.org/wiki/Achtstundentag, letzter Zugriff 9.3.2019.

69   Wotschack, P. / Samtleben, C. / Allmendinger, J. (2017), Gesetzlich garantierte »Sabbaticals« – ein Modell für Deutschland? Argumente, Befunde und Erfahrungen aus anderen europäischen Ländern, Wissenschaftszentrum Berlin für Sozialforschung, online verfügbar unter: https://bibliothek.wzb.eu/pdf/2017/i17-501.pdf, S. 1, letzter Zugriff 7.3.2019.

sondern auch für mehr selbstbestimmte Arbeitszeit.[70] Neben 4,3 Prozent mehr Lohn vereinbarten die Tarifparteien, dass Beschäftigte ab 2019 für sechs bis 24 Monate in eine verkürzte Vollzeit von 28 Stunden gehen können. Sie kehren nach Ablauf der vereinbarten Zeit automatisch zu ihrer alten Arbeitszeit zurück oder vereinbaren eine weitere Reduzierung. Für Beschäftigte mit Kindern unter acht Jahren oder zu pflegenden Angehörigen gibt es darüber hinaus die Möglichkeit, das sogenannte jährliche tarifliche Zusatzgeld in Höhe von 27,5 Prozent eines Monatseinkommens in acht Tage Urlaub im Jahr umzuwandeln. Die gleiche Regelung gilt für Mitarbeiter, die drei Jahre in Schicht gearbeitet haben.[71]

In anderen Branchen zeichnet sich diese Entwicklung ebenfalls ab. Die Mehrheit der Bahnmitarbeiter entschied sich nach dem Tarifabschluss 2017 für mehr Freizeit statt mehr Geld. Der Tarifabschluss ermöglichte drei individuelle Wahlmöglichkeiten: entweder 2,6 Prozent Lohnerhöhung, eine Reduzierung der Wochenarbeitszeit um eine Stunde oder sechs Tage zusätzlichen Urlaub. 58 Prozent der Beschäftigten wählten die dritte Option. Interne Analysen zeigen, dass das Alter der Beschäftigten bei der Wahl kaum eine Rolle spielte. In den Alterskohorten von 20 bis 60 Jahren votierten die Mitarbeiter annähernd gleich (weitere Informationen dazu gibt es im Kapitel 7.3 »Ein Konzern, eine Gewerkschaft und ein ganz neuer Weg – EVG-Wahlmodell bei der Deutschen Bahn«.)

Was sind die Ursachen für diese Entwicklungen? Fehlzeitenreports und Studien verschiedener Krankenkassen belegen, dass dieser Trend mit einer Zunahme psychischer Belastungen einhergeht. So nimmt laut einer Befragung der pronovaBKK die Hälfte der deutschen Erwerbstätigen ihre Arbeit als eher stressig war. »Hauptbelastungsfaktor im deutschen Arbeitsalltag ist der ständige Termindruck. Aber auch emotionaler Stress durch die Arbeit mit Kunden, Patienten, Schülern sowie Überstunden oder schlechtes Betriebsklima belasten rund 30 Prozent der Arbeitnehmer.«[72] Und auch die Zahl der Fehltage aufgrund psychischer Erkrankungen ist in den letzten zehn Jahren konstant angestiegen, allein zwischen 2007 und 2017 um 67,5 Prozent, konstatierte 2018 der jährliche Fehlzeiten-Report des Wissenschaftlichen Instituts der AOK. Damit stehen psychische Erkrankungen an zweiter Stelle, was die Anzahl von Arbeitsunfähigkeitstagen betrifft.[73]

---

70   IG Metall (2016), Eine neue Arbeitszeitkultur, online verfügbar unter: https://www.igmetall.de/ueber-uns/kampagnen/mein-leben--meine-zeit/eine-neue-arbeitszeitkultur, letzter Zugriff 7.3.2019.
71   IG Metall (2018), Bundesweit mehr Geld und selbstbestimmte Arbeitszeiten, online verfügbar unter: https://www.igmetall.de/tarif/tarifrunden/metall-und-elektro/bundesweit-mehr-geld-und-selbstbestimmte-arbeitszeiten, letzter Zugriff 7.3.2019.
72   PronovaBKK (2018), Betriebliches Gesundheitsmanagement 2018 – Ergebnisse der Arbeitnehmerbefragung, online verfügbar unter: https://www.pronovabkk.de/downloads/ae740f1f69ccabf0/pronovaBKK_BGM_Studie2018.pdf, S. 6, letzter Zugriff 9.3.2019.
73   Meyer, Markus / Wenzel, Jenny / Schenkel, Antje: Krankheitsbedingte Fehlzeiten in der deutschen Wirtschaft im Jahr 2017. In: Bernhard Badura u. a. (Hrsg.): Fehlzeiten-Report 2018, Sinn erleben – Arbeit und Gesundheit, Springer: Berlin 2018, S. 331.

Zeit, über die man frei verfügen kann, wird immer knapper und in der individuellen Wahrnehmung auch wertvoller. Der Wunsch nach mehr frei verfügbarer Zeit ist auch eine Art Bewältigungsstrategie. Denn mehr freie Zeit würde es ermöglichen, mehr von dem tun zu können, was einem wichtig ist oder bedeutsam erscheint. Und Zeit ist ein Weg, um sich von der als stressig empfundenen Arbeit oder Situation abzugrenzen.

Auch in einigen Biografien der Autorinnen und Autoren der Blogparade #NewPay spiegelt sich die neue Wertschätzung von Zeit wider. Ob ehemaliger internationaler Projektleiter im Großkonzern, ehemalige Pressesprecherin einer großen Krankenkasse oder die ehemalige Führungskraft aus der Industrie – Menschen mit hohem Gestaltungsdrang verzichten heute bereitwillig auf Gehalt, um die ihnen zur Verfügung stehende Zeit in eigene Projekte zu investieren.

Lydia Krüger ist eine dieser Autorinnen. Ihr Blogbeitrag für die Blogparade #NewPay lieferte auch die Überschrift für dieses Kapitel. In ihrem Beitrag »Zeit ist das neue Geld« hinterfragt sie den Umgang mit Zeit. Während Geld komme und gehe, gehe die Zeit nur, so Krüger. Doch während wir gelernt haben, unser Geld zusammenzuhalten, haben wir es oft nicht gelernt, unsere begrenzte Zeit ebenso sorgsam aufzuteilen. Krüger hat heute ein anderes Verhältnis zu »ihrer« Zeit als noch vor einigen Jahren. Sie ließ Ende 2014 ihren gut bezahlten Job als Pressesprecherin einer Krankenkasse hinter sich und machte sich selbständig. Sie startete den Blog Büronymus[74], gründete ihren eigenen Verlag Fonski und verschrieb sich, wie es im Untertitel ihres Blogs heißt, der menschlichen Seite der Arbeit. In ihren Blogbeiträgen legt sie regelmäßig den Finger in die Wunde hierarchischer Organisationen – die sie mit dem Akronym HORG kennzeichnet – und zeigt deren Absurditäten auf. Gleichzeitig berichtet sie schonungslos und ehrlich aus ihrer Gedankenwelt und legt die Ambivalenz und Paradoxien des Menschseins offen dar. Reich ist sie damit noch nicht geworden. Das ist auch nicht ihr Ziel: »Ich wünsche mir, dass ich ein Auskommen habe. Ich möchte einfach nur genug haben – auch genug Zeit übrigens […] Ich war arm und ich war reich. Genug zu haben, ist besser«, so Krüger[75].

Ein weiterer Blogparaden-Autor, der sich mit diesem Thema beschäftigte, ist Guido Bosbach. Der studierte Mathematiker war 14 Jahre bei der Telekom beschäftigt und dort zuletzt als internationaler Projektleiter tätig. Doch das Korsett des Konzerns war ihm auf Dauer zu eng. Das zeigte sich, als Bosbach 2008 die erste Elternzeit nahm und nach seiner Rückkehr die Konsequenzen seiner Auszeit zu spüren bekam. Nach eini-

74   Krüger, L. (2019), Büronymus – die menschliche Seite der Arbeit, online verfügbar unter: www.bueronymus.de, letzter Zugriff 11.3.2019.
75   Krüger, L. (2017), Wie Geld mich verändert hat, online verfügbar unter: https://www.bueronymus.de/wiegeld-mich-veraendert-hat/, letzter Zugriff 11.3.2019.

gem Ringen verließ er 2011 das Unternehmen und ist seitdem in verschiedenen Rollen unterwegs, unter anderem als Inhaber der Managementberatung ZUKUNFTheute. Vor allem aber ist Bosbach Überzeugungstäter für eine Arbeitswelt, die sich aus den Fesseln der Industrialisierung löst und kreativ wie innovativ nach ganzheitlichen und verantwortungsvollen Lösungen sucht.

Auch sein Beitrag zur Blogparade behandelt das Thema Zeit. »So deutlich wie unbewusst wir den Tausch von Lebens-Zeit gegen Geld wahrnehmen, so klar sollten wir uns eines machen: Was am Ende bleibt ist mehr Geld für weniger Leben.« So Bosbach in seinem Beitrag mit dem Titel »Arbeit, bezahlt mit meinem Leben?!«. In seiner Wahrnehmung sind wir so sozialisiert, dass wir ein schlechtes Gewissen entwickeln, wenn wir für etwas bezahlt werden, das uns Freude und Zufriedenheit schenkt. New Pay sei deshalb nicht nur ein Thema für Unternehmen – sondern viel mehr ein Thema einer sich verändernden Gesellschaft.[76]

Ute Schulze ist die Dritte im Bunde, die exemplarisch für diesen Wertewandel steht. Sie begeisterte in ihrem Kommentar zur Blogparade mit ihrer Direktheit und Offenheit. 30 Jahre lang arbeitete sie im Verkauf und Vertrieb. Heute engagiert sich Schulze als Netzaktivistin und berät und begleitet Organisationen sowie Sozialunternehmen (Social Entrepreneurs) bei ihrem Social-Media-Auftritt. Gleichzeitig schlägt ihr Herz für ehrenamtliches Engagement in verschiedenen Initiativen wie auch im privaten Umfeld. Und so lebt Schulze heute wohl das, was Frithjof Bergmann in seinen Abhandlungen als »New Work« beschrieb: etwa ein Drittel ihrer Zeit verbringt sie mit Erwerbsarbeit, ein Drittel mit intelligentem Konsum und ein Drittel mit dem, was sie »wirklich, wirklich« will.

Das hat Auswirkungen auf ihr Verhältnis zu Geld im Allgemeinen und ihr Einkommen im Besonderen. »Es ist mir nicht (mehr) die Zeit wert, mir um Geld Gedanken zu machen. Ich arbeite, wann ich will und was ich will und mein Antrieb ist der Zweck und die Wirkung meines Werkens. Ich lasse mir meine wertvolle Arbeit nicht mehr über so etwas unwichtiges wie Geld ›bemessen‹. Mein Treiber ist das Brutto-Sozial-Glück und mein Wohlbefinden – und das erreiche ich in sozialen Beziehungen zu Menschen.«[77]

Fragen zur Reflexion

... Was treibt Dich bei der Arbeit an?

... Welche Rolle spielt dabei Dein Gehalt?

... Wofür sollte Gehalt entlohnen, was sollte es kompensieren?

---

76   Bosbach, G. (2017), Arbeit, bezahlt mit meinem Leben?!, online verfügbar unter: https://www.bosbach.mobi/2017/10/30/arbeit-bezahlt-mit-meinem-leben-newpay/ letzter Zugriff 11.3.2019.

77   Schulze, U. (2017), New Pay – ein Kommentar von Ute Schulze, online verfügbar unter: https://www.coplusx.de/2017/10/04/new-pay-ein-kommentar-von-ute-schulze/, letzter Zugriff 11.3.2019.

… Welche Motive und Antreiber beobachtest Du bei Kollegen oder Mitarbeitern?

… Welchen Stellenwert hat frei verfügbare Zeit in der Arbeit und Deinem Leben aktuell?

… Hat sich Dein Blick auf »freie Zeit« in den vergangenen Jahren verändert? Wenn ja, wie?

… Wofür hättest Du gerne mehr Zeit?

… Was hindert Dich daran, diesen Themen mehr Zeit zu verschaffen?

… Was müsstest Du dafür verändern?

4.8   Gehaltstransparenz – Erwartungen und Mehrwert transparenter Vergütung

Welches Bild entsteht in Deinem Kopf, wenn Du an Gehaltstransparenz denkst? Der eine denkt vielleicht an das Entgelttransparenzgesetz. Die andere assoziiert damit hingegen sofort Gehaltslisten am schwarzen Brett. Egal welches Bild entsteht, es ist mit Emotionen verknüpft. Vor allem dann, wenn es sich auf das eigene Gehalt bezieht.

Bereits am Anfang des Kapitels hatten wir über die hohe Emotionalität geschrieben, die Gehaltsthemen auslösen. Dies gilt insbesondere auch für den Aspekt der Gehaltstransparenz. Aber um hier gleich einzuhaken: Es gibt nicht *die* Gehaltstransparenz.

Das Wort »transparent« kommt aus dem Lateinischen und bedeutet »durchscheinen«. Das bringt es unseres Erachtens gut auf den Punkt. Denn je nachdem durch was ich hindurchschaue, der Bildausschnitt dahinter scheint unterschiedlich durch. Am besten lässt es sich vielleicht mit dem Blick durch ein Fenster verdeutlichen. Ist vor dem Fenster ein Vorhang, hängt es von dessen Gewebe ab, wieviel ich dahinter erkennen kann.

Beim Thema Gehalt mag es so manchem reichen, wenn Licht durchs Fenster fällt. Andere hingegen werden den Wunsch verspüren, den Vorhang kraftvoll zur Seite zu ziehen und den Blick durch das Fenster freizugeben – egal, welcher Ausblick dahinter lauert.

David Cummins, Geschäftsführer der Ministry Group in Hamburg, sagte bei einer Veranstaltung einmal, »Transparenz ist kein Selbstzweck, sondern ein Instrument!«. Diesem Gedanken können wir voll und ganz zustimmen. Nur, was der Organisation als Ganzes nützt, sollte in ihr auch Anwendung finden. Wenn wir diesem Gedanken weiter folgen, stellt sich also die Frage: Was braucht es, um das Instrument »Transparenz« zielgerichtet und wirksam für die Organisation einzusetzen? Doch diese Frage stellen wir noch mal kurz zurück.

In unserer Blogparade offenbarte sich der Wunsch oder auch die Forderung nach einer größeren Transparenz bei Gehaltsthemen. Und der Ruf nach mehr Transparenz zog sich durch viele Beiträge. Ein ähnlicher Trend spiegelt sich auch in den Ergebnissen verschiedener Umfragen aus den vergangenen Jahren.

Länder wie Schweden und Norwegen machen vor, dass das Einkommen keine ausschließlich private Information bleiben muss. Wer in Schweden zum Beispiel wissen möchte, welche Einkommen der Nachbar oder die Chefin im letzten Jahr hatte, kann dies aus dem jährlich erscheinenden sogenannten Steuerkalender erfahren. Gleiches gilt für Norwegen. Auch dort werden die Steuerdaten veröffentlicht. Hier gilt das Motto: »Wer nichts zu verbergen hat, hat nichts zu befürchten.« Der Schutz der Privatsphäre ordnet sich hier dem Allgemeinwohl unter. Doch Transparenz ist in diesen skandinavischen Ländern keine Einbahnstraße. Auch der Staat bzw. staatliches Handeln ist möglichst großer Transparenz verpflichtet. Und so belegen die skandinavischen Länder auch beim Ranking von Transparency International regelmäßig die vorderen Plätze.[78]

Aber zurück zur Gehaltstransparenz in Unternehmen. Welcher Grad an Transparenz ist aus Deiner Sicht erstrebenswert?

Für tarifgebundene Unternehmen sind der jeweilige Tarifvertrag sowie die damit verbundenen Entgelttabellen frei zugänglich. Hier kann jeder alle Entgeltgruppen sowie die zugehörigen Entgeltstufen einsehen. In welcher Gruppe und auf welcher Stufe sich einzelne Kollegen aus der Organisation befinden, ist jedoch in der Regel nicht nachvollziehbar. Transparenz herrscht hier also in Bezug auf den Ordnungsrahmen.

Die öffentliche Hand zeigt sich transparenter. In Stellenausschreibungen werden der geltende Tarifvertrag und die Tarifgruppe mitausgeschrieben. Diese Transparenz sucht man in Ausschreibungen der Privatwirtschaft oft vergeblich. Arbeitgeber fordern in der Regel vielmehr Transparenz von den Bewerbern hinsichtlich ihres Gehaltswunsches für die Stelle ein. In Österreich sind Arbeitgeber bereits seit 2011 dazu verpflichtet, das Mindestgehalt einer Stelle mitanzugeben. Ausgeschlossen sind hier Stellen für Geschäftsführer und Vorstandsmitglieder einer Kapitalgesellschaft sowie leitende Angestellte mit maßgeblichem Einfluss auf die Unternehmensführung, sofern das Unternehmen in einer anderen Rechtsform als einer Kapitalgesellschaft betrieben wird.[79]

---

78   Transparancy International (2018), Corruption Perception Index 2018, online verfügbar unter: https://www.transparency.org/cpi2018, letzter Zugriff 31.1.2019.
79   Wirtschaftskammer Österreich (2019), Angabe des Mindestentgelts im Stelleninserat, online verfügbar unter: https://www.wko.at/service/arbeitsrecht-sozialrecht/Angabe_des_Mindestentgelts_im_Stelleninserat.html, letzter Zugriff 31.1.2019.

Auch der deutsche Gesetzgeber versuchte mit dem Entgelttransparenzgesetz aus dem vergangenen Jahr mehr Klarheit zu schaffen. Zumindest im Hinblick auf die gleichwertige Entlohnung von Frauen und Männern. Denn die Zielsetzung des Gesetzes ist »das Gebot des gleichen Entgelts für Frauen und Männer bei gleicher oder gleichwertiger Arbeit.«[80] Demnach haben Mitarbeiter gegenüber ihrem Arbeitgeber einen individuellen Auskunftsanspruch – vorausgesetzt es gibt sechs Mitarbeitende des anderen Geschlechts, die vergleichbare Positionen innehaben. Und das gilt auch nur dann, wenn das Unternehmen mehr als 200 Beschäftigte hat. Damit ist die Reichweite des Gesetzes begrenzt. Lediglich 0,7 Prozent aller Betriebe und 32 Prozent aller Beschäftigten fallen in den Geltungsbereich des Entgelttransparenzgesetzes.[81]

Dementsprechend bewerten erste Untersuchungen die Wirksamkeit des Gesetzes sehr kritisch. So konstatiert das Wirtschaft- und Sozialwissenschaftliche Institut (WSI) der Hans-Böckler-Stiftung in einer Pressemeldung: Die Forscher raten dazu, das Entgelttransparenzgesetz verbindlicher auszugestalten. Dazu gehört laut Meinung der Wissenschaft erstens, die Prüfung der betrieblichen Gehaltsstrukturen nicht nur zu empfehlen, sondern verpflichtend zu machen. Dazu gehöre zweitens, die Hürden für den individuellen Auskunftsanspruch zu verkleinern und Beschäftigte in kleineren Betrieben einzubeziehen. Für Verstöße gegen die gesetzlichen Verpflichtungen müsse das Gesetz »wirksame Sanktionen« vorsehen, die es bisher überhaupt nicht gebe.[82]

Wir sind gespannt, ob der Gesetzgeber in den kommenden Jahren nachsteuern wird. Notwendig erscheint es zumindest, wenn im Hinblick auf das gesetzte Ziel echte Fortschritte erwünscht sind.

Nichtsdestotrotz gibt es immer mehr Unternehmen, die im Hinblick auf Transparenz vorangehen. Und über diese Unternehmen werden wir auch in diesem Buch schreiben und zehn Organisationen und ihre Vergütungsmodelle vorstellen (siehe Kapitel 7). Transparenz ist aus unserer Sicht ein notwendiges Kriterium für zukunftsfähige Entlohnungsmodelle. Es ist jedoch kein hinreichendes Kriterium. Denn das Wissen über das jeweilige Gehaltssystem – oder das Wissen über das Gehalt von Kollegen – trägt nicht von sich aus zum Erfolg eines Unternehmens bei.

---

80 Bundesministerium der Justiz und für Verbraucherschutz (2017), Gesetz zur Förderung der Entgelttransparenz zwischen Frauen und Männern (Entgelttransparenzgesetz – EntgTranspG), online verfügbar unter: https://www.gesetze-im-internet.de/entgtranspg/BJNR215210017.html, letzter Zugriff 31.1.2019.
81 Baumann, H. / Klenner, C. / Schmidt, T. (2019), Entgeltgleichheit von Frauen und Männern – Wie wird das Entgelttransparenzgesetz in Betrieben umgesetzt? Eine Auswertung der WSI-Betriebsrätebefragung 2018, WSI-Report, Nr. 45, online verfügbar unter: https://www.boeckler.de/pdf/p_wsi_report_45_2019.pdf, S. 3., letzter Zugriff 20.2.2019.
82 Ebd., S. 20.

Und hier kommen wir zurück zu einem Zitat vom Anfang des Kapitels: »Transparenz ist kein Selbstzweck, sondern ein Instrument.« Dieses Instrument sollten Unternehmen zum einen nie ohne eine durchdachte Gehaltsstruktur nutzen. Und zum anderen sollten Arbeitgeber Transparenz nie von heute auf morgen in ihrer vollen Dosis einsetzen. Da ist die Lähmung der Organisation quasi vorprogrammiert. Es wirkt kaum etwas demotivierender auf Mitarbeiter, als der Eindruck, unfair behandelt zu werden. Und dieser Eindruck entsteht immer dann, wenn Gehaltssysteme und Gehälter nicht angemessen, nachvollziehbar und verlässlich sind.

Daraus folgt: Transparenz kann seine Wirkung nur dann entfalten, wenn es mit diesen drei Aspekten kombiniert wird. Kenne ich das Entgeltsystem und kann es nachvollziehen? Kann ich mich darauf verlassen, dass die definierten Kriterien und Regeln für alle gelten? Steht die Höhe des Entgelts in einem angemessenen Verhältnis zu anderen Gehältern? Und ist die Gehaltssumme angemessen im Vergleich zu anderen wirtschaftlichen Kennzahlen wie Umsatz oder Gewinn? Diese Fragen stehen dabei im Vordergrund.

Inwieweit treffen diese Aspekte auf das Vergütungsmodell sowie der dazugehörigen Prozesse Deiner Organisation zu? Gibt es weitere Kriterien, die Du hinzunehmen würdest?

An dieser Stelle weisen wir auch bereits auf Kapitel 9 hin. Dort setzen wir uns mit den Aspekten Verteilungs- und Verfahrensgerechtigkeit im Zusammenhang mit New Pay auseinander. Wir sind uns in jedem Fall sicher, dass der Grad der Transparenz bezüglich des Gehalts und der Vergütungsmodelle in den kommenden Jahren kontinuierlich zunehmen wird. Hier hinterlassen nicht nur Jobportale wie Glassdoor[83] mit der Sammlung und Veröffentlichung von Gehältern aus Unternehmen ihre Spuren. Auch durch agile Arbeitsweisen, wie beispielsweise dem »Peer-Recruiting«, werden transparente Vergütungsmodelle zu einer notwendigen Bedingung guter und tragfähiger Entscheidungen.

Fragen zur Reflexion
... Welcher Grad an Transparenz besteht in Deinem Unternehmen hinsichtlich des Vergütungsmodells und den Gehältern?
... Welchen Grad an Transparenz würdest Du Dir wünschen?
... Was hältst Du für die Gesamtorganisation für hilfreich?
... Was ermöglicht der aktuelle Transparenzgrad? Was verhindert er?

---

83   Glassdoor (2019), Startseite, online verfügbar unter: https://www.glassdoor.de/, letzter Zugriff 10.3.2019.

5 Wie Motivation und Vergütung zusammenhängen

Lassen sich Motivation und Arbeitsleistung durch monetäre Anreize gezielt stimulieren? Dieser Frage sind in den vergangenen Jahrzehnten unzählige Experten, Wissenschaftler und Fachpraktiker nachgegangen. Ein ganzer Beratungszweig hat sich in dieser Zeit etabliert. Ihr Ziel: Individuelle Anreizsysteme für Mitarbeiter und Führungskräfte zu entwickeln, die das Verhalten auf die jeweiligen Unternehmensziele ausrichten und die Arbeitsleitung maximieren.

Diese Anreizsysteme sind in der Regel auf Effizienz getrimmt und unterliegen einer stetigen Anpassung. Zu welchen überraschenden Schlussfolgerungen diese kontinuierliche Optimierung jedoch führen kann, darüber berichtete Sven O. Rimmelspacher, Geschäftsführer der Pickert & Partner GmbH, in seinem Beitrag für die Blogparade #NewPay.

Zwölf Jahre lang optimierte Rimmelspacher das Vergütungs- und Prämienmodell des Unternehmens, um schlussendlich zu folgender Erkenntnis zu kommen: »Ziel- und Bonussysteme sind immer gut gemeint, sie können aber niemals funktionieren … Wenn wir in einer sich rasant ändernden Welt leben, Komplexität unseren Alltag bestimmt und Zusammenarbeit zum entscheidenden Wettbewerbsfaktor geworden ist, dann sind individuelle Zielvereinbarungen geradezu paradox, denn sie schaffen falsche Anreize. Sie sagen dem Mitarbeiter nichts anderes als: Erfülle Deine Ziele! Wohingegen sie eigentlich sagen sollten: Tue alles dafür, dass wir erfolgreich sind.« [84]

Viele Prozesse, Strukturen und Regelungen heutiger Organisationen passen noch nicht zu den dynamischen Entwicklungen des digitalen Zeitalters. Sie sind vielmehr weiterhin bestimmt durch die Denkschule des Industriezeitalters, die durch das Scientific Management von Frederick Winslow Taylor wie auch durch Henry Ford und sein Produktionssystems geprägt wurden. Auch viele Vergütungssysteme folgen immer noch diesen Paradigmen.

5.1 Die Wissenschaft als Richtschnur

Das Scientific Management und seine Methoden hatten im 20. Jahrhundert die Produktivität mächtig angekurbelt. Durch die Zerlegung des Produktionsprozesses in

---

84 Rimmelspacher, S. O. (2017), Wie ich vor 12 Jahren unsere Prämiensysteme einführte diese kontinuierlich verbesserte und uns am Ende davon befreit habe, online verfügbar unter: http://agil-durchstarten.de/wie-ich-vor-12-jahre-unsere-praemiensysteme-einfuehrte-diese-kontinuierlich-verbesserte-und-uns-am-ende-davon-befreit-habe/, letzter Zugriff 15.3.2019.

einzelne Arbeitsschritte und die genaue Analyse jedes einzelnen Schrittes, war es möglich, die Produktion immer stärker zu optimieren. Das Resultat dieser Optimierung waren sinkende Stück- und Herstellkosten und damit die Möglichkeit, die Gewinne der Unternehmen zu steigern. Und noch heute beobachten wir in regelmäßigen Abständen, dass Unternehmen in Krisen zunächst Kostensenkungsprogramme aufsetzen. Diese werden in der Regel von den Gesellschaftern und Aktionären mit steigenden Kursen belohnt, da sie höhere Gewinne in der Zukunft antizipieren.

Doch steigende Gewinne waren keineswegs Taylors Ausgangsmotivation bei der Entwicklung des Scientific Managements. Im Fokus stand vielmehr eine funktionierende und gewinnbringende Kooperation zwischen Management und Arbeitern. »Statt einander zu bekämpfen, sollen sich Mitarbeiter und Manager ihrer gemeinsamen Interessen bewusstwerden und sich gemeinsam um das höchstmögliche Wohlergehen beider Seiten und damit des Unternehmens und der Gesellschaft bemühen. Beide Seiten sollen dazu auf die neue Wissenschaft des Scientific Management vertrauen, welche die Erfordernisse und Bedingungen einer Arbeitstätigkeit unparteiisch und unbezweifelbar festlegt.«[85] Die Wissenschaft bzw. das wissenschaftliche Vorgehen diente dabei als überparteilicher Blick auf die gemeinsame Leistungserbringung, »um dadurch soziale Probleme zu lösen sowie Wohlstand für alle zu erreichen«.[86]

Vor diesem Hintergrund erschien es auch nur logisch und rational, Beschäftigte nach ihrer Leistung zu entlohnen. Und die von Taylor und später auch von anderen durchgeführten Zeitstudien lieferten eine vermeintlich valide Basis zum Leistungsvergleich der Mitarbeiter. Wer mehr beziehungsweise schneller produziert und damit einen höheren Beitrag zum Gesamterfolg liefert, soll auch besser vergütet werden. Und so bildete neben dem Grundgehalt der Differentiallohn oder auch Akkordlohn für viele Arbeiterinnen und Arbeiter jahrzehntelang die zweite Säule ihres Entgeltmodells. Diese Art der Vergütung setzte damit den Rahmen für die Leistungserbringung, der klar aufzeigt, was honoriert und vergütet wird – und was eben auch nicht.

5.2   Vom Preis des Individuallohns

Doch der individuelle Lohn, wie in diesem Fall der Akkordlohn, hat neben steigenden Stückzahlen und sinkenden Stückkosten auch eine Kehrseite. Da er individuelle Anreize setzt, fahren Mitarbeiter kooperatives Verhalten zurück. Kollegen zu unterstützen oder zu der Lösung eines Problems beizutragen, honoriert ein Vergütungsmodell, das auf Akkordlohn ausgerichtet ist, nicht. Auch Wissen weiterzugeben und damit

---

85   Wikipedia (2018), Scientific Management, online verfügbar unter: https://de.wikipedia.org/wiki/Scientific_Management, letzter Zugriff 1.3.2019.
86   Ebd.

die Produktivität des Gesamtsystems zu steigern, wird ebenfalls nicht vergütet. Wenn man es genauer betrachtet, bestraft diese Art der Bezahlung die Beschäftigten sogar, da eine kollektive Steigerung der Produktivität zu einer Verringerung der Vorgabezeiten führt. Ergo, das eigene Einkommen fällt geringer aus als zuvor – beziehungsweise bedarf es einer höheren Anstrengung, um den gleichen Lohn zu erhalten. Es lohnt sich also, im wahrsten Sinne des Wortes, sein Wissen zurückzuhalten. Ein weiterer Aspekt, der beim Akkordlohn außen vor bleibt, ist die Qualität – denn ausschließlich Quantität zählt.

Und so führten Unternehmen und Organisationen im Laufe der Zeit zusätzliche Instrumente ein, um die negativen Auswirkungen der individuellen Leistungsvergütung auszugleichen. Sie etablierten kontinuierliche Verbesserungsprozesse oder auch ein betriebliches Vorschlagswesen, um mit Sonderzahlungen Mitarbeiter zu motivieren, individuelles Wissen zu teilen. Mehrstufige Qualitätssicherungssysteme wurden eingeführt, um mangelnde Qualität zu identifizieren und einem Mitarbeiter zuweisen zu können. Und es kamen weitere finanzielle Leistungskomponenten hinzu, um Mitarbeiter für »sozial erwünschtes Verhalten« zu belohnen.

Das zeigt, dass aus dem Anspruch, individuelle Leistung zu vergüten und durch extrinsische Motivation zu steigern, enorme Folgekosten entstehen. Um den negativen Auswirkungen der gesetzten Anreize zu begegnen, müssen Arbeitgeber immer kompliziertere Prozeduren entwickeln, die für immer mehr Menschen in der Organisation aber nicht mehr nachvollziehbar sind. Dabei entstehen sogar Maßnahmen und Regelwerke, die konkurrierende oder zumindest widersprüchliche Signale setzen.

Doch wer Verhalten in diesem Sinne zu steuern versucht, übersieht die intrinsische Motivation von Mitarbeitern. »Seit es Management gibt, glauben wir an die Kraft extrinsischer Motivatoren, allen voran Geld. Dabei zeigen uns zahlreiche Studien, dass Motivation etwas ist, dass intrinsisch entstehen muss und Geld maximal ein Hygienefaktor ist. Das heißt Bezahlung kann zu Demotivation führen, wenn sie per se zu niedrig ist oder als unfair empfunden wird – nicht aber zu Motivation im konstruktiven Sinne.« So Sven O. Rimmelspacher in seinem Blogbeitrag zur New-Pay- Diskussion.[87]

In dieser Aussage spiegelt sich die Zwei-Faktoren-Theorie von Frederick Herzberg wider. Herzberg, renommierter US-amerikanischer Arbeitswissenschaftler und Psychologe, stellte diese Theorie Ende der 1950er Jahre auf. Sie differenziert zwischen Motivatoren und Hygienefaktoren. Während sich Motivatoren nach Ansicht Herz-

---

87   Rimmelspacher, S. O. (2017), Wie ich vor 12 Jahren unsere Prämiensysteme einführte diese kontinuierlich verbesserte und uns am Ende davon befreit habe, online verfügbar unter: http://agil-durchstarten.de/wie-ich-vor-12-jahre-unsere-praemiensysteme-einfuehrte-diese-kontinuierlich-verbesserte-und-uns-am-ende-davon-befreit-habe/, letzter Zugriff 15.3.2019.

bergs aus der Arbeit selbst speisen, werden Hygienefaktoren durch den Kontext der Arbeit bestimmt. Zu den Motivatoren zählen dabei unter anderem Arbeitsleistung, Erfolg, Arbeitsinhalte, aber auch Umfang an Verantwortung und Möglichkeit der persönlichen Weiterentwicklung. Hygienefaktoren sind nach Ansicht Herzbergs Aspekte wie Firmenpolitik und interne Organisation, Führung und Führungsstil, das Verhältnis zur Führungskraft oder eben auch Gehalt und individuelle Arbeitsbedingungen.[88]

Für seine Untersuchung hatten Herzberg und sein Team im Rahmen von Mitarbeiterbefragungen Vorfälle erfasst, die entweder zur Arbeitszufriedenheit oder zur Arbeitsunzufriedenheit von Beschäftigten beigetragen hatten. Ihr Ergebnis: Faktoren, die sich positiv auf die Arbeitszufriedenheit auswirken, sind andere als die, die zur Unzufriedenheit beitragen. Hieraus ziehen sie den Schluss, dass das Gegenteil von Zufriedenheit nicht Unzufriedenheit, sondern »Nicht-Zufriedenheit« sei. Und das Gegenteil von Unzufriedenheit nicht Zufriedenheit, sondern »Nicht-Unzufriedenheit«. Was beim ersten Lesen verwirrend klingt, lässt sich bei näherer Betrachtung der nachfolgenden Abbildung nachvollziehen.

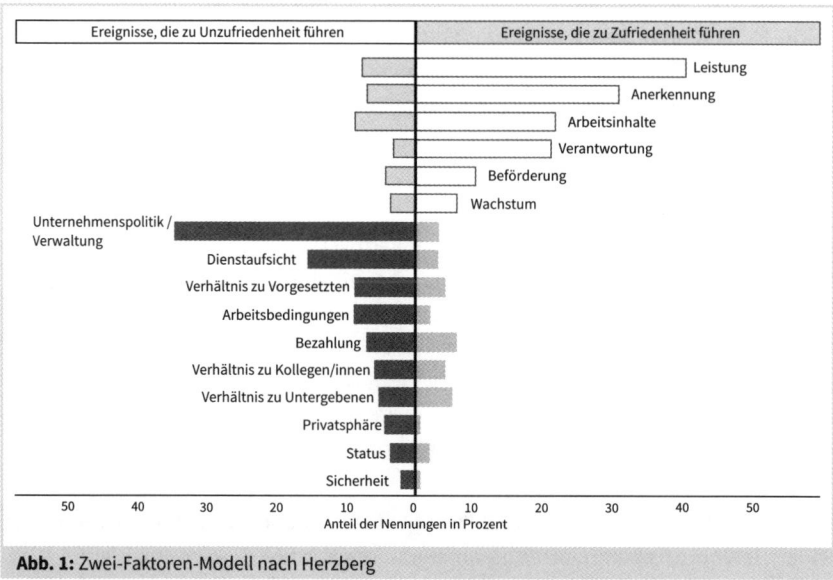

Abb. 1: Zwei-Faktoren-Modell nach Herzberg

---

88   Herzberg, Frederick: Was Mitarbeiter in Schwung bringt! In: Harvard Business Manager, 2003 [1968], Heft Nr. 4, S. 2-11.

Während beispielsweise eine negativ bewertete Unternehmenspolitik oder interne Organisation für große Arbeitsunzufriedenheit sorgen kann (überwiegend links vom Nullpunkt), werden bei der Frage nach Ereignissen, die zur Arbeitszufriedenheit beigetragen haben, andere Aspekte genannt, wie beispielsweise Erfolg, Anerkennung oder Arbeitsinhalt (überwiegend rechts vom Nullpunkt).

Ein sehr prägnantes Beispiel für die konsequente Ausrichtung auf den Arbeitskontext und damit die Hygienefaktoren lieferte uns bereits vor einiger Zeit die Hotelkette MotelOne. Wir sind auf unseren Reisen quer durch den deutschsprachigen Raum oft zu Gast bei MotelOne, denn egal ob in München, Hamburg oder Wien, als Gast weiß man immer, was einen dort erwartet. Die Hotels sind ansprechend gestaltet, die Betten von gleichbleibender hoher Qualität, das Frühstück ist überall identisch und auch die Serviceorientierung erleben wir an allen Standorten ähnlich hoch. Davon zeugen auch die durchweg hervorragenden Ergebnisse auf verschiedenen Hotelbewertungsportalen. Bei einer Veranstaltung sprachen wir einen Geschäftsführer der Hotelkette an und fragten wie es dem rasant wachsenden Unternehmen gelänge, die Serviceorientierung über alle Standorte in der gleichen Güte zu gewährleisten. Die Antwort war ebenso einfach wie überraschend: »Wir schaffen alles ab, was demotiviert!« Mit welcher konkreten Methodik und in welchem Umfang diese Art der Führungsarbeit tatsächlich stattfindet, ist uns nicht bekannt. Doch die überwiegend positiven Bewertungen auf kununu legen den Schluss nahe, dass dem Arbeitgeber aus der Hotellerie der Spagat aus Kundenorientierung und Mitarbeiterorientierung gut gelingt.

5.3 Wenn Motivation Leistung hemmt

Kann man nicht doch mit monetären Leistungsanreizen die Leistung und Motivation von Mitarbeitern erfolgreich steigern?

Hier liefert die Psychologie anhand einiger interessanter Feldversuche und Experimente Aufschluss – und das bereits seit den 1960er Jahren. Zum Beispiel zeigt Sam Glucksberg, emeritierter Professor an der Princeton University in New Jersey, USA, mit Hilfe des »Kerzenexperiments«, dass monetäre Anreize bei einer komplexen Aufgabe zu schlechteren Ergebnissen führen als ohne Incentivierung. Bei einfachen Tätigkeiten hingegen steigt die Leistung.[89]

---

89 Glucksberg, Sam: »The influence of strength of drive on functional fixedness and perceptual recognition«. In: Journal of Experimental Psychology. 1968, Nr. 63, S. 36–41.

Abb. 2: Das Kerzen-Experiment 1

Das Experiment geht auf den Psychologen Karl Duncker zurück, der bis zur Schlie-ßung 1935 Mitarbeiter am Psychologischen Institut der Berlin Universität war. In sei-nem Experiment erhielten die Probanden eine Kerze, Streichhölzer sowie eine Schachtel mit Reißzwecken. Ihre Aufgabe: die Kerze so an der Wand anzubringen, dass sie nicht tropft. Für die Lösung muss man um die Ecke denken: die Schachtel, in der sich die Reißzwecken befinden, ist Teil der Lösung. Wenn man sie an die Wand pinnt, dient sie der Kerze als Plattform. Dunker fand heraus: Liegen die Reißzwecken zu Beginn des Versuchs nicht in der Schachtel, sondern daneben, wird die Schachtel als Teil der Lösung betrachtet. Die Teilnehmer des Versuches finden auf diese Weise sehr schnell zur Lösung. Sind die Reißzwecken zu Beginn des Versuchsaufbaus hin-gegen in der Schachtel, dann dauert die Problemlösung deutlich länger. Hier wirkt das so genannte Konzept der funktionalen Fixierung. Die Probanden betrachten die Schachtel nicht als eigenständige Komponente, sondern nur als Behälter für die Reißzwecken.

Abb. 3: Das Kerzen-Experiment 2

Sam Glucksberg erweiterte Dunckers Experiment und knüpfte die Lösung des Problems an monetäre Anreize. Er wollte dabei herausfinden, wie sich diese auf die Motivation und Problemlösung auswirken. Einer Gruppe teilte er mit, dass er die Zeit messen wolle, die man durchschnittlich für die Aufgabe benötige. Einer anderen Gruppe bot er hingegen Geld an, sofern sie zu den zwanzig Prozent schnellsten Problemlösern gehörten. Dies führte dazu, dass die Gruppe, der bei guter Leistung ein Bonus versprochen wurde, motivierter war. Trotzdem brauchten sie über drei Minuten länger als ihre Konkurrenten. Glucksberg schloss daraus, dass Motivation nicht automatisch auch in bessere Leistung mündet, vor allem dann, wenn nicht-triviale Probleme gelöst werden müssen. Leistung und Motivation sind offensichtlich zwei Paar Schuhe.[90]

5.4   Wenn aus Wertschätzung Mehrwert entsteht

Dan Ariely, Professor für Psychologie und Verhaltensökonomie an der Duke University in North Carolina, USA, schreibt in seinem Buch »Payoff – the hidden logic that shapes our motivations« auf sehr anschauliche Weise über die Komplexität menschlicher

---

90   Glucksberg, Sam: »The influence of strength of drive on functional fixedness and perceptual recognition«. In: Journal of Experimental Psychology. 1968, Nr. 63, S. 36–41.

Motivation. Und er zeigt in seinen Experimenten unter anderem auf, wie demotivierend sich finanzielle Anreize auswirken können.[91]

In einem Feldversuch in einem Fertigungswerk von Intel verglich er die Wirkung eines finanziellen Bonus mit den Effekten von Lob durch Vorgesetzte, einem Pizzagutschein und keiner Incentivierung. Der Versuch dauerte vier Tage. Die Belohnung erhielt die jeweilige Gruppe bereits nach dem ersten Tag, sofern sie das gesetzte Tagesziel erreichte. Ariely beobachtete dabei nicht nur, welche Effekte die versprochene Belohnung auf die Leistung hatte, sondern wie sich dies auch auf die Leistung der Folgetage auswirkte.

Das Ergebnis des Versuchs ist sehr aufschlussreich – und das in vielerlei Hinsicht. Zum einen konnten Ariely und sein Team zeigen, dass die Produktivität der Fertigungsmitarbeiter, denen eine Belohnung in Aussicht gestellt wurde, deutlich stieg. Überrascht waren sie jedoch darüber, dass die Gruppe, die den Pizzagutschein erhalten sollte, die höchste Produktivitätssteigerung aufwies (6,7 Prozent), dicht gefolgt von der Gruppe, die durch Lob für ihre Leistung Wertschätzung erfahren sollte (6,6 Prozent). Auf dem dritten Platz landete die Gruppe, der ein Bonus in Höhe von 30 Dollar versprochen wurde und an der letzten Stelle, wie bereits zu erwarten war, die Kontrollgruppe ohne Incentivierung.[92]

Die zweite erhellende Erkenntnis zur Wirkung von Anreizen erhielten die Wissenschaftler in den Folgetagen. Sie beobachteten, wie sich die Leistung der unterschiedlichen Gruppen nach den Anreizen entwickelte. Die Motivation der Mitarbeiter, die nach dem ersten Tag einen finanziellen Bonus von 30 Dollar erhalten hatten, sank an den Folgetragen rapide ab. Sie fiel sogar unter die Produktivität der Kontrollgruppe, die keine Belohnung erhalten hatte. Bei der Belohnung durch Vorgesetztenlob und Pizzagutschein nahm die Motivation und Produktivität deutlich langsamer ab, wohingegen die Kontrollgruppe kontinuierlich gleichbleibende Leistungen erbrachte.

Ariely und seine Kollegen schlossen daraus: Incentivierung wirkt leistungssteigernd (bei einfachen Tätigkeiten), Bonuszahlungen können im Zeitverlauf jedoch negative Auswirkungen verursachen. Im vorliegenden Fall fiel das Leistungsniveau sehr schnell unter das der Kontrollgruppe, die keine Incentivierung erhalten hatte. Ariely schreibt dazu in seinem Buch: »Es war als hätten sie zu sich selbst gesagt: ›Gestern haben sie mir etwas extra bezahlt, also habe ich härter gearbeitet. Aber heute bieten sie mir nichts Besonderes an, also ist es mir egal.‹ «[93] Die intrinsische Motivation der Mitarbeiter wurde durch die Bonuszahlungen geradezu untergraben.

---

91 Ariely, Dan: Payofff – the hidden logic that shapes our motivations. Simon & Schuster, New York 2016, S. 58-67.
92 Ebd.
93 Ebd., S. 63 ff.

Auch in weiteren Experimenten konnten die Forscher nachweisen, dass intrinsische Motivation langfristig abnimmt, wenn extrinsische Belohnungen angeboten werden. Dies zeigen unter anderem Deci/Ryan/Koestner mit ihrer Metaanalyse aus dem Jahr 1999. Denn, so die Wissenschaftler, die Verantwortung zur Selbstmotivation und Selbstregulation wird durch die extrinsische Motivation ersetzt.[94]

Besonders beachtlich ist die Erkenntnis, die Arielys Feldversuche nahelegen: dass die Leistungssteigerung durch Lob ähnlich hoch ist wie die durch den geldwerten Vorteil der Pizzagutscheine. Hier stellt sich die Frage, warum man überhaupt einen monetären Anreiz setzen sollte, wenn das Lob durch die Vorgesetzten mit weitaus geringeren Kosten die nahezu gleiche Wirkung entfaltet.

5.5   Der stille Motivationskiller

Die Bedeutsamkeit der Wertschätzung und Wahrnehmung der eigenen Arbeit zeigt Dan Ariely, auf dessen Forschungsergebnisse wir bereits im vorhergehenden Kapitel eingegangen sind, in weiteren Experimenten auf. Studierende am Massachusetts Institute of Technology (MIT) erhielten in einer Studie Blätter mit willkürlichen Buchstabenfolgen. Aufgabe der Studierenden war es nun, zehn gleiche Buchstabenpaare auf dem Blatt zu finden und zu markieren. Für jedes Blatt erhielten sie einen Betrag, der von Blatt zu Blatt sank. Für das erste Blatt erhielten die Teilnehmer 55 Cent, für die darauffolgenden jeweils fünf Cent weniger. Ariely und sein Team beobachteten, bis zu welchem Betrag die Studierenden die Aufgaben erledigten und zwar in drei unterschiedlichen Versuchsanordnungen.[95]

Die erste Gruppe sollte ihren Namen auf das jeweilige Blatt schreiben, bevor sie es dem Versuchsleiter gaben. Der Versuchsleiter nahm das Blatt entgegen, schauten es sich aufmerksam an und sagte »Aha!«. Die Teilnehmer der zweiten Gruppe schrieben ihren Namen nicht auf das Blatt. Der Versuchsleiter nahm es regungslos entgegen und legte es nach unten gedreht auf einen Stapel. Die dritte Gruppe schrieb ebenfalls keinen Namen auf das Blatt. Sobald sie es dem Versuchsleiter übergeben hatten, entsorgte er es unbeachtet in einem Papierschredder.

Im Ergebnis zeigte sich, dass die Gruppe, deren Ergebnisse der Versuchsleiter direkt schredderte, bereits bei einer Auszahlungsrate von im Schnitt 30 Cent das Experiment

---

94   Deci, Edward L. / Koestner, Richard / Ryan, Richard M.: A Meta-Analytic Review of Experiments Examining the Effects of Extrinsic Reward on Intrinsic Motivation. In: Psychological Bulletin. 1999, Vol. 125, Nr. 6, S. 627-668.
95   Ariely, D. (2012), What makes us feel good about our work? (TED Talk), online verfügbar unter: https://www.ted.com/talks/dan_ariely_what_makes_us_feel_good_about_our_work?, letzter Zugriff 17.3.2019.

abbrach, während die Gruppe, deren Arbeitsleistung näher betrachtet wurde, bis zu einer Auszahlungsrate von 15 Cent pro Blatt weiterarbeitete. Interessant ist ebenso das Ergebnis für die Gruppe, deren Arbeit zwar nicht geschreddert, aber genauso wenig beachtet wurde: Auch hier waren die Studierenden nur bis zu einem durchschnittlichen Betrag von 27,5 Cent bereit, nach den Buchstabenpaaren zu suchen.

Das Experiment verdeutlicht zwei Dinge: Zum einen braucht es gar nicht viel, um Menschen für ihre Arbeit und Leistung anzuerkennen – oftmals genügt bereits die Wahrnehmung dieser. Zum anderen zeigt sich aber auch, dass eine fehlende Wahrnehmung der geleisteten Arbeit erheblich demotivierend wirkt – und das sogar in fast dem gleichen Ausmaß wie bei der direkten Vernichtung des Arbeitsergebnisses. Auch in der heutigen Arbeitswelt beobachten wir häufig, dass die Verantwortlichen in den Organisationen die Arbeitsleistung und das Engagement von Mitarbeitern nicht wahrnehmen oder sich nicht wirklich dafür interessieren. Dabei verdeutlicht in sozialen Beziehungen insbesondere der Grad der Aufmerksamkeit unseres Gegenübers, was Menschen als relevant oder auch sinnvoll bewerten und was nicht. Stattdessen greifen Arbeitgeber lieber zu Managementinstrumenten, die Menschen zu einem bestimmten Verhalten motivieren sollen.

5.6   Identifikation mit Sinn

Wenn man sich die erwähnten Versuche nochmals vergegenwärtigt, ist es naheliegend, dass sich immer mehr Unternehmen von individuellen Boni verabschieden und nach neuen Methoden suchen, um die Produktivität ihrer Mitarbeiter positiv zu beeinflussen.

»Wir sollten die finanzielle Vergütung und insbesondere Bonuszahlungen als Konsequenz guter Leistung verstehen und nicht als Grund oder Anreiz dafür. Im Englischen heißt es ›Pay for Performance‹ und nicht ›Pay to get Performance‹«, wie es Herrmann Arnold, Mitgründer der Haufe-umantis AG, in seinem Beitrag unserer Blogparade schreibt.[96] Denn, so ist sich Arnold sicher, in der Arbeitswelt von heute wird Sinn zu einer entscheidenden Komponente der Mitarbeitermotivation. Gleichwohl bleiben Lohn und Gehalt selbstverständlich wichtige Hygienefaktoren. »Wenn Sinn aber das Motiv für Höchstleistungen ist, ist Geld kein Motivator mehr. Dementsprechend ist das Management als Kontrollinstanz über Lohn und Gehalt ein Anachronismus aus einer Zeit, als finanzielle Anreize noch eine tatsächliche Auswirkung auf das Verhalten von Mitarbeitern hatten« bekräftigt Hermann Arnold.[97]

---

96   Arnold, H. (2017), #NewPay: Macht, Geld, Sinn?, online verfügbar unter: https://vision.haufe.de/blog/new-pay-macht-geld-sinn/, letzter Zugriff 1.3.2019.
97   Ebd.

Auch bei Konzernen macht sich diese Auffassung langsam breit. Bosch war in diesem Punkt einer der Vorreiter im deutschsprachigen Raum.

»Bye, bye Boni!« Unter dieser Schlagzeile berichtet die Wirtschaftswoche 2015 über die Abkehr des ersten deutschen Großkonzerns vom individuellen Bonus. »Wir müssen die Menschen in einer modernen Welt anders führen, nämlich über den Sinn«, sagte der Vorsitzende der Geschäftsführung, Volkmar Denner, damals gegenüber der Deutschen Presse-Agentur. »Sie müssten das Gefühl haben, Nutzen zu stiften.«[98]

Wie das gelingen kann, Menschen mittels Sinnstiftung zu führen, erläutert Simon Sinek in seinem TED Talk »How great leaders inspire action«.[99] Sinek zeigt auf, wie überdurchschnittlich erfolgreiche Unternehmen kommunizieren und stellt dabei fest: »Menschen kaufen nicht, was man macht; sie kaufen, wofür man etwas macht.« Sinek erklärt dieses Phänomen mit dem so genannten »Golden Circle«.

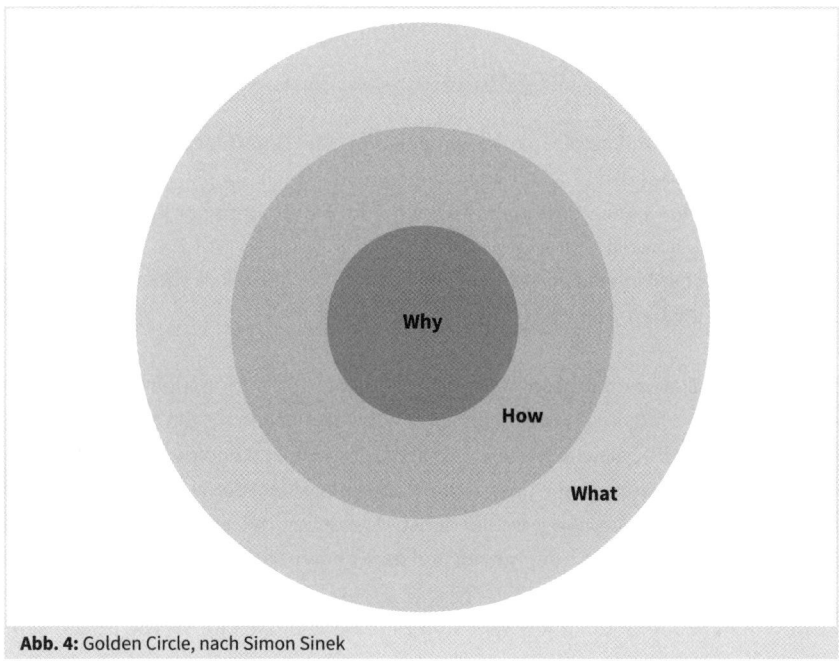

Abb. 4: Golden Circle, nach Simon Sinek

98   Dämon, K. (2015), Bye, bye Boni! Unternehmen verzichten auf Boni, online verfügbar unter: https://www.wiwo.de/erfolg/management/bye-bye-boni-unternehmen-verzichten-auf-boni/12478112.html, letzter Zugriff 1.3.2019.
99   Sinek, S. (2009), How great leaders inspire action (TED Talk), online verfügbar unter: https://www.ted.com/talks/simon_sinek_how_great_leaders_inspire_action, letzter Zugriff 1.3.2019.

Der »Golden Circle« ist ein einfaches Modell von drei ineinander liegenden Kreisen. Im Inneren steht das »Why«, also das »Wofür« der Firma oder des Produkts. Der mittlere Kreis steht für »How«, also das »Wie« und beschreibt damit, welchen Prinzipien und Werten ein Unternehmen folgt. Im äußeren Kreis folgt das »What« oder »Was«. In diesem Kreis verortet Sinek all die Dinge, die ein Unternehmen als Produkt oder Dienstleistung anbietet.

Die meisten Menschen und auch Organisationen kommunizieren von außen nach innen, so Sinek. Das heißt, sie berichten zuerst, was sie tun, dann beschreiben sie, wie sie es tun und zum Schluss, wenn überhaupt, beschreiben sie, wofür das Handeln oder das Produkt gut ist.

Menschen und Unternehmen, die inspirierend kommunizieren, gehen laut Sinek von innen nach außen vor. Sie beschreiben zuerst, was sie antreibt, worauf ihr Handeln ausgerichtet ist. Darauf folgt die Beschreibung, nach welchen Prinzipien sie vorgehen, was ihnen wichtig ist. Und erst zum Schluss gehen sie auf das konkrete Handeln ein.

5.7   Googles »Don't be evil!«

Ein gutes Beispiel für diese Art der Kommunikation sind Unternehmen wie Patagonia, Wikimedia, die Trägergesellschaft von Wikipedia oder auch Google. Bei diesen Unternehmen steht der eigene Unternehmenszweck im Mittelpunkt der Kommunikation. Während Patagonia die Erde retten will (»We're in business to save our home planet!«[100], verfolgt Wikimedia die Vision einer »Welt, in der alle Menschen am Wissen der Menschheit teilhaben, es nutzen und mehren können.«[101]

Ein ähnliches Ziel verfolgt Google: »Unsere Mission: Die Informationen dieser Welt organisieren und allgemein zugänglich und nutzbar machen.«[102] Ein sehr klares und eingängiges »Wofür«, gleichermaßen für Mitarbeiter wie Stakeholder. Um zu verdeutlichen, welchen Beitrag dieser Unternehmenszweck leistet, berichtet Google auf seinem Unternehmensblog, wie verschiedenste Menschen mit Hilfe von Google-Tools Informationen verarbeiten oder nutzen und damit einen Mehrwert stiften.

Auch seinen »Code of Conduct« kommuniziert Google nach innen wie außen sehr aktiv und zieht ihn immer wieder als Richtschnur für das eigene Handeln heran. Der

---

100 Patagonia (2019), Patagonia's Mission Statement, online verfügbar unter: https://www.patagonia.com/company-info.html, letzter Zugriff 15.3.2019.
101 Wikimedia e. V. (2019), Vision auf Unternehmenswebseite, online verfügbar unter: https://wikimedia.de/, letzter Zugriff 15.3.2019.
102 Google (2019), Mission Statement auf Unternehmenswebseite, online verfügbar unter: https://about.google/intl/de/, letzter Zugriff 15.3.2019.

»Code of Conduct« beschreibt damit das »How« oder »Wie« der Organisation. Wie bedeutsam dieser Verhaltenscodex für viele Google-Mitarbeiter ist, zeigte sich Anfang 2018.

Als bekannt wurde, dass Google für das amerikanische Verteidigungsministerium tätig ist und in einem Projekt namens »Maven« mitarbeitet, formierte sich in der Belegschaft breiter Widerstand. Dies zeigte sich unter anderem in einem offenen Brief in der New York Times. Darin riefen rund 3.000 Mitarbeiter die Geschäftsführung auf, von diesem Projekt Abstand zu nehmen.[103] Denn eine zentrale Botschaft im Unternehmensleitbild ist der Satz »Don't be evil, and if you see something that you think isn't right – speak up!«[104] Dieser Satz bezieht sich in der Kultur von Google nicht nur auf individuelles Verhalten, sondern bedeutet für viele Beschäftigte auch, dass Google keine Produkte entwickeln solle, die Menschen Leid oder Schaden zufügen können. Doch bei dem Projekt des Verteidigungsministeriums ging es um die Entwicklung künstlicher Intelligenz für Überwachungsdrohnen, mit deren Hilfe Videomaterial effektiver ausgewertet werden könnte. Auch wenn die Drohnen, um die es im Projekt ging, unbewaffnet waren, so sahen die Mitarbeiter die Gefahr, dass ihre Technik auch für andere Zwecke genutzt werden könnte. Sie formulierten gleich im ersten Satz des Schreibens: »We believe that Google should not be in the business of war.«[105] Der Widerstand der Google-Beschäftigten zeigte Wirkung. Google verkündete kurz darauf den Ausstieg aus dem Projekt. Hier zeigt sich, welche Sammlungskräfte eine Identifikation mit dem Sinn der eigenen Arbeit entwickeln kann.

Doch als sinnvoll erlebte Tätigkeiten oder Unternehmensziele wirken sich nicht nur positiv auf das Mitarbeiterengagement auf, sondern haben auch Einfluss auf die Gehaltswünsche von Menschen. Theo Wehner, Professor für Arbeits- und Organisationspsychologie an der ETH Zürich, erklärt in einem Interview mit »Zeit Online«: »Wenn die Aufgaben und das Zusammenwirken sinnvoll erscheinen, ist das wichtiger als ein Bonus oder ein leicht erhöhter Status.«[106] Umgekehrt führen Tätigkeiten, denen Beschäftigte distanziert und ablehnend gegenüberstehen, nicht nur zu einer mangelnden Motivation, ist sich Wehner sicher, sondern sie beeinträchtigen darüber hinaus die

---

103 Offener Brief der Mitarbeiter an CEO Sundar Pichai in Shane, S. / Wakabayashi, D. (2018), ›The Business of War‹: Google Employees Protest Work for the Pentagon, The New York Times, online verfügbar unter: https://www.nytimes.com/2018/04/04/technology/google-letter-ceo-pentagon-project.html, letzter Zugriff 15.3.2019.

104 Google (2018), Google Code of Conduct, online verfügbar unter: https://abc.xyz/investor/other/google-code-of-conduct/, letzter Zugriff 15.3.2019.

105 Offener Brief der Mitarbeiter an CEO Sundar Pichai in Shane, S. / Wakabayashi, D. (2018), ›The Business of War‹: Google Employees Protest Work for the Pentagon, The New York Times, online verfügbar unter: https://www.nytimes.com/2018/04/04/technology/google-letter-ceo-pentagon-project.html, letzter Zugriff 15.3.2019.

106 Balzer, A.-S. (2019), Sinn ist die beste Motivationsquelle überhaupt – ein Interview mit Theo Wehner, online verfügbar unter: https://www.zeit.de/arbeit/2019-03/zufriedenheit-job-arbeitsplatz-sinn-motivation-identifikation, letzter Zugriff 16.3.2019.

Gesundheit: »Wir wissen aus zahlreichen Studien, dass Arbeit, die Menschen als sinnlos empfinden, krank macht.« Dabei könne ein und derselbe Job für die eine Person Sinn machen und für eine andere wiederum überhaupt nicht, so der Psychologe.[107]

5.8   Von der Möhre und dem inneren Antrieb

Doch nun noch einmal zurück vom Sinn zur Motivationstheorie. Wie ist das nun mit der extrinsischen und intrinsischen Motivation? In vielen Veröffentlichungen werden die beiden Begriffe als Gegensatzpaare verwendet: die extrinsische Motivation als durch Belohnung oder Bestrafung von außen angeregte Handlung und die intrinsische Motivation als in der Person angelegter Antrieb für ein selbstbestimmtes Tun.

Als extrinsisch motiviert gilt ein Handeln dann, wenn die Handlung und das Handlungsziel thematisch nicht miteinander übereinstimmen.[108] Das heißt, ein Handelnder tut die Dinge nicht ihrer selbst wegen, sondern weil er oder sie dafür von außen belohnt wird oder eine Bestrafung fürchtet. Bei der intrinsischen Motivation kommt das Motiv zur Handlung aus der Person selbst. Handlung und Handlungsziel stimmen überein.

Doch was bedeutet das übertragen auf eine konkrete Situation? Nehmen wir das folgende Beispiel: Sven ist ein leidenschaftlicher Angler. Er genießt es, entlang von Flüssen zu spazieren und dabei nach Fischen Ausschau zu halten. Hat er einen entdeckt, nimmt er seine Angel und versucht den Fisch zu fangen. Hat er ihn erst einmal am Haken und kurz darauf im Kescher, ist sein Ziel erreicht. Er nimmt den Fisch vom Haken und wirft ihn zurück ins Wasser. Im Mittelpunkt stehen also das Angeln und Fischfangen an sich. Svens Leidenschaft fürs Angeln ist somit intrinsisch motiviert. Anders würde es sich verhalten, wenn Sven nur dann Fische fangen würde, wenn ihn jemand dafür bezahlte. Das Handlungsziel wäre die Bezahlung und nicht das Angeln an sich.

Doch die Motive, die Menschen zum Handeln bewegen, sind deutlich komplexer, als diese beiden vermeintlichen Gegensatzpaare erscheinen lassen.

Folgt man den Lernpsychologen Edward L. Deci und Richard M. Ryan, die an der Universität von Rochester im Bundesstaat New York, USA, lehren, erleben Individuen Handlungen dann als freigewählt, wenn sie ihren Zielen und Wünschen entsprechen. Andere Handlungen werden dagegen als aufgezwungen erlebt, sei es durch andere Personen oder auch durch sogenannte intrapsychische Zwänge. In dem Ausmaß, in

---

107 Balzer, A.-S. (2019), Sinn ist die beste Motivationsquelle überhaupt – ein Interview mit Theo Wehner, online verfügbar unter: https://www.zeit.de/arbeit/2019-03/zufriedenheit-job-arbeitsplatz-sinn-motivation-identifikation, letzter Zugriff 16.3.2019.

108 Stangl, W. (2018): ›extrinsische Motivation‹, Online Lexikon für Psychologie und Pädagogik, online verfügbar unter: http://lexikon.stangl.eu/1951/extrinsische-motivation/, letzter Zugriff 16.3.2019.

dem Menschen eine motivierte Handlung als frei gewählt erleben, gilt sie als selbst-bestimmt oder autonom. In dem Maße, in dem sie sie als aufgezwungen erleben, gilt sie als kontrolliert. Selbstbestimmtes und kontrolliertes Verhalten definieren Deci und Ryan dabei als Endpunkte eines Kontinuums.[109]

Und so unterscheiden die beiden Psychologen bei der extrinsischen Motivation vier Grade der äußeren Regulation. Die so genannte »externale Regulation« entspricht der hinlänglich bekannten extrinsischen Motivation. Das heißt, an eine Handlung ist eine Belohnung oder Bestrafung gekoppelt.

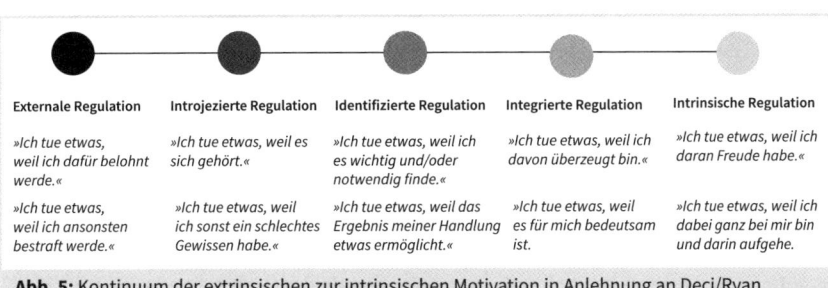

Externale Regulation	Introjezierte Regulation	Identifizierte Regulation	Integrierte Regulation	Intrinsische Regulation
»Ich tue etwas, weil ich dafür belohnt werde.«	*»Ich tue etwas, weil es sich gehört.«*	*»Ich tue etwas, weil ich es wichtig und/oder notwendig finde.«*	*»Ich tue etwas, weil ich davon überzeugt bin.«*	*»Ich tue etwas, weil ich daran Freude habe.«*
»Ich tue etwas, weil ich ansonsten bestraft werde.«	*»Ich tue etwas, weil ich sonst ein schlechtes Gewissen habe.«*	*»Ich tue etwas, weil das Ergebnis meiner Handlung etwas ermöglicht.«*	*»Ich tue etwas, weil es für mich bedeutsam ist.«*	*»Ich tue etwas, weil ich dabei ganz bei mir bin und darin aufgehe.«*

Abb. 5: Kontinuum der extrinsischen zur intrinsischen Motivation in Anlehnung an Deci/Ryan.

Der nächste Grad extrinsischer Motivation ist die »introjezierte Regulation«. Hier lie-fern innere Anstöße die Motivation für das Handeln. Man tut eine Sache nicht aus eige-ner Motivation, sondern »weil es sich so gehört« oder »man es so tut«. Handelt man im Widerspruch zu dieser »introjezierten Regulation«, entsteht ein schlechtes Gewissen. Es sind also innere Verpflichtungen aufgrund äußerer Rahmensetzungen, wie bei-spielsweise kulturelle Gepflogenheiten oder auch implizite Regeln, die zum Handeln motivieren. Hierfür könnte folgende Situation als Idealtypus gelten: Ted liegt nach einem langen Bürotag entspannt auf dem Sofa. Doch er weiß, bald schon kommt sein Partner nach Hause und in der Küche steht noch Geschirr vom Vortag im Spülbecken. Er könnte jetzt einfach noch etwas liegen bleiben oder aber in die Küche gehen und sie auf Vordermann bringen, bevor der Liebste nach Hause kommt. Steht er nun auf und geht seinem Impuls nach, dann tut er dies sehr wahrscheinlich, um ein schlechtes Gewissen zu vermeiden und folgt einer »introjezierten Regulation«.

Bei der »identifizierten Regulation« tut man etwas, weil man sich mit dem Ziel identi-fiziert: »Die persönliche Relevanz resultiert daraus, dass man sich mit den zugrunde-liegenden Werten und Zielen identifiziert und sie in das Selbstkonzept integriert hat«.[110] »Ich tue etwas, weil das Ergebnis meiner Handlung mir etwas ermöglicht.« Dazu folgendes Beispiel: Chiara ist in der 13. Klasse des Gymnasiums und möchte nach

---

109 Deci, Edward L. / Ryan, Richard M.: Die Selbstbestimmungstheorie der Motivation und ihre Bedeutung für die Pädagogik. In: Zeitschrift für Pädagogik. 1993, 39. Jg., Nr. 2., S. 223-238.
110 Ebd.

dem Abitur eine Ausbildung zur Krankenschwester machen. Ihr langfristiges Ziel ist es, Medizin zu studieren. Doch der aktuelle Numerus clausus von 1,0 ist für sie, wie für viele andere, nicht erreichbar. Daher wählt sie den Weg über die Ausbildung zur Krankenschwester. Denn diese Ausbildung wird ihr als Wartesemester gleich doppelt angerechnet, da sie in der Zeit bis zum Studienbeginn bereits relevante Inhalte und Kompetenzen für das Studium lernt. Daraus folgt, dass Chiara ihre Motivation aus ihrem selbstgesteckten Ziel zieht, aber nicht aus der Handlung, die sie zu ihrem Ziel führt.

Die »integrierte Regulation« kommt der intrinsischen Motivation am nächsten. Ziele, Normen und Handlungsstrategien, mit denen sich das Individuum identifiziert, sind in das Selbstkonzept integriert. Der Unterschied ist, dass intrinsisch motiviertes Verhalten um seines selbst willen getan wird. Integriertes Verhalten wird ebenfalls freiwillig ausgeführt. Es besitzt jedoch eine instrumentelle Funktion und wird deshalb ausgeführt, weil das individuelle Selbst das Handlungsergebnis subjektiv hoch bewertet. Dies bezieht sich auf alle Handlungen, die wir aus Überzeugung tun. Das zeigt sich an folgendem Beispiel sehr gut: Frank ist Mitarbeiter bei der Deutschen Bahn. Er ist als Referent im Personalbereich tätig und macht seinen Job mit großer Begeisterung. Dennoch engagiert sich Frank neben seiner eigentlichen Tätigkeit in einem konzernweiten Projekt. Ziel dieses Projekts ist es, die Zusammenarbeit von Arbeitgeber- und Arbeitnehmervertretung für die Zukunft auszurichten, damit die Deutsche Bahn effektiver Innovationen und Lösungen erarbeiten und umsetzen kann. Frank erhält für die Projektarbeit keine zusätzlichen Zeitkapazitäten oder monetären Anreize. Er engagiert sich freiwillig und ist davon überzeugt, dass eine neue Form der Zusammenarbeit zwischen Arbeitgebervertretern, Betriebsräten und Gewerkschaften notwendig ist.

5.9   Motivation und die Selbstbestimmungstheorie

Doch welche Bedürfnisse liegen der Motivation zugrunde? Was ist sozusagen der Ausgangspunkt jeglicher Motivation, sei sie extrinsischer oder auch intrinsischer Art? Folgt man den bereits im vorigen Kapitel erwähnten Lernpsychologen Edward L. Deci und Richard M. Ryan, wie auch anderen Psychologen der Entwicklungspsychologie, dann gibt es drei angeborene psychologische Grundbedürfnisse: das Bedürfnis nach Kompetenz oder Wirksamkeit, das Bedürfnis nach Autonomie oder Selbstbestimmung sowie das Bedürfnis nach sozialer Eingebundenheit bzw. sozialer Zugehörigkeit.[111]

Deci und Ryan gehen davon aus, dass »der Mensch die angeborene motivationale Tendenz hat, sich mit anderen Personen in einem sozialen Milieu verbunden zu fühlen, in

---

111 Deci, Edward L. / Ryan, Richard M.: Die Selbstbestimmungstheorie der Motivation und ihre Bedeutung für die Pädagogik. In: Zeitschrift für Pädagogik. 1993, 39. Jg., Nr. 2, S. 223-238.

diesem Milieu effektiv zu wirken und sich dabei persönlich autonom und initiativ zu erfahren.«[112] Intrinsisch motivierte Verhaltensweisen sind laut ihrer Auffassung mit den Bedürfnissen nach Kompetenz und Selbstbestimmung verbunden, extrinsische Verhaltensweisen hingegen sind mit allen drei Grundbedürfnissen verbunden.

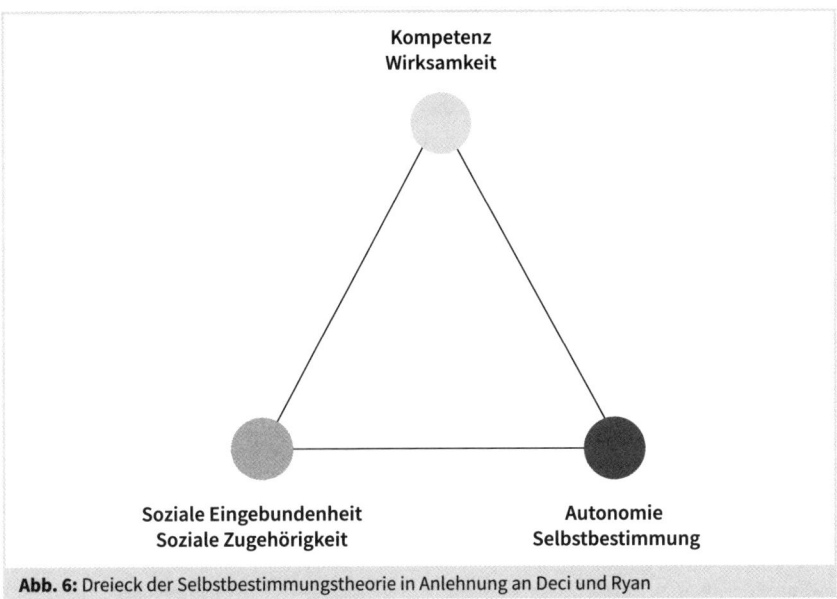

Kompetenz
Wirksamkeit

Soziale Eingebundenheit
Soziale Zugehörigkeit

Autonomie
Selbstbestimmung

Abb. 6: Dreieck der Selbstbestimmungstheorie in Anlehnung an Deci und Ryan

Deci und Ryan gehen davon aus, dass soziale Interaktionen, die die Gelegenheit bieten, Bedürfnisse nach Kompetenz, Autonomie und sozialer Eingebundenheit zu befriedigen, intrinsische Motivation fördern und die Integration extrinsischer Motivation erleichtern. Das Angebot von Wahlmöglichkeiten und die Äußerung anerkennender Gefühle werden in der Regel als autonomiefördernd wahrgenommen und steigern die intrinsische Motivation. Wohingegen ausgeübter bzw. wahrgenommener Druck sich negativ auf die intrinsische Motivation auswirkt. Eine weitere Voraussetzung für intrinsische Motivation liegt im Anforderungsniveau einer Aufgabe. Das heißt, die Aufgabe darf weder zu leicht noch zu schwer sein, um die intrinsische Motivation zu aktivieren.[113]

Führungskräfte wie auch Menschen in anderen Positionen, die den Rahmen für Zusammenarbeit in Organisationen gestalten, sind aus unserer Sicht gut beraten, bestehende Strukturen, Prozesse und Kulturelemente dahingehend zu beleuchten, inwieweit sie die genannten Aspekte Kompetenz, Autonomie und soziale Eingebundenheit fördern

---

112 Deci, Edward L. / Ryan, Richard M.: Die Selbstbestimmungstheorie der Motivation und ihre Bedeutung für die Pädagogik. In: Zeitschrift für Pädagogik. 1993, 39. Jg., Nr. 2., S. 223–238.
113 Ebd.

oder behindern und welche positiven Beiträge diesbezüglich in der Organisation möglich sind.

5.10   Ausblick auf New Pay

Die in diesem Kapitel vorgestellten Aspekte der Motivation bilden nur einen kleinen Ausschnitt aus der Forschung rund um das Thema Motivation. Wir haben Modelle aufgegriffen, die Unternehmen gemäß unserer Erfahrung hilfreiche Blickwinkel ermöglichen.

Noch nicht betrachtet haben wir den Aspekt des Gerechtigkeitsempfindens beziehungsweise der Fairness als Einflussgröße auf die Motivation. Diesen werden wir in Kapitel 9 und Kapitel 11 jedoch ausführlich in den Blick nehmen.

Nach diesem Blick auf das Themenfeld Motivation nehmen wir folgende Erkenntnisse für das Verhältnis von Motivation und Vergütungssystemen mit: Motivation ist ein komplexes psychologisches Phänomen. Die konkrete Wirkung einzelner Interventionen wird deshalb auch in Zukunft weder vorhersehbar noch planbar sein. In einer Arbeitswelt, die zunehmend auf Selbstorganisation und dem Teilen von Verantwortung angewiesen ist, sollten wir den Erkenntnissen von Psychologen eindeutig mehr Aufmerksamkeit schenken. Gerade die Entwicklungs- und Lernpsychologie bietet wichtige Erkenntnisse über das Lernen und die Entwicklung der Lernkompetenz an sich. Beides sind Schlüsselfaktoren für eine Arbeitswelt, die sich in Zukunft vermutlich noch schneller und radikaler verändern wird. Das Vergütungssystem als Ordnungsrahmen, das Verhalten entlohnt und damit auch belohnt, kommt unseres Erachtens bei der Ausrichtung organisationalen Handelns eine bislang unterschätzte Bedeutung zu. Aus diesem Grund empfehlen wir Arbeitgebern ihr Vergütungssystem regelmäßig und systematisch folgendermaßen zu hinterfragen: Liefert es für das Gesamtsystem noch einen Mehrwert? Steckt es für die Wertschöpfung noch den passenden Rahmen ab? Oder bedarf es eines neuen Bezugsrahmens für das Verhalten innerhalb der Organisation?

6 New Pay: Versuch einer (Anti-)Definition

Die aktuell in der Praxis vorherrschenden Vergütungsmodelle passen, wie in den vorherigen Kapiteln beschrieben, häufig nicht mehr zu den Wertvorstellungen der Beschäftigten, den Marktbedingungen und den gewünschten Effekten. New-Work-Ideen können Anregungen für ein Update der bisherigen Vergütungslogik liefern – die Begriffsanlehnung kommt nicht von ungefähr. Denn New-Work-Vorreiter versuchen verfestigte Strukturen aufzubrechen und orientieren sich dabei oft an den folgenden Grundgedanken:

1. Fairness: Gleiche Chancen und Bedingungen für alle (Diversity) verbessern die Zusammenarbeit; Prozesse sind nachvollziehbar, angemessen, verlässlich
2. Transparenz: Machtverschiebung führt zu mehr Information für alle
3. Selbstverantwortung: Mehr Entscheidungsfreiheit der Mitarbeiter macht agiler, Hierarchieabbau und Führung auf Augenhöhe entsprechen einem positiven Menschenbild
4. Partizipation: Mitarbeiter gestalten ihre Arbeitsumgebung mit
5. Flexibilität: Vertrauensarbeitszeit und Abkehr von Anwesenheitskultur führt zu besseren Ergebnissen und mehr Zufriedenheit
6. Wir-Denken: Teamwork, Kollaboration und gemeinsames Arbeiten am Unternehmenszweck ersetzen individuelles Leistungsdenken. Nutzen für den Kunden oder die Gesellschaft gibt Arbeit einen Sinn
7. Scheitern als Option: Experimente können scheitern, führen aber zu Innovationen und Lernerlebnissen

In der Praxis beobachten wir häufig, dass Unternehmen mit schicken Buzzwords um sich werfen. »New Work« gehört auch dazu. Hierarchieabbau, Agilität, Transparenz, Flexibilität, positives Menschenbild oder einfach nur Kickertisch, Krawattenverzicht, Obstkorb – New Work ist ein Begriff mit unklaren Konturen.

6.1 Die Taylor-Falle: Wunsch nach klaren Vorgaben

Wenn New Work zum Label wird und die Bezeichnung wichtiger als der Inhalt, führen Unternehmen keine wirklichen Veränderungen herbei. Doch wer die Grundgedanken von New Work zu sehr als Gebote versteht, die keine Überschreitung dulden, tappt in die gleiche Falle wie tayloristisch geprägte Unternehmen mit starren Hierarchien. Vor dem Glauben an eine detaillierte Vorgabe der Arbeitsmethode, nach dem Motto »es gibt nur den einen one best way«, sind auch New-Work-Vorreiter nicht gefeit. Gutmenschentum, Agilität und Hierarchieabbau auf Teufel komm raus machen die Arbeitswelt nicht per se besser. Rebellen sind hipp, New Work schlägt Old Work, Aufmerksamkeit erlangt das vermeintlich Neue, nicht das Althergebrachte. Letztlich kommt es für

Organisationen jedoch immer darauf an, dass sie ihren Kundenbedarf optimal decken und in dem Sinne leistungsfähig werden oder bleiben.

Dafür brauchen Unternehmen in verschiedenen Stadien ihrer Entwicklung und Marktreife je nach Branche verschiedene Ansätze. Sie sollten sich genau überlegen, was sie erreichen wollen, an welchen Leitsätzen sie festhalten und welche althergebrachten Strukturen, die gar keinen Sinn machen, sie über Bord werfen.

6.2   (Anti-)Definition entlang der Grundgedanken von New Work

Kaum ein Thema ist dabei komplexer als die Vergütung. Denn verkrusteter können die Vorstellungen diesbezüglich in den Unternehmen kaum sein. Wenn wir Organisationen neu erfinden möchten, können die Grundsatzgedanken von New Work als Impulse dienen. Demnach könnte New Pay folgende Aspekte beinhalten:

1. **Fairness**: Mehr gefühlte Gerechtigkeit durch nachvollziehbare, angemessene und verlässliche Prozesse
2. **Transparenz**: Offene Prozesse und/oder Gehaltssummen (nach innen oder außen)
3. **Selbstverantwortung**: Das eigene Gehalt lässt sich selbst mitbestimmen, Gehalt berücksichtigt neue Verteilung von Führung
4. **Partizipation**: Mitarbeiter gestalten das Modell der Gehaltsfindung mit
5. **Flexibilität**: Zeit ist Geld, Freizeit, Flexibilität und Wahlfreiheit gehören zum Entgelt
6. **Wir-Denken**: Alternative Anreize, die auf Unternehmenszweck einzahlen, ersetzen starre Boni; sinnhafte Arbeit wird Teil der Entlohnung
7. **Permanent Beta**: Gehaltsmodel ist immer im Übergang und offen für Veränderung

Diesen Grundgedanken von New Work folgend, jedoch ohne sie zum Dogma zu erheben, kommen wir zu folgender **(Anti-)Definition von New Pay**:

Der Begriff New Pay umschreibt Prozesse rund um die Entwicklung neuer Gehaltsprozesse, die die Bedürfnisse der Menschen in einer sich dynamisch wandelnden Organisation unterstützen. Die Gehaltsfindung richtet sich an der Branche und der Position aus (dem Wofür). Sie durchbricht fast immer alte Muster, Rituale und Regeln und hinterfragt klassische Entgeltinstrumente. New Pay ist ein System, das lebt, atmet und sich nach Bedarf selbst anpasst. Ziel ist die eigene, individuelle Lösung.

Bei den Unternehmen, die bereits an dem Thema arbeiten, konnten wir sehr unterschiedliche Ansätze erkennen, die sie je nach Bedürfnissen ihrer Organisation miteinander kombinieren und weiterentwickeln. Vor- und Nachteile bringen alle Gehaltsmodelle mit sich. Wer alle gleich bezahlt, fördert unter Umständen Sozialschmarotzertum – und will dieses trotz aller Gleichheitsparolen nicht akzeptieren, wenn es denn auftritt. Wer Ausbildung, Erfahrung, Engagement und soziale Kriterien berücksichtigt, muss genau hinschauen – und übersieht vielleicht doch den entscheidenden Beitrag, den jemand für eine Organisation leistet. Auffällig ist: Unternehmen, die neue Wege beim Gehalt gehen, argumentieren alle unterschiedlich, aber für ihre Organisation und ihren Unternehmenszweck schlüssig.

7 Unternehmen im Porträt: Von Einheitsgehalt bis Wunschgehalt

Für dieses Buch haben wir mit fast dreißig Personen in zehn Unternehmen gesprochen. Bei der Auswahl der Praxisbeispiele war uns wichtig, eine Bandbreite an unterschiedlichen Lösungen darzustellen und Organisationen unterschiedlicher Größe in ganz verschiedenen Branchen widerzuspiegeln. In Kapitel 9 werden wir weitere New-Pay-Ansätze vorstellen. Wichtig ist dabei also im Hinterkopf zu behalten, dass damit die Möglichkeiten von New Pay noch lange nicht erschöpft sind.

Schon während unserer Recherchen bis zum Schreiben der Unternehmensporträts vergingen teilweise einige Monate. Bei vielen Unternehmen hat sich währenddessen viel verändert: Das Gehaltsmodell hatte schon wieder eine neue Stufe erreicht oder die interviewten Personen haben neue Aufgaben übernommen. Permanent Beta lässt grüßen. Zwischen Schreiben und Buchdruck vergehen auch ein paar Monate. Wenn Ihr dieses Buch in Händen haltet, solltet Ihr bedenken: Wir zeigen Euch Polaroids der Unternehmen, Momentaufnahmen. Die Gehaltsmodelle der dargestellten Organisationen könnten sich heute schon wieder verändert haben. Auf unserem Blog informieren wir laufend über den aktuellen Stand der Entwicklungen in den Unternehmen: www.new-pay.org

7.1 Die zehn Organisationen im Überblick

Die Wirtschaftsdemokraten – Einheitsgehalt bei CPP Studios
... Einheitslohn – nur der Geschäftsführer erhält etwas mehr Gehalt
... Kassentransparenz und kollektive jährliche Gehaltsrunde
... Keine Chefs oder Abteilungsleiter
... Vetorecht für jeden – Mitarbeiter und Geschäftsführer
... Freie Einteilung von Arbeitszeit und Urlaub

Die Partizipativen – auf Augenhöhe mit den Mitarbeitern entwickeltes Gehaltsmodell bei elobau
... Projektteam aus Geschäftsführung und Produktion arbeitet hierarchiefrei
... Entgeltstufen, die das Monatsgehalt bestimmen
... FMK-Anteil (füreinander, miteinander, kundenorientiert)
... Erfolgsbeteiligung für Qualität und Liefertreue
... Gewinnabhängige Jahreserfolgsprämie

Ein Konzern, eine Gewerkschaft und ein ganz neuer Weg – EVG-Wahlmodell bei der Deutschen Bahn
... Mitmachgewerkschaft verhandelt einen neuen Tarifvertrag
... Von der Mitarbeiterbefragung zu den Forderungen
... Das individuelle Wahlrecht als Kern des Tarifabschlusses: Mehr Geld, mehr Urlaub oder Arbeitszeitverkürzung?
... Die Umsetzung der Tarifabschlüsse

Der Fünfstundentag – das radikale Arbeitszeitmodell bei Rheingans Digital Enabler
... Vom Achtstunden- zum Fünfstundentag bei gleichem Gehalt
... Fokussiertes Arbeiten und effektive Prozesse
... Kontinuierliches Hinterfragen von Abläufen und Hemmnissen
... Arbeitsergebnis wird vergütet, nicht Anwesenheit

Die kalkulierte Fairness – teambasierte Gehaltsformel bei der Ministry Group
... Freiwilligenteam erarbeitete Vergütungsmodell und Gehaltsprozess
... Nachvollziehbarkeit durch transparente Gehaltsformel
... Fokus liegt auf Weiterentwicklung der eigenen Fachexpertise
... »Extra Engagement« und »Unternehmertum« werden zusätzlich honoriert
... Regelmäßige Bewertung erfolgt größtenteils durch Kollegen

Die Projekt-Innovatoren – rollenbasiertes Pauschalgehalt, Wir-Prämie und Freiheits-bonus bei M.O.O.CON
... Rollenbasiertes Pauschalgehalt
... Vertrauensarbeitszeit und Urlaubsflat
... Wir-Prämie statt individueller Boni
... Mitarbeiterbeteiligung
... Spannende Aufgabe: Zukunft der Arbeitswelt gestalten

Die Gehaltschecker – gewählte Vertreter entscheiden bei //Seibert/Media über das Gehalt
... Mit kollaborativer Organisationsentwicklung zum neuen Gehaltsmodell
... Gehaltstransparenz dank Peer Recruiting
... Das Gehaltsmodell im Detail: Jahresgrundgehalt, Gewinnbeteiligung und Sonder-leistungen
... Einführung der »Gehaltschecker«: gewählte Vertreter der Mitarbeiter im Gehalts-prozess
... Gehaltsrunde: In vier Schritten zur Gehaltserhöhung

Die Buurtzorg-Pioniere – durch selbstverantwortliche Teams zurück zum Sinn der Pflege bei Sander Pflegedienst

... Selbstorganisation ohne Führungskräfte

... Pflegeleistungen koordiniert aus einer Hand

... Hierarchiefreiheit mit Einschränkung aufgrund rechtlicher Vorgaben

... Transparentes Gehaltsmodell angelehnt an gängige Tarife

... Arbeit mit Wert und Sinn

Die Konsultativen Tüftler – freie Gehaltswahl bei Vollmer & Scheffczyk GmbH

... Transparente Umsatzzahlen, Kostenstrukturen und Gehälter der Kollegen

... Fremd- und Eigen-Definition der Ober- und Untergrenze für das Gehalt

... Gehaltskonsultation: eigene Argumente und Überlegungen festigen

... Festlegung des eigenen Gehalts auf Grundlage dieses Erkenntnisprozesses

Die Solidargemeinschaft – Wunschgehalt bei der Wigwam eG

... Jede und jeder entscheidet selbst, wie viel sie oder er verdienen möchte

... Solidarität als Kernwert der Organisation spiegelt sich im Gehaltsmodell wider

... Einfaches Gehaltsmodell, das gleichzeitig allen individuellen Gehaltspräferenzen Raum gibt

... Wunschgehalt entspricht Zielgehalt

... Regelmäßige Reflexion des Vergütungsmodells

Die Interviewpartner von CPP Studios

Gernot Pflüger, Geschäftsführer der CPP Studios GmbH

Anja Wiese, Projektleitung und Regie bei CPP Studios GmbH (Foto: Tim Wegner)

7.2 Die Wirtschaftsdemokraten – Einheitsgehalt bei CPP Studios

Wir sind Vollblut Industrie-Sklaven und werfen nicht mit Wattebällchen.
Gernot Pflüger, Geschäftsführer der CPP Studios GmbH

»Ich bin wie die Jungfrau Maria zu einem Unternehmen gekommen«, sagt Gernot Pflüger. Der angehende Mittfünfziger (Jahrgang 1965) trägt schwarz, Jeans und T-Shirt. Über die Jahre hat er ein paar Kilo zugelegt, doch der jugendliche Schalk sitzt ihm noch immer im Nacken. Die Sätze kommen wie aus der Pistole geschossen und mit seiner zynischen Art hat er schnell die Lacher auf seiner Seite. Man kann ihn sich hervorragend als Frontman einer Band und »Rampensau« vorstellen. Vier Studiengänge hat er abgebrochen und ein Sammelsurium an beruflichen Erfahrungen gesammelt – nicht nur als Musiker, sondern unter anderem auch als Journalist, Bauarbeiter, Verkäufer, Angestellter in Industriebetrieben und Shop-Manager. Heute ist er Geschäftsführer der CPP Studios in Offenbach bei Frankfurt, eine Mischung aus Kommunikations-Agentur, Designbüro und Erfinderwerkstatt.

Das Unternehmen realisiert multimediale Produktionen und Veranstaltungen für Kunden wie BMW, Bosch, Lufthansa oder IBM und baut Messehallen in Hightech-Locations um. Geschäftsführer Gernot ist sich für die Mitarbeit nicht zu schade. Er schreibt Drehbücher für Kundenevents und Reden für Topmanager oder tüftelt bei neuen Installationen mit. Heute noch ist er zum Beispiel stolz auf eine kinetische Skulptur für die CeBIT 2007 namens Free Float: Das Exponat bestand aus 512 Kugeln, die frei in der Höhe beweglich waren und durch verschiedenfarbige Innenbeleuchtung die gewünschten Bilder zeigen konnten – einen Vogel, der mit den Flügeln schlägt, ein Euro-Logo oder grafische Visualisierungen von Umsatzvolumen. »Wir sind Vollblut Industrie-Sklaven und werfen nicht mit Wattebällchen«, erklärt der Firmenchef. CPP produziert unter Zeitdruck, zum Beispiel erklärende Animationen, Holographien, Filme, Viral-Videos für Social Media – das »abgefahrenste Zeug«. Alles wird knallhart kalkuliert und muss auf den Tag genau fertig werden.

Seit 30 Jahren hält sich das Unternehmen in diesem wettbewerbsintensiven Marktbereich – mitsamt Einheitsgehalt und ohne Führungsstrukturen: Alle festen Mitarbeiter erhalten unabhängig von Alter und Funktion das gleiche Gehalt. Die Auszubildenden, ein bis zwei sind durchschnittlich an Bord, bezahlt CPP nach Tarif, solange sie in der Lernphase sind. Neben den 27 festangestellten Beschäftigten arbeiten auch ein paar Freelancer in den Projekten mit. Sie bekommen etwas mehr – einen Aufschlag für Sozialabgaben und ein höheres Eigenrisiko sozusagen. Auch der Inhaber Gernot Pflüger zahlt sich ein etwas höheres Gehalt, weil er mit seinem Vermögen haftet.

Die genaue Höhe seines Geschäftsführergehalts und des CPP-Einheitslohns möchte er Außenstehenden nicht verraten. Als er einmal öffentlich darüber sprach, erhielt er »reichlich Bewerbungen«, zu viele und teilweise verzweifelte. Die konnte er nicht liegenlassen, antwortete allen und hatte deshalb viel Arbeit damit. »Eine Bezahlung, die für ein normales Leben reicht, ist offensichtlich nicht immer selbstverständlich. Unser CPP-Gehalt sollte dazu ausreichen«, meint Gernot kurzum.

Doch die Mitarbeiter kennen alle Geschäftszahlen: Bei CPP herrscht absolute Kassentransparenz. »Am Jahresende setzen wir uns alle zusammen und machen Kassensturz. Dann entscheiden wir kollektiv darüber, wie viel wir uns als Bonus zahlen, wie viel wir zurücklegen und wie viel wir investieren.« Wenn es gut läuft, gibt es bis zu 15 Monatsgehälter, wenn nicht, müssen alle auf einen Teil ihres Gehalts verzichten. Derartige Gehaltskürzungen sollten sich im Lauf der Firmengeschichte als überlebenswichtig erweisen. Doch die Kassentransparenz fördert auch Diskussionen, von denen das Geschäftsführergehalt nicht ausgenommen ist. Gernot muss die Mitarbeiter immer wieder neu davon überzeugen, denn jeder hat bei Entscheidungen ein Vetorecht.

Was Macht mit Menschen macht
Die Firma besitzt der Geschäftsführer also nur bedingt, mit Absicht. Seine kurze Karriere in verschiedenen Großunternehmen hat er nicht gerade in bester Erinnerung. »Damals bin ich ganz naiv rangegangen und dachte, jetzt lerne ich, wie man richtig Geld verdient. Was ich fand, waren aber lauter Leute, die das Gehirn an der Garderobe abgeben, Erfolge anderer als die eigenen reklamieren, den Chefs in den Arsch kriechen und Angst haben, Entscheidungen zu treffen.«

So tat Gernot sich mit ein paar Freunden zusammen, die ähnlich inkompatibel mit der Businesswelt schienen. Es herrschte eine vertraute, fast familiäre Atmosphäre, solange die Projekte überschaubar blieben. Dabei spielte dem Jungunternehmen die Aufbruchstimmung im Eventmarketing Anfang der 90er Jahre in die Karten. Bald lief die Firma wie von selbst. Doch da »klopfte der Größenwahn an«. »Plötzlich war ich Unternehmer und zumindest in unseren Breitengraden hat man dann den Ruf, man müsse die Geldscheine mit der Mistgabel wenden, damit sie nicht schimmlig werden«. Zunächst genoss er die neu gewonnene Macht, wie er heute ganz unverhohlen zugibt. »Bei Männern scheint es in der Pubertät eine Phase zu geben, in der wir denken, wir sind das nächste große Genie, der Raumfahrer, der Pulitzer-Preisträger. Da saß ein Teufelchen auf meiner Schulter und flüsterte mir zu: ›Ich habe es schon immer gewusst, Du bist etwas Besonderes und jetzt sieht es endlich die ganze Welt‹.« Immer wieder mal sei er dermaßen in Versuchung geführt worden, vor allem nachdem er 2008 bei Maischberger in der Talkshow aufgetreten war.

> *Damit die dunkle Seite in mir nicht zum Tragen kommen kann, habe ich*
> *alles so gestaltet, dass es meine persönliche Macht einschränkt.*
> Gernot Pflüger, Geschäftsführer der CPP Studios GmbH

Doch schon in den Anfangstagen seiner Firma überkam ihn eine Ahnung, was Macht mit Menschen macht. Die Kollegen redeten ihm zunehmend nach dem Mund. Dass sogar ein alter Freund, der als Texter in seinem noch jungen Unternehmen angefangen hatte, ihm ungefragt den Koffer trug, war für Gernot Pflüger ein Aha-Erlebnis: Selbst ein Vier-Leute-Unternehmen reichte offensichtlich aus, um einen aus den eigenen Reihen in Chefstatus zu erheben. Das erinnerte ihn stark an frühere Kollegen, die nach der Beförderung innerhalb kürzester Zeit »zu kompletten Arschlöchern mutierten«, sich für das bisschen Karriere korrumpieren ließen und in ihrem eigenen Hierarchie-Gefängnis steckten. Das war es ihm nicht wert. »Damit die dunkle Seite in mir nicht zum Tragen kommen kann, habe ich alles um mich herum so gestaltet, dass es meine persönliche Macht einschränkt.«

Versuche, ihn von einer hierarchielosen Organisation abzuhalten, gab es viele. Seine gesamte Familie, Freunde, Steuerberater – alle versuchten ihn umzustimmen: Es brauche Hierarchie und Führungskräfte, die Verantwortung tragen. Beim Geld höre der Spaß auf und einer müsse doch sagen, wo es lang geht. »Das ist doch alles Blödsinn! Ich habe wirklich nicht viele Talente, aber eine große Neugier und Sturheit. Je mehr Leute auf mich einredeten, desto mehr wurde mir klar: Andersherum wird ein Schuh draus.« Gernot Pflüger experimentierte anfangs viel herum – und zwar ergebnisoffen. Dabei sei er keiner Ideologie und Modeerscheinung gefolgt, betont er.

Der CPP-Geschäftsführer nimmt sich Zeit für das Hintergrundgespräch zu diesem Buch – und manchmal scheint es, dass er dabei aus seinem eigenen Werk zitiert. »Firma ohne Chef« erschien bereits 2009, als New Work in Unternehmenskreisen noch für viele ein Fremdwort war. 2015 zogen die CCP Studios von der Heyne-Fabrik in Offenbach, wo die Mieten nicht mehr bezahlbar waren, in die Brockmannstraße. Hier verfügt das Unternehmen über eine eigene Lager- und Produktionshalle samt Proberaum im Keller. Die lockere Atmosphäre im Büro, einige Mitarbeiter konzentriert an ihren Arbeitsplätzen, andere, die draußen im Hof und in der Hängematte herumlümmeln, hat gleichwohl nichts mit Start-up-Hype zu tun. Gernot nennt die Organisationsform »Wirtschaftsdemokratie«, ein Begriff, für den er immer wieder angefeindet wird.

Wirtschaftsdemokratie – das passende Bild?
»Die Proklamation von Demokratie in Unternehmen ist ein alter Hut. Das wird gemacht seit Anfang der 20er Jahre des 20. Jahrhunderts. Da gab es die ersten Forderungen, dass Demokratie in Organisationen eingeführt werden soll«, erklärte Prof. Stefan Kühl von der Universität Bielefeld 2012 in einem Video-Streitgespräch der ZEIT als Konter-

part von Gernot Pflüger. Er findet es zumindest problematisch, wenn jemand glaube, man könne mit Demokratie paradiesische Verhältnisse in Unternehmen herstellen.

Auch wenn sich der CPP-Geschäftsführer als Speaker auf die Bühne stellt, schlägt ihm oft ein rauer verbaler Wind entgegen. »Bei einem Bundesjungendkongress in Kassel hat vor einiger Zeit mal ein erzürnter Teenager zu mir gesagt: ›Wie können Sie es wagen den Begriff Demokratie in so einer Agentur wie der ihren in den Mund zu nehmen. Die Leute wählen Sie ja nicht und können Sie auch nicht abwählen. Damit hatte er mich natürlich«, gibt Gernot offen zu. Noch heute atmet er lange aus und denkt nach, wenn man ihn danach fragt, ob er sich nicht zur Wahl stellen wolle. »Ich wäre dann dazu bereit, wenn wir ein gesellschaftliches System hätten, das ohne Unternehmenseigentum funktioniert.« Politische Verhältnisse und wirtschaftliche seien jedoch aktuell nicht vergleichbar. Deshalb nenne er seine Organisationsform auch »Wirtschaftsdemokratie«, da sie der Demokratie so nah komme, wie es eben möglich sei.

»Der Mensch selber ist weder gut noch böse, aber viel verantwortungsbewusster, vertrauenswürdiger und auch kompetenter als man so im Allgemeinen meint«, sagt Gernot, um im nächsten Atemzug zu betonen, dass er als Misanthrop und Zyniker nichts mit Gutmenschentum am Hut hat. Doch jeder der ein Unternehmen betreibe, wisse doch, dass Geschäfte langfristig nur als Partnerschaft mit Kunden und Lieferanten funktionierten. »Wenn wir Menschen einfach machen lassen, sind es nicht Faulheit und Schlendrian, die blühen, sondern Verlässlichkeit und Engagement. Menschen nutzen nicht jeden kleinen Freiraum sofort aus. Das ist ein total falsches Bild, das von Leuten in die Welt gesetzt wird, die von den ganzen Kontrollsystemen profitieren.«

> **!**
>
> **»Wirtschaftsdemokratie« bei CPP auf einen Blick**
>
> ... Einheitslohn – nur der Geschäftsführer erhält etwas mehr Gehalt, weil er mit seinem Vermögen haftet
> ... Kassentransparenz und kollektive jährliche Gehaltsrunde
> ... Keine Chefs oder Abteilungsleiter
> ... Vetorecht für jeden – Mitarbeiter und Geschäftsführer
> ... Freie Einteilung von Arbeitszeit und Urlaub

Unser System ist nicht gerecht.
Gernot Pflüger, Geschäftsführer der CPP Studios GmbH

Soviel ist klar: Gernot Pflüger polarisiert und pflegt eine direkte Sprache. Vielleicht ist er auch wegen seines provokanten Charakters bislang kein expliziter Star der New-Work-Szene, auch wenn viele CPP immer wieder als Beispiel für eine neue Organisationsform anführen. »Unser System ist nicht gerecht«, sagt er und spricht damit einen Satz aus, den anderswo spätestens der Kommunikationsverantwortliche aus dem Firmen-Wertekanon herausstreichen würde. »Dennoch ist unser System das Beste, das ich kenne. Natürlich leisten einige mehr als andere, aber es gibt keinen Algorithmus, um Leistung zu messen. Wenn es ihn gäbe, würde ich keinen Einheitslohn bezahlen.«

Boni und andere Ansätze leistungsbezogener Bezahlung funktionieren laut dem Unternehmer schlichtweg nicht. »Wir Menschen sind fantastisch im Bescheißen und im Anpassen. Der Vertrieb findet Mittel und Wege, Gewinn-Quotierungen zu erreichen – egal ob das zu Lasten der anderen Kollegen geht. Und wenn einer behauptet, dass Leute mit grünen Basketball-Mützen 8 Prozent profitabler sind als diejenigen, die keine tragen, kämen ab nächsten Montag alle mit grünen Basketball-Kappen zur Arbeit.« Im Vertrieb ließen sich vielleicht noch Leistungsziele konstruieren, doch was solle er dann seiner »Mutter der Kompanie« sagen, dem Verwalter und Buchhalter, der Cashflow-Manager und Mädchen für alles in einem sei. »Der arbeitet meistens nicht bei Kundenprojekten mit, verdient also kein Geld, ist aber unersetzlich.« Das lasse sich nur mit einem Kompromiss ausgleichen. Das was CPP wirtschaftlich hereinbringe, habe die Firma allen zu verdanken. Mal mache der eine mehr, mal der andere. »Auf längere Zeit ist das Einheitsgehalt die am wenigsten unfaire Verteilungsmethode.«

Ein Gehalt und viele Erfahrungen
Das Einheitsgehalt funktioniert logischerweise dann gut, wenn sich die Berufsbilder und Qualifikationen in einer Organisation nicht zu sehr unterscheiden. Beliebt ist deshalb die Frage, ob die Putzkraft das gleiche Gehalt bekommt wie der Software-Programmierer. Bei CPP gibt es keine festangestellte Reinigungskraft. Hier arbeiten Veranstaltungstechniker, Kameraleute, Regisseure und spezialisierte Programmierer. Doch einheitlich sind die Hintergründe, Ausbildungswege und Erfahrungen der Beschäftigten beileibe nicht.

Anja Wiese gehört zu den »alten Häsinnen« – seit mehr als zwölf Jahren ist sie schon bei CPP dabei. Die Vielfalt der Erfahrungen, die die 57-Jährige mitbringt, sind kaum zu überbieten: In ihrer Studienzeit war sie Kneipenwirtin, arbeitete in der Altenbetreuung, im PR-Bereich der Tourismusbranche und als Taxifahrerin. Nach 13 Jahren beim Hessischen Rundfunk, wo sie unter anderem als Fernsehredakteurin und Regisseurin tätig war, landete sie in der Werbung für Großunternehmen und wechselte später in den sozialen Bereich – sie arbeitete an einer Ganztagsschule und mit jungen Langzeitarbeitslosen. Das HTML-Programmieren hat sie sich zwischendurch selbst beigebracht.

Mit meiner Gründlichkeit und meinem hohen Anspruch
hatte ich mir auch Feinde gemacht.
Anja Wiese, Projektleitung und Regie bei CPP Studios GmbH

Sie konnte all diesen Jobs viel abgewinnen. Der Ritt durch die sozialen Schichten hat ihre Beobachtungsgabe geschult – und davon profitiert sie noch heute beim Regieführen. »Doch meine Zeit und mein Engagement wurden natürlich auch verheizt und bis auf meinen Job in der Werbung häufig unterbezahlt. Mehrmals, als es darum ging, die Früchte eines Projekts zu ernten, das ich vom Konzept bis zur Verwaltung aufgebaut hatte, sollte ich mit viel Mehrarbeit wieder etwas Neues hochziehen. Man schätzte meine Genauigkeit augenscheinlich nicht, nutzte sie jedoch gern.« Schon immer wollte sie alles rausholen, was ging – nahezu keine Aufgabe war nebensächlich. Im sozialen Bereich musste sie darum kämpfen, ihre Kompetenzen wie etwa das Regieführen tatsächlich einsetzen zu dürfen. Gemeinsam mit Langzeitarbeitslosen schrieb sie ein Musical, das ihr vorgesetzter Kollege beinahe gekippt hätte. »Es ging mir um das gemeinsame Werk der Teilnehmer. Sie haben sich im Laufe des Projekts mit ihrem Einsatz immer wieder selbst übertroffen. Aber mit meiner Gründlichkeit und meinem hohen Anspruch hatte ich mir auch Feinde gemacht.«

Jeder nach seiner Fasson
Von Autorenschaft über Regie bis zur Projektleitung – als Anja bei CPP anfing, konnte sie endlich all das einbringen, was sie aus den vorherigen Arbeitsbereichen mitbrachte. Sie bekam gleich ein großes Projekt, das Herzstück eines bedeutenden Events, das sie für ein sehr bekanntes IT-Unternehmen von A bis Z erfolgreich in die Spur brachte. »Gernot hat mir anfangs Filme vorgeführt, die hier gemacht wurden. Da habe ich gedacht: ›Toll, hier wirst du nie wegen des Aufwands für hohe Qualität auf die Finger kriegen‹«, erinnert sie sich. Endlich konnte sie ihrem Anspruch nach Herzenslust nachgehen und für Ergebnisse arbeiten, die man nur mit Hingabe erreichen kann. Natürlich gebe es auch heute Kollegen, die lieber auf Menge und Geschwindigkeit setzten, als auf Details. »Aber jede Methode hat ihre Berechtigung, wenn das Resultat stimmt. Das kann man nicht gegeneinander aufrechnen. Wenn ich mehr mache als nötig oder als der Kunde braucht, ist das zwar eine tolle Dienstleistung, aber vielleicht zunächst auch unwirtschaftlich«, meint sie. So gesehen gleiche sich die unterschiedliche Herangehensweise wieder aus. Einsatz und Fähigkeiten hätten viele Gesichter. Oft genug beschließe das Team, möglichst die 100 Prozent aus einem Dreh herauszuholen, aber zur starren Prämisse taugte das nicht. »Was ich so großartig fand, als ich bei CPP anfing, war, dass man sich abstimmte. Jeder arbeitete dafür, dass dieses besondere Konstrukt CPP vitalen Erfolg hatte. Natürlich: Auf gleicher Ebene innerhalb einer Kompetenzhierarchie lässt sich auch gut über Prioritäten ›streiten‹.«

Das bestätigt auch der Geschäftsführer. Wenn es jemand übertreibe und beispielsweise zu lange ohne Begründung wegbleibe, gebe es Ärger mit den Kollegen. »Das klären die meisten im stillen Kämmerlein, so nach dem Motto, ›Jetzt ist mal gut Alter, krieg es wieder gebacken. Ich habe die Nase voll davon, deinen Kram mitzumachen!‹.« Gernot hat dabei das Prinzip des stillschweigenden Mitgefühls beobachtet: »Die Leute tragen die Last der anderen so lange, wie sie auch selbst gern mal pausieren würden, wenn bei ihnen etwas ist.« Anja hat zudem beobachtet: Nutze ein Kollege die Freiheiten aus, etwa indem er für sich einen hierarchisch übergeordneten Status durchsetze, wisse er schon, dass das Gift für das gesamte Gefüge sei – und damit auch für ihn selbst. »Das ist wie in einer guten Beziehung: Wenn ich sie erhalten möchte, darf ich den anderen nicht übervorteilen.«

Von Anfang an schätzte Anja bei CPP, dass sie nun nicht mehr den schönen Schein bedienen oder gar im Business-Outfit ins Büro kommen musste. »Beim Hessischen Rundfunk habe ich mir in der Anfangszeit manchmal nachts noch ein Kostüm genäht«, verrät sie. In der Kreativagentur war dagegen jeder Mitarbeiter ein Original. Sie erinnert sich gern an die Kollegen der Anfangszeit, auch die, die heute nicht mehr dabei sind. »Einen taufte Gernot LC für Leiden Christi. Er war so ein schmaler Mann, hatte Haare bis zu den Oberschenkeln. Er schlurfte immer durchs Büro und unter seinem Schreibtisch hatte er ein Schaf-Fell, damit der keine kalten Füße kriegt.« Hier müsse man nicht ständig seinen Status verteidigen und spare so Energie für die anstehenden Projekte. Das zeigte sich für Anja schon am allerersten Tag in einer sehr entspannten Offenheit und Freundlichkeit aller CPPler. Durch die Organisationsform könne sich jeder mit persönlicher Substanz der Arbeit widmen. »Wenn man nicht als reines Werkzeug, sondern als vollständige Person arbeitet, hat man immer noch ein bisschen Reserve und geht konzentrierter vor«, sagt Anja.

> *Gerechtigkeit und möglicher Neid ist ein Diskussionsraum:*
> *Beides lässt sich nicht in Zahlen ausdrücken,*
> *sondern ist ein Grundgefühl.*
> Anja Wiese, Projektleitung und Regie bei CPP Studios GmbH

Vom Gehalt her musste die erfahrene Regisseurin im Vergleich zu ihren drei Paralleljobs, neben ihrer Tätigkeit im sozialen Bereich erstellte sie damals auch Webseiten, bei CPP erhebliche Einbußen hinnehmen. Was sie vorher netto verdiente, blieb ihr jetzt brutto. »Wenn man Dinge produziert, von denen man selbst sagt, ›yes, das ist es‹, hat man mehr Spaß und braucht kein Schmerzensgeld. Es reicht, wenn der Kühlschrank voll ist und man sich gute Schuhe leisten kann.«

Ihre Medienarbeit hat sie mit vielen Berühmtheiten zusammengebracht. Hans Dietrich Genscher, Egon Bahr, André Heller, Horst Tappert und viele hochdotierte Manager – Anja hatte sie alle schon vor dem Mikro oder der Linse. »Die Kamera macht keine Unterscheidungen, da sind alle gleich«, sagt sie. Das Team scheint die Luft anzuhalten und dann müsse der Gefilmte etwas sagen. Wer das nicht gewohnt sei, stehe so nackt da wie nie. »Wenn ich mich dann aber dafür interessieren würde, wie hoch das Gehalt dieser Personen des öffentlichen Lebens ist, statt für ihren gelungenen Auftritt, dann wäre ich ja auf jeden Fall unzufrieden, da sie das x-fache von mir verdienen. Gerechtigkeit und möglicher Neid ist ein Diskussionsraum: Beides lässt sich nicht in Zahlen ausdrücken, sondern ist ein Grundgefühl«, so Anja. »Wenn ich mit meiner Beschäftigung und der Zusammenarbeit zufrieden bin, wird die Frage nach der Gerechtigkeit total abstrakt.«

Arbeit verleiht Bedeutung. Deshalb ist Geld nicht nur Geld.
Gernot Pflüger, Geschäftsführer der CPP Studios GmbH

Sich ständig weiterentwickeln zu können, sei ihr wichtiger als ein hohes Gehalt, meint Anja. Es ist schon mehrmals jemand auf sie zugekommen, um sie abzuwerben. Sie blieb, weil ihr die Arbeitsatmosphäre hier wichtiger war. »Die meisten, die hier arbeiten, würden woanders weniger verdienen, nur ein Drittel bekäme vermutlich mehr«, schätzt Gernot. Das Geld sei aber für viele nicht der ausschlaggebende Punkt, sondern die Unternehmenskultur insgesamt. Wenn jemand so gut sei, dass er hier nichts mehr lerne, könne ihn auch das beste Gehalt nicht halten.

»Die Regeln hier sind nirgendwo festgeschrieben und trotzdem empfinden sich die Leute als Stakeholder und Miteigentümer«, konstatiert Gernot. Was man von einer Firma bekomme, sei ein Zeichen von Anerkennung und Visibilität. »Arbeit verleiht Bedeutung. Deshalb ist Geld nicht nur Geld. Verkaufswert, Inflation oder die Summe, die man zum Leben braucht – das ist nur die eine Seite der Medaille. Das Gehalt ermöglicht vor allem gesellschaftliche Teilhabe.«

Diskutieren und Entscheidungen treffen

Ein einheitliches Gehalt, Kassen-Transparenz und keine formale Hierarchie waren Gernots erste Maßnahmen, mit denen er verhindern wollte, der Hybris der Macht anheim zu fallen. Mit der Zeit musste er dann Mittel und Wege der Kommunikation finden. »Wir sind hier kein Debattierclub, haben aber schon einen leicht erhöhten Kommunikationsbedarf«, gibt er zu. Immer montags treffen sich alle für eine Stunde, um Angelegenheiten der Woche zu besprechen. Am ersten Mittwoch im Monat findet ein Meeting statt, in dem firmeninterne Angelegenheiten diskutiert werden: »Psycho« nennen die CPPler die Runde selbstironisch.

Kritik hört keiner gern, aber bei uns geht das.
Auch ich muss dann halt mein Ego
mal aufs Abstellgleis stellen.
Gernot Pflüger, Geschäftsführer der CPP Studios GmbH

Die Diskussionskultur schließt laut Gernot Pflüger auch ein, über Fehler zu sprechen. »In Deutschland wird im Arbeitsleben normalerweise nicht offen diskutiert und auch wir tun uns da schwer. Aber das ist dennoch anders als in vielen anderen Firmen«, betont er. Als einer der Konzeptionisten musste der Geschäftsführer beispielsweise in den Anfangsjahren des Social-Media-Hypes ein Konzept für einen Kunden schreiben. Dass er kein Freund der sozialen Netzwerke ist, daraus macht Gernot keinen Hehl. Doch der Kunde ist König für den Offenbacher Geschäftsführer. Als er seine Ideen für die Social-Media-Kampagne einer Bank intern präsentierte, erhielt er prompt Feedback von einem Auszubildenden: »liest sich wie Kreissparkasse erklärt Gangster-Rap«. »Da dachte ich,

›Die kleine Stiftratte, noch nicht mal trocken hinter den Ohren, was bildet der sich ein!‹.« Wütend verließ er den Raum, um dann doch noch einmal über die Rückmeldung nachzudenken. Nach einiger Zeit musste er zugeben, dass der junge Mitarbeiter den Nagel auf den Kopf getroffen hatte. Kurzerhand bat er den Kunden um Aufschub und ließ sich von dem Azubi zeigen, wie das alles wirklich funktioniert. »Kritik hört keiner gern, aber bei uns geht das. Auch ich muss dann halt mein Ego mal aufs Abstellgleis stellen.«

Das Vetorecht, das jeder hier hat, spielt in den Diskussionen und Entscheidungsprozessen meist keine direkte Rolle – es kam bisher jedenfalls selten zum Einsatz. Gernot kann sich nur an einen Fall erinnern: Ein Kollege war mit einem neu-gewählten Firmennamen nicht einverstanden. So wurde dieser ohne große Diskussionen gekippt.

Das Vetorecht gilt auch für den Geschäftsführer selbst: Im Zweifelsfall kann der Chef die Notbremse ziehen und den Mehrheitsentscheid aushebeln. »Wenn ich das Gefühl habe, die demokratische Entscheidung läuft gerade komplett in die falsche Richtung, dann kann ich sie per Geschäftsführer-Entscheidung kippen. Das ist aber so eine Art Atomrakete: Man muss sich extrem genau überlegen, wann man sie benutzt.« Gernot erinnert sich an einen Fall, der ihn in schwere Gewissensnöte brachte. Sein Bruder hatte lange für CPP gearbeitet, dann die Firma aber verlassen. Nun wollte er wiederkommen und die Mehrheit der Mitarbeiter waren dagegen. »Zuerst dachte ich, komm, ist doch mein Bruder. Aber dann habe ich doch mein Recht der Geschäftsführer-Entscheidung nicht genutzt. Das wäre Nepotismus gewesen und hätte das Grundübereinkommen, wie wir hier arbeiten wollen, sabotiert. Als ich das dann meinen Eltern erklären musste, erlebte ich einen der schwärzeren Tage in meinem Leben.«

Anja Wiese hält das Vetorecht für den größten Schatz der Firma. »Das Vetorecht war bisher unverbrüchlich. Das kann man gar nicht hoch genug schätzen, dass wirklich jeder nein sagen kann und das nicht einmal begründen muss.« Sie selbst hat zwar das Vetorecht noch nie gebraucht, findet aber, dass es alle Mitarbeiter noch gleicher mache als das Einheitsgehalt. Inzwischen reiße man sich zwar um bestimmte Jobs und Projekte. Aber Transparenz, Offenheit und die gleiche Bezahlung seien zusammengenommen ein gutes Mittel, um aufreibende Grabenkämpfe und Unaufrichtigkeiten zu vermeiden – wenngleich auch keine Patentlösung.

Was der Einheitslohn noch bewirkt

»Das Einheitsgehalt bedeutet auch, dass man keine Energie darauf verwendet, zu überlegen, wie viel wessen Arbeit wert ist. In der Zeit kann man einfach andere Dinge tun«, so Anja. Wer bewerte schon gern andere? Auch Gernot kann sich besseres vorstellen, als über die Leistungsbeurteilung der Mitarbeiter nachzudenken. »Gehalt ist Wertschätzung. Wenn man darüber diskutiert, wie viel jemand einer Firma wert ist, würde das voll nach hinten losgehen. Ich würde nicht freiwillig an einer solchen Diskussion teilnehmen und die meisten hier auch nicht.« Da bilden für ihn auch Ansätze wie ein Wunschgehalt oder selbstgewähltes Gehalt keine Ausnahme. »Der Mensch sollte nicht Richter in eigener Bedeutsamkeit sein. Eine Firma kann verteilen was reinkommt und an dem, was reinkommt sind alle beteiligt. Und schon hat man alle wichtigen Kausalitäten des Erwerbslebens mit zwei Punkten abgehandelt.«

Der Kassensturz am Jahresende ist für den Geschäftsführer das höchste der Gefühle. In den letzten Jahren gab es jeweils zwei Monatsgehälter extra auf das Gehalt oben drauf. Aber CPP erlebte auch schon magere Jahre, in denen die Beschäftigten auf ein Drittel ihres Gehalts verzichten mussten. Egal ob es um Abweichungen nach oben oder unten gehe, wichtig sei dabei immer die Kopplung an konkrete Erfolge oder Schwierigkeiten. »Wenn wir die Kausalitäten unseres Lebens auf dem Radarschirm haben, nehmen wir die Dinge nicht für selbstverständlich.« Ein schwieriges Projekt oder harte Arbeit und dafür gibt es mehr Geld – nur durch die direkte Transparenz der Ursache-Wirkungs-Kette wirke das Gefühl der Belohnung nachhaltig.

Doch manchmal liegen die Ursachen für wirtschaftliche Auf und Abs auch außerhalb des persönlichen Wirkungskreises. CPP Studios musste im Lauf seiner Geschichte schon größere Durststrecken überstehen. Mit der New-Economy-Krise Ende der 90er Jahre schwappte die erste große Welle der Marktbereinigung über den Eventausrichter herein. »Die Produktionen hatten in den Anfangsjahren die Dekadenz der Titanic kurz bevor sie den Eisberg rammt. Da kamen Auftraggeber, die wollten, dass im Messepavillon ein Klassikorchester an Bungee-Seilen von der Decke kommt. Mit diesem Irrwitz war es dann erst einmal vorbei«, so Gernot. Den Geschäftsführer hatte die Krise kalt erwischt – er wiegte sich in Sicherheit, dass der Boom der Eventbranche immer so weitergehen würde. Nun mussten die Mitarbeiter stattdessen gemeinsam entscheiden, wie sie mit dem Auftragsrückgang und den Zahlungsschwierigkeiten der Kunden umgehen sollten: ein Drittel aller Leute feuern oder auf einen ziemlich großen Teil ihres Gehaltes verzichten. Innerhalb kürzester Zeit sei das Thema mit allen Beteiligten ausdiskutiert gewesen – zugunsten des Gehaltsverzichts. »Bei dieser ersten Bewährungsprobe habe ich gemerkt, wie viel stärker unsere Unternehmenskultur im Vergleich zu anderen ist. Und diese erste Krise war eine Blaupause für die Finanzkrise, die später noch kommen sollte.«

Gernot Pflüger gesteht, dass ihm damals nicht nur der Blick für die wirtschaftliche Negativspirale, sondern auch für einen Ausweg aus der Situation fehlte. »Das waren immer meine Kollegen, die mich darauf gebracht haben. Durch deren Einwirkungen sind wir in dieser Zeit von einer reinen Eventdienstleister-Company zu einer Produktionsagentur geworden.«

Unsere Leute organisieren ihre Wissensgebiete
und ihre Ausbildung in einem Maß selber,
wie man sie durch Zwang nie hinbekommt.
Gernot Pflüger, Geschäftsführer der CPP Studios GmbH

Das Bemerkenswerte dabei: Diesen Switch im Dienstleistungsangebot meisterte CPP ohne die Belegschaft auszutauschen. Folglich mussten sich die Mitarbeiter völlig neue Fähigkeiten aneignen. »Vor sechs Monaten noch Flightcases geschubst, eine PA irgendwo aufgebaut und eingemessen und jetzt saßen wir mit hochspezialisierter Software am Rechner und machten animierte Bilder für unsere Kunden. Unsere Lieblingslernmethode ist der Sprung ins kalte Wasser.« Wissen sei nichts Statisches, verliere vielmehr immer schneller an Bedeutung. Alle fünf Jahre mache CPP etwas komplett anderes. »Dafür muss man Leute um sich haben, die sich laufend an Veränderungen anpassen – und nicht dem Irrglauben verfallen, sie hätten ein lebenslanges Zertifikat für besondere Fähigkeiten.« Die Firma beschäftigt deshalb viele Quereinsteiger, Schreiner, Taxifahrer oder gescheiterte Musiker wie Gernot. Die Mitarbeiter spezialisierten sich dann selbst in den Feldern, die sie interessierten und für die sie verantwortlich seien. »Unsere Leute organisieren ihre Wissensgebiete und ihre Ausbildung in einem Maß selber, wie man sie durch Zwang nie hinbekommt.«

Für diese Lernkultur brauche es auch keinen bestimmten Menschenschlag. Beim Recruiting achtet Gernot Pflüger eher darauf, ob jemand einen konkreten Bedarf des Unternehmens decken kann. Oder er überlegt, wie lange eine Person braucht, um sich die benötigten Fähigkeiten anzueignen. Die Integration in die CPP-Kultur ergebe sich dann wie von selbst. »Der Mensch stellt in punkto Anpassungsfähigkeit sogar das Chamäleon in den Schatten. Meist zwängen sich die Kandidaten für ein Vorstellungsgespräch in ihren Konfirmationsanzug, sind völlig overdressed und erwarten Fragen nach ihren Stärken und Schwächen. Wenn sie ein halbes Jahr da sind, lachen sie sich über andere Bewerber schlapp, denen das auch passiert.« So sei bei CPP ein wilder Alters- und Mentalitätenmix entstanden. Jeder habe seine eigene Geschichte und Motivation zur Arbeit zu kommen. Nichts liegt dem Geschäftsführer ferner als die Kollegen auf eine gemeinsame Idee einzuschwören. »Ich will den Mitarbeitern doch nicht den Sinn des Lebens erklären – das geht zu weit. Wir sind keine Sekte, sondern arbeiten einfach hier.« Einzige Voraussetzung, um sich mit der Arbeit bei CPP anzufreunden, sei die Bereitschaft, Verantwortung zu übernehmen. »Leute, die lieber immer einen ganz klaren Plan haben und gern Anweisungen bekommen, was sie zu tun haben, fühlen sich bei uns erfahrungsgemäß weniger wohl.«

Einheitslohn macht Pause
Doch auch eine Wirtschaftsdemokratie alla CPP ist wie jede Organisationsform ein fragiles Konstrukt. Zwischenzeitlich verwässerte das Unternehmen den Einheitslohn auf Wunsch der langjährigen Mitarbeiter: Unmut war aufgekommen, da Azubis nach Abschluss ihrer Ausbildung sofort das Gleiche verdienten wie alle anderen auch. »Als wir das diskutierten, hieß es, die hätten ja all die mühsamen Anfangsjahre nicht hinter sich gebracht und würden ins gemachte Nest fallen. Ich habe Zeter und Mordio gebrüllt und gemahnt, dass wir unser Gleichheitsprinzip doch nicht bei der erstbesten Gele-

genheit wegen der Übernahme von Auszubildenden über Bord werfen könnten«, erinnert sich Gernot. Doch er wurde überstimmt.

> *Es war hochinteressant zu sehen, dass die Staffelung der Gehälter*
> *in der Wahrnehmung direkt zu einer gestaffelten Bedeutung führte.*
> Gernot Pflüger, Geschäftsführer der CPP Studios GmbH

Als Lösung diente nun eine Art Staffelgehalt, nach dem sich die übernommenen Auszubildenden über die Dauer von drei Jahren sukzessive an das reguläre Einheitsgehalt annäherten. Was die Mitarbeiter nicht bedacht hatten: Die neue Regelung hatte hemmende Wirkung auf das Verantwortungsbewusstsein der jungen Kollegen. Nun fielen Sätze wie, »Dafür bin ich nicht zuständig« oder »Das sollen die Vollbezahlten machen!«. Deshalb stellte der Geschäftsführer das Thema nach einem halben Jahr erneut zur Diskussion. Einstimmig kehrte CPP zur alten Regelung zurück. Daraus kann man viel über die Zusammenarbeit von Menschen lernen, findet Gernot: »Es war hochinteressant zu sehen, dass die Staffelung der Gehälter in der Wahrnehmung direkt zu einer gestaffelten Bedeutung führte«, so der Geschäftsführer. Unbezahlte Praktika gebe es hier aus dem Grund nicht – zumindest, wenn jemand direkt zum Firmenerfolg beitrage und nicht nur den Umgang mit einer neuen Technik erlerne.

> *Auch hier ist es nicht nur harmonisch.*
> *Wir müssen immer die Befindlichkeiten der anderen im Blick behalten.*
> Anja Wiese, Projektleitung und Regie bei CPP Studios GmbH

Die CPPler wissen also: Wehret den Anfängen. Sie schauen nicht nur darauf, dass der Geschäftsführer auch die Kaffeemaschine sauber macht und den Hof kehrt. Nach Möglichkeit rotieren die Aufgaben der Beschäftigten regelmäßig durch. Jeder hat idealerweise zwei komplementäre Arbeitsbereiche. Wer Kamera macht, solle am besten auch schneiden, so Gernot. Sonst komme man mit ganz viel Filmmaterial zurück. »Ein Cutter will nur die Aufnahmen, die besprochen waren und die er auch wirklich braucht. Ein Kameramann, der seine eigenen Aufnahmen schneidet, ist deshalb auch in der Planung viel besser. Man sollte nicht nur die Rakete zünden, sondern auch sehen, was am Einschlagort passiert«, meint Gernot.

Angriff aufs System: Einer spaltet sich ab

»Auch hier ist es nicht nur harmonisch. Da es eben keine starren Aufgabengebiete gibt, sondern die Arbeiten Hand in Hand gehen sollten, muss man auch um die Eigenarten und Befindlichkeiten des anderen wissen, sonst riskieren wir unter Umständen das gesamte Klima«, erklärt die erfahrene CPPlerin Anja. Wie schnell die Wirtschaftsdemokratie vor dem Aus stehen könnte, wurde den Mitarbeitern in der Zeit des Firmenumzugs schmerzlich bewusst. Bis dahin hatte Gernot Pflüger einen gleichberechtigten Teilhaber, der sich jedoch unbemerkt von der Mehrheit der Mitarbeiter in eine andere

Richtung entwickelte. »Er hat sich irgendwann umorientiert und wollte unser System der Wirtschaftsdemokratie mit dem Einheitslohn nicht mehr mittragen. Einigen Leuten redete er ein, sie seien die Leistungsträger und würden die anderen durchschleppen.« Es kam zur Abstimmung, ob das Einheitsgehalt gekippt werden sollte. Doch zwei Drittel waren dagegen. Daraufhin betrieb der Unzufriedene die Firmentrennung: Es folgte ein zähes Ringen um Kunden, man traf sich vor Gericht. Letztlich nahm der Ex-Teilhaber von den damals 30 Mitarbeitern ein Drittel in eine neue Firma mit. »Es war ein kleines Lehrbeispiel wie in einem solchen System Missbrauch, Intrige und Umsturzanstrengungen stattfinden. Wir haben kein Gesetz, in dem steht, dass man das Einheitsgehalt und die Kassentransparenz nicht abschaffen darf. Deshalb ist es wichtig, immer mal wieder neu darüber nachzudenken, ob das alles noch passt.«

Vielleicht sind wir zu bequem geworden, was die Hygiene hier angeht,
die wir so lieben. Deshalb musste sich das klären, wie beim Wetter.
Anja Wiese, Projektleitung und Regie bei CPP Studios GmbH

»Die Verwandlung unseres Kollegen ging so schnell«, berichtet Anja. Sie habe es zunächst gar nicht wahrhaben wollen, dass so etwas bei CPP passieren könne. In Nachhinein erinnert sie sich, dass es lange vorher schon in einer Diskussionsrunde Anzeichen für unterschiedliche Zielsetzungen gab. Als Betriebswissenschaftler habe der Kollege sich offensichtlich als Manager gefühlt – all die Möglichkeiten sich bei CPP kreativ in Projekten auszutoben, waren für ihn nicht attraktiv. »Die Steinlawine ging damit los, dass hier jemand war, der sich nicht verwirklichen konnte. Wer mal etwas anderes ausprobieren wollte, den hinderte niemand daran. Nur war in unserem System nicht vorgesehen, dass Akquise und Vertrieb mehr wert sein sollte als die kreative Umsetzung«, erklärt Anja. So kam die Logik der Zusammenarbeit an Grenzen und endete schließlich in der Firmen-Abspaltung. Menschen hätten eben viele Seiten. »Wir haben keinen Heiligenschein. Vielleicht sind wir zu bequem geworden, was die Hygiene hier angeht, die wir so lieben. Deshalb musste sich das einfach klären, so wie manchmal beim Wetter.«

Gerade weil bei CPP alles so moderat laufe, sei es nicht schwer, sich selbst in eine Machtposition zu bringen. Das falle nicht unbedingt sofort auf. Es gelte aber, den anderen ihre wie auch immer gearteten Stärken oder Schwächen zuzugestehen. Wenn das gelinge, halte man das innere Skelett der Firma lebendig. »Es gibt immer auch diejenigen, die die Tendenz haben, sich auszubreiten und sich über andere zu stellen«, sagt Anja. Schließlich lerne man von klein auf, dass man etwas aus sich machen solle. Es gehe dabei von vornherein um den Verkaufswert, nicht um die Entwicklung von Fähigkeiten. Genau das Gegenteil machte aber die CPP-Kultur für Anja aus, wie sie sie 2006 kennenlernte: Andere eben nicht auf bestimmte Fähigkeiten und Begrenzungen festzulegen. Dafür sei jedoch manchmal Kreativität im Umgang miteinander gefragt. Als eine der älteren Kolleginnen hat sie etwa bemerkt, dass die jüngeren auf ihre Forderungen im Projekt nicht immer positiv reagierten. »Die denken dabei vielleicht an ihre eigene Mutter und haben dann schon gar keinen Bock mehr.«

Gernot Pflüger findet es ganz normal, dass auch in einer Wirtschaftsdemokratie informelle Führung eine gewisse Rolle spielt. »Wenn ich als Geschäftsführer mit jemand spreche, dann ist das etwas ganz anders als bei einem anderen Kollegen. Wir Menschen versuchen ständig, die Angelegenheiten des Lebens und die Kausalitäten des Erwerbs zu unseren Gunsten zu verhandeln.« Dennoch sei Gernot bei CPP umgeben von Leuten, die sehr genau wüssten, was die eigene Unternehmenskultur für sie bedeute. »Die haben viele Freiheiten und deshalb auch ein Interesse daran, dass das weiterläuft.«

Unternehmensgröße und Selbstausbeutung – Schwachstellen im System?

Dass die Firma seit Jahren ohne formale Führung funktioniert, ist dennoch keine Selbstverständlichkeit. »Viele Versuche radikaler Demokratie, die sich durch Mitbestimmung der Mitarbeiter über alle existenziellen Fragen und Mitbesitz des Unternehmens durch die Mitarbeiter auszeichnen, seien gescheitert, meint etwa Prof. Stefan Kühl von der Universität Bielefeld. Er hält es für eine Art Grundgesetz, dass Unternehmen ab einer gewissen Größenordnung Hierarchien ausbilden. Ab 50, 60 oder 70 Mitarbeitern könnten sich die Beschäftigten nicht mehr alltäglich sehen und über anstehende Dinge am gemeinsamen Konferenztisch verständigen. »Dann fängt man an, bestimmte Formen der Kommunikationseinengung vorzunehmen. Das ist in letzter Konsequenz eine Hierarchie, die sich da herausbildet.«

Dieses Argument lässt Gernot Pflüger nicht gelten. Es gebe Gegenbeispiele wie die Firma W. L. Gore & Associates, bekannt durch die wasserdichte Bekleidungsmembran Gore-Tex, die weltweit etwa 10.000 Mitarbeiter beschäftigt und statt Hierarchie »Natural Leadership« praktiziert. Auch das brasilianische Maschinenbauunternehmen Semco mit seinen rund 3.000 Mitarbeiter beweise, dass Größe allein kein Totschlagargument für Wirtschaftsdemokratie sei: CEO Ricardo Semler überträgt so viel Entscheidungsgewalt wie möglich an die Mitarbeiter. Um den persönlichen Austausch zu gewährleisten, bildet das Unternehmen ab etwa 150 Beschäftigten einen neuen Unternehmensbereich.

> *Die größte Gefahr einer hierarchiefreien Kultur ist Selbstausbeutung – und da ist*
> *mir in 30 Jahren kein wirkliches Gegenmittel eingefallen.*
> Gernot Pflüger, Geschäftsführer der CPP Studios GmbH

Eine Schwachstelle seines Systems hat Gernot Pflüger anderweitig ausgemacht: »Die größte Gefahr einer hierarchiefreien Kultur ist Selbstausbeutung – und da ist mir in 30 Jahren kein wirkliches Gegenmittel eingefallen.« Bei CPP hat niemand einen Arbeitsvertrag, muss keinen Urlaub beantragen und kann kommen und gehen, wie es beliebt. »Wir zählen keine Urlaubstage, man muss nur mit den Kollegen abstimmen, dass man weg ist«, so Gernot. Voll abgesichert seien die Mitarbeiter dennoch, da ohne Arbeitsvertrag im Zweifelsfall die gesetzlichen Bestimmungen greifen. Die hat der Geschäftsführer allerdings noch nie anwenden müssen. CPP habe eine geringe Fluktuation und mit ein paar Beschäftigten, mit denen es Ärger gab, einigte man sich außergerichtlich. »Am Anfang schauen manche vielleicht noch etwas irritiert, wenn es heißt, hier gibt es keinen Arbeitsvertrag. Aber sobald die Leute eine Weile hier sind und sehen, dass das Gehalt regelmäßig kommt, fragt man nicht mehr nach dem Blatt Papier.«

Der Schwachpunkt Arbeitslast hänge stark mit den Erwartungen der Kunden zusammen, meint Gernot: »Wir arbeiten für Unternehmen, die aberwitzige Arbeitszeiten haben. Die würden es nicht akzeptieren, wenn wir nicht den gesamten Zyklus ihrer Arbeitszeit als Ansprechpartner zur Verfügung ständen.« CPP hat deshalb Früh- und Spätschicht eingerichtet, um möglichst durchgängig für die Kunden da zu sein und für die Mitarbeiter dennoch einen Ausgleich zu finden. »Aber wir können uns nicht von den Entwicklungen abkoppeln, die bei unseren Kunden stattfinden – und die gehen eindeutig in Richtung noch mehr Arbeit.«

Auch deshalb möchte Gernot Pflüger das bestehende Wirtschaftssystem, das er an vielen Stellen für fehlgeleitet hält, mit einem kritischen Warum hinterfragen. »Wenn hier einer sitzt, nichts tut und entspannt ins Leere schaut, dann heißt das nicht, dass er pennt. Früher nannte man das nachdenken. Das ist tatsächlich eine unabdingbare Voraussetzung, um manche Sachen hinzubekommen.« Dennoch erlebe man überall eine Zeitverdichtung und ein Bestreben, die Effizienz weiter auf die Spitze zu treiben. »Wir sollten eine Arbeitskultur fördern und unterstützen, die das wieder ein bisschen zurückgedreht – etwa indem wir die Diskussion um KI, die immer mehr Arbeit übernimmt, mit allen uns zu Gebote stehenden Mitteln kapern.«

Veränderung macht vor Wirtschaftsdemokratie nicht halt
Lebenszeit ist mehr wert als Geld, findet Gernot. Das Ziel, am Ende des Lebens die Würde bewahrt zu haben und sich für nichts schämen zu müssen – das habe ihn schon als Zivildienstleistender bei der Betreuung alter Menschen bewegt. Mit der bisherigen Ausbeute zeigt er sich zufrieden: »Im Vergleich zu vielen anderen, die schon 30 Jahre im Job sind, kann ich die Anzahl der Tage, an denen ich nicht gern zur Arbeit gegangen bin, an den Fingern von vier Händen abzählen.« Der Reiz eines schnellen Autos nutze sich ab. Immer wieder neue Herausforderungen, das hielte ihn hingegen auf Trab. »Wenn man Muckis will, muss man sich überanstrengen. Mit dem Hirn ist das genauso: Nur wer laufend mit intelligenten Leuten an der Grenze der eigenen Verständnisfähigkeit kommuniziert, bleibt im Geist beweglich. Wenn wir unsere Fähigkeiten ständig erweitern, macht uns das zu Göttern.« In zwei Jahren möchte er zwar bei CPP aufhören, aber auf die faule Haut legen werde er sich nicht. Vielmehr plant Gernot, sich poli-

tisch und sozial zu engagieren – für mehr Einkommensgerechtigkeit, ein bedingungsloses Grundeinkommen und »die Wiederkehr von sozialer Sicherheit in unseren Gesellschaftsverträgen«. »Ein Kollege, von den anderen wegen seiner Fähigkeiten und seiner Vertrauenswürdigkeit bestätigt, übernimmt die Firma«, so der Geschäftsführer.

Unser Leben ist hochvolatil.
Gernot Pflüger, Geschäftsführer CPP Studios GmbH

Obwohl Gernot Pflüger seit Jahren seine Wirtschaftsdemokratie stabil hält, warnt er vor der zunehmenden Dynamik der Arbeitswelt. »Unser Leben ist hochvolatil.« Auch Anja Wiese ist sich bewusst, dass sich das Rad der CPP-Unternehmenskultur weiterdreht. »Hier wehte immer mal wieder ein anderer Wind. Dass ich das so offen sagen kann, liegt allerdings an der gleichbleibenden Mündigkeit aller CPPler. Das ist ein echtes ›Alleinstellungsmerkmal‹«, so Anja, die das Wort eigentlich nicht mag, aber sich gern über gängige Sprachcodes amüsiert. Sie weiß, es bleibt nichts, wie es war. »Wenn man eine Firma mit hoher Kompetenz und wenig Hierarchie aufrechterhalten möchte, muss man auf Dünkel verzichten, auch auf unbewussten, und gegebenenfalls daran arbeiten«, ist sie überzeugt. Die Regisseurin muss dabei an eine der hauseigenen Installationen denken: Ein Sandkasten, der von oben angestrahlt wird. Die erhabenen Flächen erhalten eine andere Farbe als der Rest und sobald jemand darin zu malen anfängt, ändert sich das gesamte Bild. »So hat es für mich bei CPP angefangen: Man übernahm, was man sich zutraute und hatte damit den Hut auf – für dieses Projekt. Seitdem ist natürlich viel passiert. Womöglich kommen wir irgendwann an den Punkt, dass jemand eine wirkliche Machtposition einnehmen kann – schleichend, ›im Eifer des Gefechts‹ sozusagen. Dann wäre die gemeinsame Antriebsfeder erstarrt und wir eine ganz andere Firma.«

Die Interviewpartner von elobau

Norbert Christlbauer, Personalleiter von elobau

Michael Hetzer, Geschäftsführer von elobau

Iris Strobel, Mitarbeiterin in der Fertigung von elobau

7.3   Die Partizipativen – auf Augenhöhe mit den Mitarbeitern entwickeltes Gehaltsmodell bei elobau

Entscheidungen sollten da fallen, wo sie auftreten und nicht eine oder zwei Ebenen darüber. Die Betroffenen wissen am besten, was schlau und richtig ist.
Michael Hetzer, Geschäftsführer von elobau

»Ende 2019 wird es meine heutige Rolle nicht mehr brauchen und eine Personalabteilung in der aktuellen Form vermutlich auch nicht«, sagt Norbert Christlbauer, Personalleiter von elobau. Diese Erkenntnis reifte in dem 48-jährigen Vollblut-Personaler, der mit 30 seine erste HR-Leitungsposition übernahm, als er gemeinsam mit der Geschäftsführung und Mitarbeitern in der Produktion ein neues Gehaltsmodell aus der Taufe hob. Seit sechs Jahren ist er bei elobau – und hat dort ganz klassische Personaleraufgaben übernommen: Recruiting, Weiterbildung, Personalverwaltung und Gehaltsgestaltung, alles Dinge, die er von der Pike auf gelernt hat. Wie kommt ein Vollblut-Personaler dazu, an seinen Grundfesten zu rütteln?

elobau ist ein familiengeführtes Stiftungsunternehmen mit weltweit rund 850 Beschäftigten mit Sitz in Leutkirch im Allgäu. Hier entwickeln und fertigen die Mitarbeiter in zwei Werken Sensorik für den Maschinenbau und Fahrzeugsysteme für die Nutzfahrzeugbranche – etwa Bedienelemente wie Joysticks und Multifunktionsgriffe für Traktoren. Die Geschäftsführung legt nicht nur großen Wert auf Nachhaltigkeit der Produkte, sondern auch auf eine freundliche Partnerschaft mit den Mitarbeitern. Viele Firmen schreiben sich die Maxime »der Mensch im Mittelpunkt« in die Hochglanzbroschüren. Doch hier weht wirklich ein etwas anderer Wind – ein allseits freundliches Hallo in den Fluren ist dafür nur ein Indiz. Die Führung durch die Produktionsstätten übernimmt zum Beispiel die Auszubildende Marion Eugler. Geduldig erklärt sie Laien, wofür die Bauteile bestimmt und welche Schritte für die Fertigung nötig sind. Die Beschäftigten in der Produktion zeigen stolz ihre Produkte und wirken keineswegs gehetzt, auch wenn sie mit ihren Lieferungen etwas hinterherhinken. Mittags steht für viele Mitarbeiter ein Besuch im »Esszimmer« auf dem Plan, der neuen Kantine auf dem Gelände des früheren Schlachthofs. Hier werden alle Gerichte direkt vor Ort frisch zubereitet und kommen in Bio-Qualität und nach Möglichkeit aus fairem Handel auf den Teller.

Neues Gehaltsmodell aus vier Elementen

Bisheriger Höhepunkt der mitarbeiterzentrierten Kultur ist jedoch ein neues Gehaltsmodell für die rund 400 Produktionsmitarbeiter, das aus vier Elementen besteht:

1. Entgeltstufen, die das Monatsgehalt bestimmen: Der Vorgesetzte macht mit dem Mitarbeiter zusammen jährlich die Einstufung. Im Dialog klären sie, was der Mitarbeiter tun müsste, um in die nächste Gehaltsstufe zu kommen. Es besteht die Möglichkeit, die Einschätzung des Vorgesetzten zu hinterfragen und ins Eskalationsgespräch zu gehen. Dafür können die Mitarbeiter bis zu zwei Kollegen hinzuziehen, um ihre Argumentation zu untermauern.

2. FMK-Anteil (füreinander, miteinander, kundenorientiert): Bis zu 10 Prozent des Gehalts kommen bei diesem Gehaltsbestandteil auf das Grundgehalt oben drauf. Gemeinsam mit dem Abteilungsleiter legen die Beschäftigten fest, wie stark sie sich in diesem Sinne eingebracht haben. Auch hier dürfen sie bis zu zwei Kollegen mitnehmen, die Feedback geben.
3. Erfolgsbeteiligung für Qualität und Liefertreue: Ziel ist es, eine Liefertreue von 95 Prozent zu erreichen. Für jeden Prozentpunkt ab dieser Grenze gibt es eine Summe x für alle Mitarbeiter, auch diejenigen, die nicht in der Produktion arbeiten. Zudem möchte elobau Qualitätskosten reduzieren – zum Beispiel für Reklamation, Erstattungen, Nachlieferungen oder Nacharbeiten. Gelingt eine Kostenreduzierung um einen vorher festgelegten Wert, erhalten alle Mitarbeiter die anderen 50 Prozent der Erfolgsbeteiligung.
4. Gewinnabhängige Jahreserfolgsprämie, früher waren das x Prozent vom Jahresgehalt, jetzt bekommt jeder unabhängig von der Position gleich viel.

Dieser Ansatz erscheint zunächst nicht allzu überraschend und unüblich. Ungewöhnlich ist weniger diese Lösung, sondern der Weg dahin: hierarchiefreies Arbeiten in einer eigenen Projektgruppe. »Schon mein Vater war für seine Generation eigentlich eher untypisch. Er war zwar ein Patriarch und wenn man in Ungnade gefallen ist, konnte es das Aus bedeuten. Aber er hat den Mitarbeitern, denen er vertraute, auch viel Spielraum gelassen«, findet Michael Hetzer, der seit 2003 nach dem plötzlichen Tod des Vaters das Unternehmen komplett übernahm. Seither hat sich viel verändert, nicht nur, dass er die Firma in eine Stiftung überführt hat. Auch in Sachen Führung hat er die Schraube weitergedreht: Er möchte den Mitarbeitern mehr Verantwortung überlassen. »Entscheidungen sollten da fallen, wo sie auftreten und nicht eine oder zwei Ebenen darüber. Die Betroffenen wissen am besten, was schlau und richtig ist«, so der Geschäftsführer.

> *Unsere Begleiter haben gesagt: ›Wir heben den Schatz den ihr schon habt:*
> *Alles, was Ihr braucht, ist bei Euch im Unternehmen.‹*
> *Das klang cool und traf den damaligen Nerv.*
> Norbert Christlbauer, Personalleiter von elobau

Dass ein neues Gehaltsmodell für die Produktion zum Pilotprojekt für eine neue Form der Zusammenarbeit werden sollte, war nicht selbstverständlich. Der Auslöser war zunächst ein anderer: Mehrmals in Folge brachte eine Mitarbeiterbefragung schlechte Werte beim Thema Entlohnung. Befragungsexperten beschwichtigten: Die Menschen seien nie mit ihrem Lohn zufrieden, wenn man sie danach frage. Michael Hetzer bohrte trotzdem nach. Es gab konkrete Hinweise, dass das Gehaltsmodell in die Jahre gekommen war. elobau hatte damals ein Prämienlohnmodell, das zu Zeiten der Einzelplatzfertigung entstand. Heute werden die Produkte und Systeme jedoch immer komplexer; der Herstellungsprozess ist ganzheitlicher. Es kommt neben der Stückzahl ebenso auf Qualität und Lieferzeitpunkt an. Die Mitarbeiter bauen nicht nur die einzelnen Teile, sie setzen sie auch zusammen, prüfen und verpacken sie und geben sie nach draußen. Eine Person ist nicht mehr in der Lage, alle Arbeitsgänge allein zu erledigen. In einer Insel arbeiten drei bis sieben Leute zusammen. Ist eine Person etwas langsamer oder weniger akribisch, sind alle betroffen. Das alte Gehaltssystem berücksichtigte diese Arbeitsweise nicht. Es kam zu unerwünschten Auswüchsen: Wer sich gut mit dem damaligen Produktionsleiter verstand, konnte Deals aushandeln und sein Gehalt mit Prozenten aufwerten. Die Mitarbeiter fokussierten sich auf ihre eigenen Anteile, die Arbeit in der gesamten Gruppe rückte in den Hintergrund. Das wollte Michael Hetzer ändern.

Auf der Suche nach einer neuen Lösung…
Zunächst versuchte es elobau mit klassischen Beratern. »Sie kamen mit einer Präsentation, die auch auf einem Overhead-Projektor hätte laufen können«, erinnert sich der Firmenchef. Die vorgeschlagene Lösung war ein Prämienmodell für Gruppenarbeit: Nach einem Kennzahlensystem erhält der Mitarbeiter Punkte für verschiedene Leistungen. Am Ende soll so ein objektives Bewertungsmodell entstehen. »Dabei gibt es jedoch immer jemand, der einen irgendwie beurteilt. Wie soll das gerecht sein, insbesondere wenn die Mitarbeiter sich nicht zur Wehr setzen können. Das war zumindest für uns nicht der richtige Weg«, so der Geschäftsführer. Der nächste Versuch lief über eine Hochschule. Studenten sollten einen Gesamtblick auf neue Entwicklungen beim Thema Vergütung haben, so der Gedanke. Doch letztlich kamen sie zu dem gleichen Ergebnis wie die Berater. Persönliche Empfehlungen brachte das Unternehmen dann mit den Gründern von VORSPRUNGatwork in Kontakt. Von ihnen kam der Vorschlag, gemeinsam mit den Mitarbeitern eine Lösung zu erarbeiten. »Das waren so komische Vögel und das meine ich positiv«, betont Personalleiter Norbert Christlbauer, der sich anfangs auch ein Gehaltsmodell von der Beratungsstange hätte vorstellen können. »Sie haben offen gesagt, dass sie noch nie ein Gehaltsmodell gemacht haben. Ihre Devise: ›Wir heben den Schatz, den Ihr schon habt: Alles, was Ihr braucht, ist bei Euch im Unternehmen.‹ Das klang cool und traf den damaligen Nerv.«

Gemeinsam mit den Mitarbeitern sollte nun das neue Gehaltsmodell entstehen. Geschäftsführer, Personalleiter und Produktionsleiter waren gesetzt für die Projektgruppe. Es brauchte jedoch auch Mitarbeiter, die freiwillig mitmachten. Per Aushang, E-Mail und in der Mitarbeiterzeitung startete ein Aufruf. »Ich habe das über die Osterfeiertage in der eloZEIT gelesen und dachte mir, zicken kann jeder, aber man muss sich auch trauen – und ich kann die Gosch aufmachen«, erzählt Iris Strobel, die seit sechs Jahren in der Fertigung bei elobau arbeitet und ursprünglich als Zeitarbeiterin anfing. Zunächst meldeten sich allerdings neben ihr nur zwei weitere Kolleginnen. Ein enttäuschendes Feedback auf die Initiative. Der Grund für die Zurückhaltung vieler Kollegen: Sie hielten das Ganze für eine Show. Die Lösung habe man doch schon längst in der Schublade.

Hierarchiefreies Arbeiten – wie geht das eigentlich?

»Ihr kommuniziert nur anonym, schriftlich über E-Mails und Aushänge. Geht doch mal vor Ort zu den Leuten hin und stellt Euer Projekt vor«, schlugen die Begleiter von VOR-SPRUNGatwork vor. Die Idee griff das Kernteam mit einer Besonderheit auf: Im Tandem liefen die sechs Teammitglieder durch die Firma. Nicht die Chefs, sondern die Mitarbeiterinnen hatten das Wort – eine erste Demonstration, dass es nicht um Hierarchien ging. »Die Chefs standen nebendran und durften nichts sagen. Wir haben ihnen einen Maulkorb gegeben«, so Iris heute. Dabei sei ihr zuerst gar nicht wohl gewesen, sie habe nicht mehr schlafen können, so aufgeregt war sie. Doch das legte sich schnell. Über den Flurfunk wussten bald alle Kollegen Bescheid. »Das war eine enorme Veränderung. Wir haben damit Impulse gesetzt, die irritierten, weil das System nicht das erlebte, was es erwartet hatte«, so Norbert. »Das war eines der Dinge, die neu waren.«

Nachdem die Tandems durch die Firma liefen, fanden sich 56 Freiwillige. Eine Projektgruppe, die Ergebnisse erarbeitet – mit so vielen Personen war das nicht händelbar. Deshalb sollte das Ursprungsteam eine Auswahl treffen, anonym, nach Tätigkeit, Geschlecht, Alter, Lohngruppen, Betriebs- und Werkszugehörigkeit sowie Einzel- und Gruppenarbeitsplatz. Ziel war es, eine möglichst hohe Diversität zu erreichen. Insgesamt 14 Mitarbeiter kamen auf diese Weise ins Projektkernteam und waren dann fest bei der Entwicklung des neuen Lohnmodells dabei. Doch auch alle anderen Freiwilligen hatten weiterhin die Möglichkeit, sich zu beteiligen: 17 Plätze gab es für Hospitanzen – je nach Interesse konnten sich die Mitarbeiter für einzelne Arbeitsgruppen melden. Weitere 25 Beschäftigte bildeten das Sounding-Board: Zwischenergebnisse und komplette Protokolle fanden hier einen Resonanzboden. Die Idee: Wie bei Design Thinking sollte ständig Feedback der internen »Kunden« in den Entwicklungsprozess mit einfließen. Auch als die Gremien schon ihre Arbeit aufgenommen hatten, blieb die Mitarbeit freiwillig: Die Beschäftigten konnten jederzeit aussteigen.

> *Die Chefs mussten auch mal schlucken, wenn wir erzählten,*
> *was in der Firma alles passiert.*
> *Vor allem unser Geschäftsführer hat das aufgesaugt wie ein Schwamm.*
> Iris Strobel, Mitarbeiterin in der Fertigung von elobau

Die Zusammenarbeit im Projektkernteam begann auf der Dachterrasse in Werk 2. Die Teammitglieder mussten sich zunächst kennenlernen und gegenseitiges Vertrauen entwickeln. Am Anfang war noch eine gewisse Scheu da. Teamspiele sollten helfen, diese zu überwinden. Da war zum Beispiel die Marshmallow-Challenge. Die Gruppe bekam zehn ungekochte Spaghetti, Kleber, Papier, Bindfaden und ein Marshmallow. Die Aufgabe: mit dem spärlichen Material den höchst möglichen Turm bauen. Auf das Ergebnis kam es nicht an. Vielmehr sollten die Teammitglieder soziale Dichte schaffen, Rollen über Bord werfen, angstfrei jenseits von Hierarchien agieren können. »Zuerst haben einige immer wieder gefragt: ›Darf ich das sagen?‹ Und wir: ›Ja klar, sag's halt!‹

Da war schon noch viel Zurückhaltung und Abtasten«, gibt Norbert Christlbauer zu. »Am Anfang beobachteten außerdem alle genau, was der Geschäftsführer sagt.«

Gemeinsam waren Mitglieder des Projektkernteams auf einer New-Work-Veranstaltung und der Moderator erklärte: »Wir duzen uns hier, wenn Ihr kein Problem damit habt.« »Da mussten wir von jetzt auf gleich ›Du‹ zu unseren Chefs sagen. Das war schon ungewohnt«, sagt Iris. Ihr sei es anfangs auch schwergefallen, sich selbst nicht nur als Zeitarbeiterin zu sehen. »Ich dachte immer noch, ich habe da einen Stempel auf der Stirn.« Doch nun konnte sie sich für andere Zeitarbeiter einsetzen und ihnen eine Stimme geben.

1 + 1 = 3 – die Summe der Fähigkeiten zusammenbringen

Um begreiflich zu machen, dass Führungskräfte auch nur Menschen sind, gingen die Teamspiele im Projektkernteam zudem ins Persönliche. Die Mitarbeiter klebten sich Zettel auf den Rücken mit drei Aussagen über sich selbst – zwei richtigen und einer falschen. Damit liefen sie durch den Raum und die anderen mussten die Falschaussage markieren. Es gab Runden, bei denen jeder frei über die anderen spekulieren durfte: Zunächst stand da ein leeres Flipchart, das sich langsam mit den Annahmen der anderen füllte. »Führungskräfte werden als Amtsträger betrachtet. Die Mitarbeiter sehen nicht unbedingt, dass das Menschen sind, die eine persönliche Geschichte haben und bei denen auch nicht immer alles glatt läuft«, sagt Norbert. »Es gibt viele unentdeckte Seiten, die wir mit ins Unternehmen reinholen wollten. Wir sind mehr als Geschäftsführer, Personalleiter oder Produktionsmitarbeiterin.« Auch der Chef erzählte seine persönliche Lebensgeschichte. Das stellte eine andere Arbeitsatmosphäre her, bewusst auf Augenhöhe.

Viele Entwicklungen aus der Zeit hatten nicht direkt etwas mit dem Gehaltsmodell zu tun. Unerkannte Stärken tauchten auf, etwa als eine Mitarbeiterin aus der Produktion die Gabe entdeckte, vor Publikum zu präsentieren. Zu verstehen, warum die anderen so sind, wie sie sind – das war dennoch kein leichter Prozess. Die Chefs mussten schlucken, wenn sie erfuhren, was die Mitarbeiter bewegt. »Das kann nicht sein, dass das in diesem Unternehmen passiert«, so ein häufiger Ausspruch des Geschäftsführers. Er habe darauf aber immer reagiert und Dinge verändert, beteuert Iris. »Michael Hetzer hat das aufgesaugt wie ein Schwamm. Ich habe einfach mal so dahingesagt, dass es in einer anderen Firma bei Samstagsschichten immer eine Brotzeit gibt. Am nächsten Samstag hatten wir das auch.«

Offen sprachen die 14 Mitglieder des Projektkernteams darüber, was jeder in das neue Lohnmodell einbringen könnte. Die einzelnen Fähigkeiten sollten zusammen mehr ergeben als die Summe. 1 + 1 = 3 – so die Devise. Zwei bis drei Monate ließ sich das Team Zeit, um sich kennen zu lernen – acht Tage allein, um Arbeitsfähigkeit herzustellen. Dafür waren die Beschäftigten etwa 20 Prozent ihrer Arbeitszeit freigestellt.

Ein gerechtes Gehalt gibt es nicht. Aber es sollte transparent sein.
Norbert Christlbauer, Personalleiter von elobau

Danach begann die Phase der Modellentwicklung mit agilen Methoden. Das war zunächst reine Theorie. Es ging darum, eine Philosophie zum Thema Gehalt zu entwickeln. In bestimmten Wochen nahmen sich die elobau-Leute konkrete Arbeitspakete vor und spannen Ideen. Sie besuchten andere Unternehmen, um von ihnen zu lernen. »Jedes System hat Ecken und Kanten, unseres auch. Besuche bei anderen Unternehmen haben uns darin bestärkt, dass wir vor allem unseren eigenen Weg finden müssen«, so Norbert. Die Projektgruppe holte sich Rückmeldung vom Sounding-Board oder von weiteren Mitarbeitern. Oftmals musste das Team Ideen wieder verwerfen. »Das war Design-Thinking kombiniert mit Sprint-Logiken: Fail fast, testen, zurückkommen und neu denken«, so Norbert.

Anfangs war etwa ein faires Gehalt Thema. »Ein gerechtes Gehalt gibt es gar nicht«, meint Norbert. »Wir versuchen uns immer gleich zu machen, auch mit unserem neuen Gehaltsmodell. Doch trotz gleichem Job, sind wir alle komplett verschieden.« Ein faires Gehalt sei aber schon möglich. »Es sollte transparent sein, so dass man nachvollziehen kann, wie es sich zusammensetzt.« Neben Transparenz spielte auch das favorisierte Menschenbild eine Rolle. Hier landete elobau bei der Theorie von McGregor, dem Y-Menschenbild[114] – getrieben von der Geschäftsführung. Die Projektmitglieder wollten ein Vergütungssystem, das auf der Annahme basiert, dass Menschen von Grund auf gern etwas leisten wollen.

Die Werteauktion wird eröffnet …
Für derartige Basisthemen machte das Projektkernteam beispielsweise eine Werteauktion: Jeder hatte 2 000 Einheiten, konnte für Werte bieten und sie ersteigern. Die Freiwilligen diskutierten auch konkrete Ansätze: Wie wäre es, wenn jeder sein Gehalt selbst festlegt und alle Gehälter der einzelnen Mitarbeiter öffentlich wären? Das kam nicht an, vor allem die komplette Gehaltstransparenz nicht. »Viele denken immer noch, es geht die anderen nichts an, was man verdient. Außerdem spielt auch der Respekt mit rein, was absolute Transparenz im Unternehmen auslösen würde. Das traut man sich nicht zu«, hat Norbert Christlbauer beobachtet. Im jetzigen Stadium des Unternehmens kann er sich das auch nicht recht vorstellen. Darauf müsse die Organisation noch besser vorbereitet sein. Nur Transparenz beim Gehalt – da fehle noch »so viel Transparenz darum herum«. Etwa wenn Kollegen des Personalleiters sehen, dass er erst nach 8 Uhr morgens ins Büro kommt, während sie schon seit 6 Uhr da sind. Was an Information fehlt: Norbert bleibt auch oft mal bis 19 Uhr.

---

114 McGregor, Douglas: The Human Side of Enterprise. McGraw-Hill, New York 1960.

Gleicher Lohn für gleiche Arbeit – das war den Mitarbeitern am wichtigsten. Den »Nasenfaktor« sollte es nicht mehr geben. In der Philosophie von elobau war bereits vorher die Idee vom Füreinander und Miteinander verankert. Im Laufe des Projekts kam noch die Kundenorientierung dazu. »Wir haben ganz oft darüber gesprochen, was unser Lohnsystem dem Kunden bringt. Jeder sollte sich überlegen, was Wertschöpfung in seinem Sinne bedeutet. Dabei entstand das Bild vom Kunden, der irgendwo oben auf der Schaukel sitzt und einem bei der Arbeit zuschaut«, so Norbert. »Da ging es in der Projektgruppe ganz stark darum, was macht uns aus. Heraus kamen 20 Ankerpunkte – von Nachhaltigkeit über Weiterbildung bis hin zu, ich bleibe zu Hause, wenn ich krank bin.«

> *Teilweise haben uns die Kollegen wirklich böse Sachen an den Kopf geworfen.*
> *Vielleicht war auch ein bisschen Neid dabei.*
> Iris Strobel, Mitarbeiterin in der Fertigung von elobau

So näherte sich das Projektkernteam in einem geschützten Raum der Thematik. Ganz unproblematisch war das nicht. Immer wieder konnten sie erproben, wie sich auf Augenhöhe ohne Hierarchien kommunizieren lässt. Die Arbeitswelt um sie herum war aber noch immer die gleiche. Ein Konflikt, nicht nur für diejenigen, die dabei waren. Da hieß es, »die machen da oben auf der Dachterrasse so Spielchen und trinken Kaffee«. Von einer Lösung war lange nicht die Rede – circa ein Jahr lang spielten konkrete Gehaltshöhen keine Rolle. »Das war für viele nur schwer auszuhalten«, erklärt Norbert.

»Teilweise haben uns die Kollegen wirklich böse Sachen an den Kopf geworfen. Sowas wie: ›Die Chefs haben Euch doch bestochen!‹ oder ›So kann man auch Überstunden machen‹. Vielleicht war da auch ein bisschen Neid dabei. Aber die anderen hätten sich ja auch melden können statt rumzuzicken«, so Iris. Bedauerlich fand sie, dass die Kollegen teilweise ihren Einsatz wenig wertschätzten. An Tagen, an denen Projektsitzungen stattfanden, begann sie bisweilen schon morgens um 6 Uhr, um sich nach drei Stunden in der Produktion noch einmal acht Stunden den Kopf über das künftige Lohnmodell zu zerbrechen, intensiv zu diskutieren und um inhaltliche Themen zu ringen. »Aber von Meeting zu Meeting haben wir ein dickeres Fell gekriegt. Wir haben zusammengehalten und das haben auch die anderen gemerkt.«

Der Vertrauensaufbau im Gesamtunternehmen fiel dennoch schwerer als in der Projektkerngruppe. Die Informationen waren zwar immer für alle zugänglich – über Hospitanzplätze, das Sounding-Board und einen eigenen Blog. Dort berichteten die Beteiligten zum Beispiel über Besuche bei anderen Unternehmen wie allsafe, die sie zur Inspiration für das Gehaltsmodell besuchten. Teilweise fanden die Projektbesprechungen mitten in der Produktion statt und nicht hinter verschlossenen Türen. Doch immer wieder gab es Diskussionen. Warum die Kommentarfunktion auf dem Blog nicht anonym sei, hieß es da etwa. »Irgendwann haben wir einen anonymen Gastzugang zugelassen, weil wir gemerkt haben, die Leute sind es einfach noch nicht gewohnt, so offen zu kommunizieren«, so Norbert.

Zahlen im Spiel: Des einen Freud, des anderen Leid

Erst ganz am Schluss des Projekts, als der Ablauf der Gehaltsfindung schon klar war, kamen Zahlen ins Spiel. Michael Hetzer gab nur eine Vorgabe: Das neue Modell sollte zur Einführung nicht mehr kosten als das alte. Dafür hatte er sich sein Vetorecht vorbehalten, das er im Zweifel in Anspruch nehmen konnte, falls eine Entscheidung in dem ganzen Prozess völlig aus dem Ruder laufen sollte. Gebraucht hat er dieses Vetorecht nie, doch er setzte Leitplanken. »Das neue Modell durfte das Gleiche kosten wie das alte und temporär auch etwas mehr. Manche Firmen nutzen einen solchen Prozess ja auch, um Kosten zu sparen. Das wollte ich nicht«, so der Geschäftsführer.

elobau ist nicht tarifgebunden, orientiert sich gleichwohl an marktüblichen Löhnen. Deshalb wurden für die Bestimmung der Grundgehälter viele Quellen angezapft: In stundenlanger Arbeit studierten die Projektmitarbeiter die IG-Metall-Tarife und eine Datenbank mit unabhängigen Gehaltsbenchmarks. Sie tauschten sich mit Unternehmen in der Region aus, was Beschäftigte dort verdienen, und baten auch die Mitarbeiter sich im Bekanntenkreis umzuhören. »Da haben wir viel Arbeit und Hirn hineininvestiert«, so Norbert.

Als die Gehaltshöhen veröffentlicht wurden, sah jeder Mitarbeiter plötzlich, ob er vorher eigentlich zu wenig oder zu viel verdient hatte. Ein Kommunikationsthema. »Wir haben gesagt, ›es ist uns bewusst, dass es da noch Varianzen gibt und wir werden sie anpassen. Das werden wir nicht alles von heute auf morgen umsetzen können‹«, erklärt Michael Hetzer.

Zum 1. Januar 2017 wurde das neue Gehaltsmodell eingeführt. Jetzt zahlt elobau insgesamt zwei Prozent mehr Gehalt aus als vorher. Vorübergehende Mehrkosten waren für den Firmenchef Michael Hetzer dann gerechtfertigt, wenn Mitarbeiter, die vorher zu wenig bekamen, hochgestuft wurden. Das war insbesondere bei den Leuten mit geringerer Betriebszugehörigkeit der Fall. Problematischer erschienen zunächst die Ausreißer nach oben: Etwa 100 der rund 850 Beschäftigten waren betroffen. Um mögliche Gehaltseinbußen zu verhindern, entwickelte elobau einen Anpassungsplan für die nächsten Jahre: Über einen variablen Angleichungsbetrag federte das Unternehmen die Gehälter so ab, dass für keinen Beschäftigten das Gehalt eingefroren wurde oder er gar weniger bekam als vorher. Mitarbeiter, die noch unter dem neuen Standard lagen bekommen bis zu 6,25 Prozent Lohnerhöhung, während die Übersteiger am anderen Ende der Skala auch noch mindestens 0,9 Prozent mehr erhalten. Der Plan sieht vor fünf bis sieben Jahre nach Einführung alle Mitarbeiter auf das neue Niveau anzugleichen.

Ein gewisser Verzicht war dennoch dabei – auch für viele Nicht-Produktionsmitarbeiter. Vorher bekamen sie gemäß ihrem Grundgehalt anteilig die Gewinnbeteiligung. Ihr Vorteil eines meist höheren Verdienstes fällt mit der neuen einheitlichen Prämie für alle nun weg. »Das neue Gehaltsmodell brachte Freude und Leid. Aber für die meisten war das okay, weil das neue System eben gerechter ist«, erklärt Michael. Da elobau keinen Betriebsrat hat, musste das Unternehmen mit jedem Mitarbeiter einen neuen Arbeitsvertrag schließen. Das war freiwillig. Mitarbeiter hatten auch die Wahl, im alten System zu bleiben. 97 Prozent haben unterschrieben, ein guter Wert, findet der Geschäftsführer.

> *Wir wollen keine Karotte mehr, denn es ist nicht Geld, das Mitarbeiter motiviert. Relevanter ist ein klarer Anhaltspunkt zum eigenen Entwicklungsstand.*
> Michael Hetzer, Geschäftsführer von elobau

Die genaue Gehaltshöhe jedes einzelnen Mitarbeiters sei zwar nun nicht mit der exakten Summe öffentlich, aber in ein paar Jahren dennoch transparent, wenn einmal alle Gehälter auf die neuen Gehaltsstufen angeglichen seien. »In der gleichen Rolle müssen die Mitarbeiter gleich verdienen, da darf es keine Varianz geben. So weiß man auch, was die Kollegen in einer bestimmten Position verdienen – bis auf die FMK-Prämie. Aber der Anteil ist ja eher gering, maximal 10 Prozent«, so Michael. Wichtiger sei ihm, dass in dem neuen Gehaltsmodell auch die persönliche Entwicklung des Mitarbeiters zum Tragen komme. »Wir wollen keine Karotte mehr, denn es ist nicht Geld, das Mitarbeiter motiviert. Relevanter ist ein klarer Anhaltspunkt zum eigenen Entwicklungsstand.« Dies sei bei der Einstufung der Grundgehälter der Fall und auch beim FMK-Gespräch. Die Mitarbeiter erhalten zu jedem der 20 Ankerpunkte eine Einschätzung, wo sie stehen.

Obwohl das neue Gehaltsmodell schon bald in die zweite Runde der jährlichen Gehaltsgespräche geht, kommt es in den Köpfen der Mitarbeiter erst jetzt langsam an. Manche sagen, »ach, ich darf jemand mit ins Eskalationsgespräch nehmen, das galt nicht nur im ersten Jahr?«. Es ist also noch Aufklärungsarbeit nötig. »Heute wird aber schon viel mehr darüber geredet und diskutiert als früher«, hat Iris beobachtet. Durch die Meetings bekam sie von den Chefs vieles mit, was ihren Blickwinkel verändert hat. »Ich mache mir mehr Gedanken über die Firma. Es passiert mir, dass ich zu meinen Kollegen sage, ›hey, denkt dran, da oben sitzt der Kunde auf der Schaukel.‹ Gerade sind sie an ihrer Insel weit entfernt von Liefertreue. Schuld sind Grippewelle, hohe Nachfrage, Teile, die fehlen, Zulieferer, die kein Material hatten. »Das ärgert mich nicht wegen der Prämie, weil mir da Kohle flöten geht, sondern weil wir manchmal kein Land mehr sehen. Eigentlich bin ich lieber im Vorlauf«, so Iris. Gleichzeitig ist das Füreinander und Miteinander nun aus ihrer Sicht stärker geworden. »Man kann jetzt auch mal woanders aushelfen, ohne dass man krumm angeschaut wird.« Vieles ist normaler geworden, etwa dass der Chef bei ihr in der Produktion anruft. Früher posaunten ihre Kollegen das laut durch die Werkshalle, »Iris, der Chef für Dich!«, heute heißt es einfach, »Iris, Telefon!«.

Führungskräfte am Ende der Informationskette – ein neues Gefühl

Ein Umdenken brachte das Projekt auch für Führungskräfte. Viele von ihnen waren nicht im Projekt und zunächst die »Informationsempfänger«. »Wir haben den Spieß umgedreht, dass die Abteilungsleiter zunächst die Unwissenden waren. Wenn sie etwas über den Stand des Projekts wissen und die Protokolle nicht lesen wollten, mussten sie bei Produktionsmitarbeitern wie Iris nachfragen. Erst bei der FMK-Entwicklung, haben wir sie in die Meetings geholt«, so Norbert. »Auch die Führungskräfte müssen bereit sein, loszulassen. Meine Vision ist, dass wir noch an Agilität zulegen«, so Michael Hetzer. Seine Tür sei immer offen, gerne kämen auch Mitarbeiter aus der Produktion mal bei ihm auf einen Espresso vorbei. Aber er möchte nicht, dass sie wegen kleinster Entscheidungen bei ihm aufschlagen. Führungskräfte seien wie Regisseure. So heißen sie bei der Firma Tele Haase. »Am Anfang habe ich das etwas belächelt, aber das Bild hat etwas: Ein Regisseur schaut ja auch, dass der Film rechtzeitig fertig wird. Zwischendurch muss er die Diva einfangen, die dauernd vom Set wegspringt, oder zwischen Schauspielern vermitteln, die nicht so gut miteinander können. Die Führungskraft hält die Truppe zusammen.«

Jetzt heißt es, dranbleiben

Die Arbeitsgruppe trifft sich noch. Nicht mehr so regelmäßig, aber sie will sich weiterhin anschauen, wie sich das Entlohnungsmodell verändert. Für den Fall, dass irgendwo Probleme auftauchen, hat elobau eine Whatsapp-Gruppe eingerichtet. Darüber lassen sich auch nach Bedarf Meetings einberufen. Norbert Christlbauer findet es wichtig, dass das Gehaltsmodell nicht die nächsten zehn Jahre in Stein gemeißelt bleibt. »Vielleicht ist irgendwann die Zeit reif, Gehaltshöhen der Mitarbeiter zu veröffentlichen oder das Gehaltsmodell mit dem FMK-Anteil auf alle Mitarbeiter anzuwenden«, so der Personalleiter. »Wir haben vieles neu und anders gemacht. Jetzt müssen wir dranbleiben und aufpassen, dass wir nicht in alte Gewohnheiten verfallen, die sich Stück für Stück die neuen Dinge wieder zurückholen. Da ist jeder in der Verantwortung, ›Stopp!‹ zu sagen.«

Mit dem neuen Modell ist die Gehaltsstaffelung weiterhin recht klassisch und orientiert sich an Ausbildung, Erfahrung und Führungsverantwortung. Es gibt verschiedene Stufen, die bis zum Fachexperten oder zur Führungsaufgabe reichen. Eine höhere Selbstverantwortung der Mitarbeiter spiegele sich noch nicht im Gehalt, so der Personalleiter, aber die Entwicklung könne irgendwann in die Richtung gehen. »Es gibt in der Struktur eine Führungsperson und wenn etwas schiefläuft, muss sie vor der Geschäftsführung den Kopf hinhalten. Diese Verantwortung, letztlich die Konsequenzen zu tragen, das liegt immer noch bei der Führungskraft und hat einen bestimmten

Wert. Ich könnte mir aber schon vorstellen, einen Teil dieser Verantwortung abzugeben und dafür auf Gehalt zu verzichten«, so Norbert. Dass es da einen Wandel geben wird, ist sich auch Michael Hetzer sicher. Er hält es für möglich, dass disziplinarische Personalführung dann nicht immer Teil der Rolle Führungskraft sein muss. Wenn Führung stärker in Rollen abwandere, wäre aus seiner Sicht eine Anpassung beim Gehalt richtig. »Wenn ich diese Funktion zusätzlich habe, dann muss es dafür auch mehr Geld geben.« Vieles sei abhängig davon, was sich im Unternehmen herauskristallisiere. Da möchte er die Bereiche noch mehr sich selbst entwickeln lassen – in ganz verschiedene Richtungen.

> *Ende 2019 wird es meine heutige Rolle nicht mehr brauchen*
> *und eine Personalabteilung in der aktuellen Form vermutlich auch nicht.*
> Norbert Christlbauer, Personalleiter von elobau

Die guten Erfahrungen aus dem Gehaltsprojekt fließen nun in andere Initiativen ein. Eine elobau-Sparte soll sich verselbständigen und zu einer Firma in der Firma werden. Die involvierten Mitarbeiter haben lediglich ein paar Leitplanken und sonst freie Hand, ihre Einheiten so zu bauen, wie sie es brauchen. »Die Mitarbeiter müssen wirklich spüren, dass sie ernst genommen werden und mitentscheiden können. Wir müssen lernen, dass wir das auch zulassen«, so Michael. Eine nächste Bewährungsprobe ist die bald wieder anstehende Mitarbeiterbefragung. Werden die Mitarbeiter das neue Gehaltsmodell tatsächlich honorieren? Nach dem Muster der Gehaltsprojektgruppe hatte elobau eine Arbeitsgruppe, die verschiedene Themen wie Kundenbezogenheit, Transparenz und Führung zur Vorbereitung darauf angeschaut hat.

Auch in der Personalabteilung übt Norbert Christlbauer die neue Arbeitsweise mit seinem Team. Reger Austausch mit den Mitarbeitern ist ihm wichtig, er möchte mehr Offenheit fördern. »Das ist immer mein Aufruf und Appell: Packt die Dinge auf den Tisch, dann können wir sie besprechen. Der Mut, Probleme offen anzusprechen, wird belohnt.« Er wolle keine Personalabteilung mehr, die Regelungen schreibt und Prozesse einführt, die sie dann kontrolliert. Es brauche vielmehr Kümmerer, die andere vorwärtsbrächten. Die Personalabteilung werde mehr Aufgaben in Management, Organisations- und Personalentwicklung übernehmen.

Wenn Norbert Christlbauer auf Veranstaltungen von seinem Unternehmen erzählt, schauen ihn viele mit großen Augen an. Er sagt dann, »doch, das funktioniert«. Er selbst hätte das früher auch nicht gedacht, kommt er doch aus sehr klassisch hierarchischen Organisationen. Mit dem Unternehmen elobau, das immer größer und internationaler wurde, ist er an seinen Aufgaben gewachsen. Heute brennt er für eine andere Form des Arbeitens. »Ich bin kein klassischer Personaler mehr. Mein Weltbild hat sich mit dem Gehaltsprojekt radikal verändert.«

Die Interviewpartnerin von der Gewerkschaft EVG

Regina Rusch-Ziemba, Stellvertretende Vorsitzende der Eisenbahn- und Verkehrsgewerkschaft (EVG)

7.4   Ein Konzern, eine Gewerkschaft und ein ganz neuer Weg – EVG-Wahlmodell bei der Deutschen Bahn

Von einem muss man sich verabschieden, von dem Begriff Lohngerechtigkeit.
Gerechtigkeit ist eine subjektive Wahrnehmung. Was Sie gerecht finden,
finde ich nicht gerecht. Es muss kleinteiliger gedacht werden
und die Rahmenbedingungen dürfen nicht außer Acht gelassen werden.
Regina Rusch-Ziemba, Stellvertretende Vorsitzende
der Eisenbahn- und Verkehrsgewerkschaft (EVG)

Im Rahmen der Vorbereitungen für unser Buch haben wir zahlreiche Gespräche geführt. Dabei sind uns viele New-Pay-Beispiele aus klein- und mittelständischen Unternehmen begegnet. Was die berechtige Frage aufkommen ließ: Gibt es New-Pay-Ansätze auch in großen Unternehmen, oder gar in Konzernen? Die Antwort ist: Ja. Es gibt diese Vorreiter auch bei den Konzernen, beispielsweise die Deutsche Bahn AG.

Im Herzen von Berlin direkt am Potsdamer Platz liegt der im Jahr 2000 erbaute Bahn-Tower, mit Blick auf den Tierpark, das Regierungsviertel und den Berliner Hauptbahnhof. Er bildet den Abschluss des Sony Centers, das ebenfalls zu Anfang der 2000er eröffnet wurde. Hier sitzt die Dachgesellschaft der Deutschen Bahn und hier werden alle wichtigen Konzernentscheidungen getroffen. Weltweit arbeiten für den Konzern 320.000 Menschen – davon allein 198.000 in Deutschland. Damit gehört die Deutsche Bahn zu den größten Arbeitgebern in Deutschland. Der BahnTower war genau der richtige Ort für unser Interview zu einem wegweisenden New-Pay-Ansatz. Diesen Ansatz hat unter anderem die IG Metall aufgegriffen und auf die Verhältnisse der Metall- und Elektroindustrie angepasst.

Die Tarifrunde 2016
Die Verhandlungen der Tarifrunde 2016 zwischen der Eisenbahn- und Verkehrsgewerkschaft (EVG) und dem Deutsche-Bahn-Konzern starteten am 17. Oktober 2016 in Frankfurt am Main. Nach außen gelassen wirkend, herrschte hinter den Kulissen Hochspannung. Wird es im Verlauf der Verhandlungen zu Warnstreiks kommen, oder werden die Verhandlungspartner vorher eine Einigung erzielen? Ein paar Wochen später, in der ersten Dezemberwoche, startete die vierte Verhandlungsrunde. Die Gewerkschaft kündigte im Vorfeld an, dass sie zu allem entschlossen sei. Die zentrale Frage ist damals: Einigung oder Warnstreik? Nur diese beiden Optionen stehen im Raum. »Entweder wir kriegen heute einen Tarifabschluss hin oder wir werden eine deutlich härtere Gangart einschlagen müssen, damit der Arbeitgeber endlich versteht, dass wir eine Spaltung der Eisenbahnerfamilie nicht akzeptieren werden«, so Regina Rusch-

Ziemba, stellvertretende Vorsitzende der Eisenbahn- und Verkehrsgewerkschaft (EVG).[115]

Es beginnt die harte Phase der Tarifverhandlung. Marathonsitzungen sind an der Tagesordnung. Die EVG drängt auf einen Abschluss und erhöht den Druck. Am 12. Dezember ist es dann geschafft, die beiden Tarifparteien haben eine Einigung erzielt. Nach einer letzten Marathonsitzung liegt der neue Tarifabschluss zwischen der Deutschen Bahn und der EVG vor. »Wir haben es geschafft; in langen und zeitweise sehr schwierigen Verhandlungen konnten wir unser Wahlmodell letztendlich doch so durchsetzen, wie wir das wollten«, macht EVG Verhandlungsführerin Regina Rusch-Ziemba deutlich.[116]

Das individuelle Wahlrecht als Kern des Tarifabschlusses

> *Die Eisenbahngewerkschaft EVG und die Bahn AG schließen einen Tarifvertrag*
> *ab, der für andere Branchen beispielgebend sein könnte.*
> Frankfurter Rundschau[117]

Im Ergebnis vereinbarten die Tarifparteien eine Lohnerhöhung von 5,1 Prozent, welche in zwei Stufen ausgezahlt werden sollte. Für die EVG-Mitglieder bedeutete dies eine Lohnerhöhung von 2,5 Prozent ab dem 1. April 2017 sowie weitere 2,6 Prozent für die Zeit nach dem 1. Januar 2018. Laufzeit des Tarifvertrages: 24 Monate. Wie üblich wurde für die Übergangsphase auch eine Einmalzahlung vereinbart. So klingt erst einmal eine Meldung, wie man sie von vielen Tarifverhandlungen gewohnt ist. Doch dieses Mal war etwas anders. Zum ersten Mal in der Tarifvertragsgeschichte haben sich die Tarifparteien auf ein wegweisendes, individuelles Wahlmodell geeinigt.

Das Wahlmodell ermöglicht den EVG-Mitgliedern, in der zweiten Stufe des Tarifabschlusses, also ab dem 1. Januar 2018 zwischen drei Optionen individuell zu wählen:

… 2,6 Prozent mehr Geld oder

… sechs Tage zusätzlicher Urlaub oder

… eine Stunde Arbeitszeitverkürzung

---

115 EVG (2016), Tarifverhandlungen DB AG: EVG erhöht Druck – Warnstreik »der nächste folgerichtige Schritt« – Demo gegen Spaltung, online verfügbar unter: https://www.evg-online.org/dafuer-kaempfen-wir/tarif-politik/news/tarifverhandlungen-db-ag-evg-erhoeht-druck-warnstreik-der-naechste-folgerichtige-schritt-demo-gegen-spaltung/, letzter Aufruf 10.4.2019.

116 EVG (2016), EVG setzt innovativen Tarifvertrag mit Wahlmodell durch – Mehr als 5 Prozent Lohnerhöhung im Volumen, online verfügbar unter: https://www.evg-online.org/dafuer-kaempfen-wir/tarifpolitik/news/evg-setzt-innovativen-tarifvertrag-mit-wahlmodell-durch-mehr-als-5-prozent-lohnerhoehung-im-volumen/, letzter Aufruf 10.4.2019.

117 Sauer, S. (2016), Tarifabschluss – Neuartiges Wahlmodell, online verfügbar unter: https://www.fr.de/wirtschaft/neuartiges-wahlmodell-11069208.html, letzter Aufruf 10.4.2019.

Damit ist der 12. Dezember 2016 ein Meilenstein für den Ansatz von New Pay in großen, tarifgebundenen Unternehmen. Die Frankfurter Rundschau gab am 13. Dezember 2016 dazu folgende Meldung heraus: »Neuartiges Wahlmodell – Die Eisenbahngewerkschaft EVG und die Bahn AG schließen einen Tarifvertrag ab, der für andere Branchen beispielgebend sein könnte.«[118] Und die Frankfurter Rundschau sollte recht behalten: Der damit vorliegende Tarifvertrag hat auch die Tariflandschaft anderer Branchen maßgeblich verändert.

Was im Dezember 2016 schriftlich fixiert wurde, ist in der Zwischenzeit Realität geworden und die ersten Erfahrungen liegen vor. Doch wie es zu diesem ungewöhnlichen Tarifabschluss gekommen?

Wie die Idee zum Wahlmodell entstanden ist
Über den gesamten Entstehungsweg bis zum Tarifabschluss und die damit einhergehenden Erfahrungen haben wir mit der Tarifverhandlungsführerin der EVG Regina Rusch-Ziemba, Stellvertretende Vorsitzende der Eisenbahn- und Verkehrsgewerkschaft (EVG), gesprochen.

Zuvor ein Blick zurück. Im Dezember 1993 beschloss der Deutsche Bundestag die Bahnreform. Ein Ziel der ersten Phase dieser Reform war die Umwandlung von Bundesbahn und Reichsbahn in eine neue, privatrechtliche Eisenbahngesellschaft, der Deutschen Bahn AG, und die Entschuldung des Unternehmens. Ab 1999 startete die zweite Phase der Bahnreform, was unter anderem dazu führte, dass fünf eigenständige Aktiengesellschaften unter dem Dach der Deutschen Bahn entstanden. Auf dem damaligen Programm der Personalabteilungen stand die Sanierung und Konsolidierung des gesamten Konzerns.

Gefragt waren vor allem die Fähigkeiten von Sanierungsspezialisten. Bei der Deutschen Bahn wurde die Sanierung begleitet durch Maßnahmen der Beschäftigungssicherung, Vorruhestandsregelungen, Altersteilzeitmodellen und einem Konzernarbeitsmarkt, inklusive der entsprechenden Vermittlung – alles Elemente, mit denen versucht wurde, die Sanierungskonsequenzen sozialverträglich abzufedern. Hier hatten Gewerkschaften wie die EVG maßgeblichen Anteil daran, dass diese Maßnahmen auch entsprechend umgesetzt wurden. Wie in Sanierungsphasen üblich, wurden zu dieser Zeit kaum neue Mitarbeiter eingestellt. Dementsprechend waren alle Personalabteilungen im Konzern aufgestellt: Die Sanierungsspezialisten waren in der klaren Überzahl.

---

118 Sauer, S. (2016), Tarifabschluss – Neuartiges Wahlmodell, online verfügbar unter: https://www.fr.de/wirtschaft/neuartiges-wahlmodell-11069208.html, letzter Aufruf 10.4.2019.

In der Zwischenzeit hat sich das Bild massiv verändert. 2016 wurden 11.000 neue Mitarbeitende eingestellt, 2018 waren es etwa 19.000 und 2019 sollen sogar 22.000 neue Mitarbeitende bei der Bahn einsteigen. Diese zunehmende Bedeutung der Personalgewinnung und -bindung innerhalb des Konzerns bedurfte nicht nur zusätzlicher Recruiter-Stellen. Die Ausrichtung der Konzernpersonaler musste sich durch diesen Shift um 180 Grad drehen – weg von der Sanierung und den Sozialplänen hin zum Recruiting und Employer Branding, um die Neueinstellungen von 19.000 bzw. 22.000 Mitarbeitenden zu bewerkstelligen. Dies ist vor dem Hintergrund zu lesen, wie angespannt der Markt an Fach- und Nachwuchskräften ist, in dem auch die Deutsche Bahn nun fischt. Und so steht der Konzern bereits seit einigen Jahren mitten im »War for Talents«.

Letztendlich musste auch die Deutsche Bahn an vielen Stellen neue Wege gehen. Dem Trend anderer großer Unternehmen folgend warf die Deutsche Bahn ab 2009 verstärkt den Blick nach innen. Im Fokus der Personalabteilungen standen Fragen wie:
… Welche Bedürfnisse haben unsere Mitarbeiter?
… Was bindet Mitarbeiter an die Deutsche Bahn?

Ein Bedürfnis, das sich dabei sehr schnell zeigte, war der Wunsch nach einem Mitspracherecht bei der Gestaltung der Arbeitszeitmodelle. Dieser Wunsch wurde 2012 im Demografie-Tarifvertrag zwischen der EVG und Deutschen Bahn manifestiert. Gleichzeitig war dies die Geburtsstunde von moderierten Austauschrunden, bei denen Betriebsräte, Mitarbeiter, Arbeitgebervertreter (FK), Einsatzplaner usw. diskutieren, was im Schichtbetrieb machbar ist und was nicht. Ergänzt wurde dieses Vorgehen durch die Einführung von Teilzeit im Schichtbetrieb. Zusammen mit dem Demografie-Tarifvertrag entstand so mehr Gestaltungsspielraum und Mitspracherecht für jeden einzelnen.

Soweit die Vorgeschichte – eine Vorgeschichte, wie sie vielleicht in dem einen oder anderem Konzern so oder so ähnlich abläuft. Mit New Pay hatte das bisher zugegeben wenig zu tun.

Was passieren kann, wenn man mit einer Mitmachgewerkschaft einen neuen Tarifvertrag verhandelt
Als im Herbst 2016 die Tarifrunde bei der Deutschen Bahn anstand, wurde auch der Wertewandel in der Gesellschaft immer sichtbarer und spürbarer für jedes Unternehmen. Themen wie Diversity, Demografie und Digitalisierung bestimmten fast jede Zukunftsdiskussion. Somit war der gesellschaftliche Rahmen vorgegeben und dieser poppte auch in den Vorbereitungen der EVG auf die Tarifrunde auf.

Viele Gewerkschaften legen in einer Tarifkommission die Tarifforderung fest:
Das machen wir nicht mehr.

Wir machen seit 4 Jahren eine Mitgliederbefragung
und unsere Forderung entwickelt sich daraus.
Regina Rusch-Ziemba, Stellvertretende Vorsitzende
der Eisenbahn- und Verkehrsgewerkschaft (EVG)

Die stellvertretende Vorsitzende der EVG, Regina Rusch-Ziemba, ist zuständig für Tarif-, Sozial-, und Frauenpolitik bei der EVG. In dieser Rolle ist sie auch Verhandlungsführerin in den Tarifverhandlungen. In ihrer Vita kann man lesen, dass in ihrer Brust zwei Herzen schlagen: die der Eisenbahnerin und die der Gewerkschafterin. Rusch-Ziemba kam 1974 zur Deutschen Bundesbahn und absolvierte dort eine Ausbildung zur Bauzeichnerin. Nach dem Berufsabschluss arbeitete sie zunächst als technische Angestellte im Signalbüro der Bahndirektion Hamburg. Bereits zu dieser Zeit sammelte sie erste Gewerkschaftserfahrungen in der Jugendvertretung. Später wurde sie dann freigestelltes Mitglied im Personal- und Bezirksrat und Geschäftsführerin der Ortsverwaltung Hamburg-Harburg. Seit 2003 ist sie im Vorstand der EVG.

Anders als viele andere Gewerkschaften sieht sich die EVG als Mitmachgewerkschaft. »Wir machen Zukunftswerkstätten und nehmen unsere Leute mit. Sie sagen uns, welche Themen sie bewegen«, so Regina Rusch-Ziemba. Neben diesen vorbereitenden Zukunftswerkstätten werden zur Vorbereitung der Tarifrunde alle Mitglieder aufgerufen, an einer Mitgliederbefragung teilzunehmen. »Viele Gewerkschaften legen in einer Tarifkommission die Tarifforderung fest: Das machen wir nicht mehr. Wir machen seit vier Jahren eine Mitgliederbefragung und unsere Forderungen leiten sich daraus dann ab«, erklärt Regina Rusch-Ziemba das Vorgehen.

Für die Tarifrunde 2016 fand diese Befragung zwischen dem 24. August und dem 15. September 2016 statt. Dabei wurden die Mitglieder zu den folgenden vier Aspekten befragt:
... Was ist dir wichtiger: Eher Geld oder eher Freizeit?
... Hättest du lieber mehr Urlaub oder eine Arbeitszeitverkürzung?
... Wie wichtig ist dir eine Verbesserung des Altersvorsorgeleistungen?
... Wie wichtig ist dir Qualifizierung und Weiterbildung?

15.000 EVG-Mitglieder beteiligten sich an der Befragung. Im Ergebnis zeigte sich besonders bei den ersten beiden Fragestellungen kein einheitliches Bild. Den Befragten lag bei der ersten Frage sowohl die Lohnerhöhung als auch die Freizeit am Herzen.

Ein ganz ähnliches Bild zeigte sich bei der Frage nach mehr Urlaub oder Arbeitszeitverkürzung. Hier kam man bei der EVG zu der Schlussfolgerung, dass die Lebenssituationen und die Arbeitswelten der Mitglieder in der Zwischenzeit zu unterschiedlich sind, um ein einheitliches Bild zu ergeben.

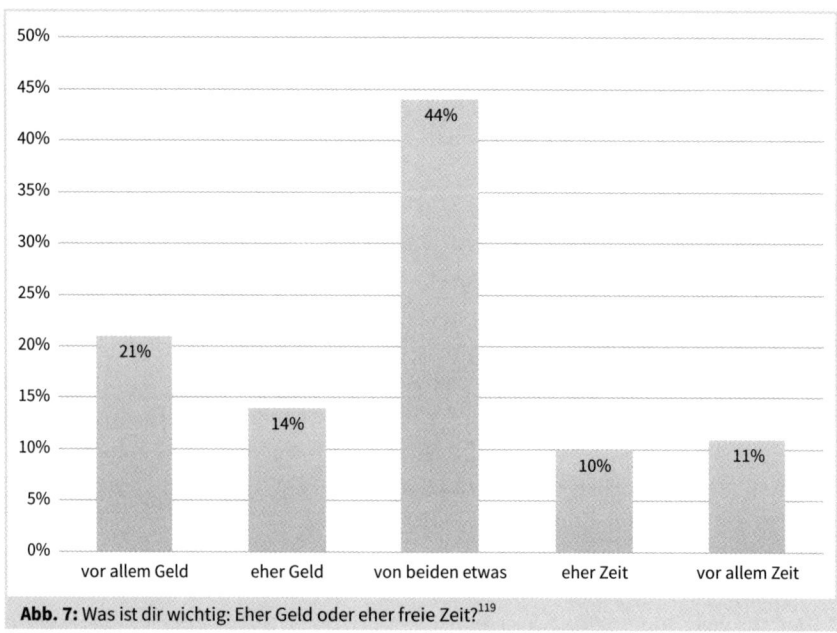

Abb. 7: Was ist dir wichtig: Eher Geld oder eher freie Zeit?[119]

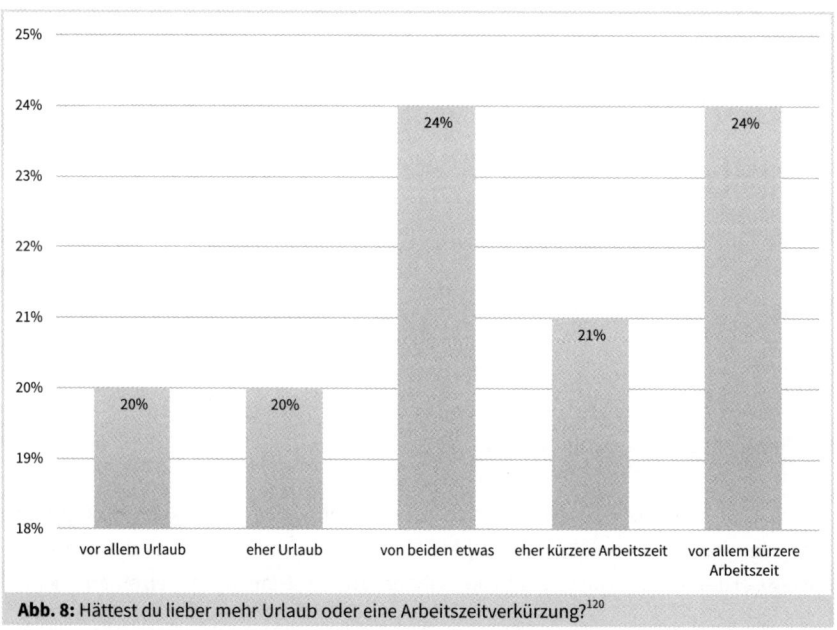

Abb. 8: Hättest du lieber mehr Urlaub oder eine Arbeitszeitverkürzung?[120]

---

119 EVG (2016), EVG-Mitgliederbefragung 2016 – die Ergebnisse, online verfügbar unter: https://www.evg-online.
org/dafuer-kaempfen-wir/tarifpolitik/news/mitgliederbefragung-ergebnisse/, letzter Zugriff 10.4.2019.

120 Ebd.

Von der Mitarbeiterbefragung zu den Forderungen

Somit stand die Frage im Raum, wie man dieses uneinheitliche Befragungsergebnis in eine Tarifforderung umsetzt, ohne eine große Zahl der eigenen Mitglieder zu enttäuschen.

> *Wir müssen ein System schaffen, das jeder versteht,*
> *egal wo und in welcher Position er im Unternehmen arbeitet.*
> Regina Rusch-Ziemba, Stellvertretende Vorsitzende
> der Eisenbahn- und Verkehrsgewerkschaft (EVG)

Für die EVG lag die Lösung auf der Hand. »Der Auftrag, den uns unsere Mitglieder erteilt haben, ist eindeutig. Die Zeiten, in denen nur pauschale Forderungen erhoben werden, sind für eine moderne Gewerkschaft vorbei – EVG-Mitglieder wollen selbst bestimmen und erwarten eine Wahlmöglichkeit bei den Ergebnissen«, so Rusch-Ziemba.[121]

Zur konkreten Forderung führt Rusch-Ziemba weiter aus: »Die einen wollen lieber eine Stunde weniger arbeiten, andere freuen sich über sechs Tage mehr Urlaub und es gibt natürlich auch Kolleginnen und Kollegen, für die es wichtig ist, dass das Lohnplus besonders hoch ausfällt. Für Letztere wollen wir 7 Prozent mehr Geld rausholen; wer mehr Urlaub oder eine Stunde Arbeitszeitverkürzung wählt, lässt sich dafür quasi 2,5 Prozent anrechnen, so dass für sie am Ende die Forderung von 4,5 Prozent mehr Geld steht«, erläutert die EVG-Verhandlungsführerin.[122]

Insgesamt ist die EVG mit 25 Forderungen in die Tarifverhandlung 2016 gegangen. Die Einigung wurde in der fünften Verhandlungsrunde getroffen und damit das erste Wahlmodell in einem Tarifvertrag beschlossen.

Die Umsetzung des Tarifabschlusses

Die erste Stufe der 2,5 Prozent Gehaltserhöhung wurde zum 1. April 2017 umgesetzt. Parallel startete für die zweite Stufe des Tarifabschlusses die Abfrage der Mitarbeiter. Jeder tarifgebundene Mitarbeiter konnte sich nun bis zum 30. Juni zwischen Gehaltserhöhung, Arbeitszeitreduzierung oder Urlaub entscheiden.

> *Wir haben mit dem neuen Wahlrecht ins Schwarze getroffen.*
> *Das Wahlrecht entspricht den Bedürfnissen der Arbeitnehmer*
> *nach der Flexibilisierung ihrer Arbeitsbedingungen.*

---

121 EVG (2016), Tarifverhandlungen DB AG: Auftaktrunde am Montag, online verfügbar unter: https://www.evg-online.org/dafuer-kaempfen-wir/tarifpolitik/news/tarifverhandlungen-db-ag-auftaktrunde-am-montag/, letzter Zugriff 10.4.2019.
122 Ebd.

Es bestätigt den Kurs, den wir mit dem
Demografie-Tarifvertrag 2012 eingeleitet haben.
Ulrich Weber, DB Personalvorstand[123]

Die ersten Erkenntnisse ergaben sich sehr schnell: Mitarbeitende wollen wählen. 137.000 Mitarbeitende wurden befragt, die Wahlbeteiligung lag dabei bei 70 Prozent. Das ist sehr hoch, denn schon vorher stand fest, dass, wer seinen Wahlschein nicht zurücksendet, automatisch die Gehaltserhöhung bekommt. Hinzu kommt, dass die Mitarbeitenden mit einem Lokführertarifvertrag automatisch die Absenkung der Wochenarbeitszeit erhalten, weil diese schon mit der GDL vereinbart wurde. Die hohe Rücklaufquote zeigt, dass ein Teil der Mitarbeitenden aktiv die automatische Fall-Back-Lösung gewählt hat.

Gleichzeitig wurde in der Vereinbarung zum Wahlmodell festgelegt, dass jeder Mitarbeitende seine Wahl alle zwei Jahre verändern kann. Damit bekommt das Wahlmodell für den Mitarbeitenden noch mehr Flexibilität, auf Basis der individuellen Lebensplanung das Wahlmodell entsprechend anzupassen.

Basierend auf dem Modell der lebensphasenorientierten Personalplanung hat sich die Deutsche Bahn intensiv mit den Ergebnissen des Wahlmodells beschäftigt. Die Ergebnisse wurden nach diversen Parametern ausgewertet – und es gab einige Überraschungen. Beispielhaft zeigte sich eine Gleichverteilung über Generationen hinweg. Alle Altersgruppen wollen mehr Urlaub: Im Schnitt liegen sie nahe der 60-Prozent-Marke, wie die nachfolgende Grafik verdeutlicht. Dieses Ergebnis hatte vorher kein Personalexperte erwartet und es strafte weit verbreitete Personalstrategien aus den vergangenen Jahren damit ab. Die Schlussfolgerung aus dem Wahlergebnis liegt auf der Hand: Die starke Unterscheidung der Generationen in der Personalpolitik sollten HR-Abteilungen überdenken oder neu denken.

---

123 Deutsche Bahn (2017), Mehr Geld, weniger Wochenstunden oder mehr Urlaub? DB-Mitarbeiter wählen mehr Urlaub, online verfügbar unter: https://www.deutschebahn.com/de/presse/pressestart_zentrales_uebersicht/DB-Mitarbeiter_Waehlen_mehr_Urlaub-1201380, letzter Zugriff 10.4.2019.

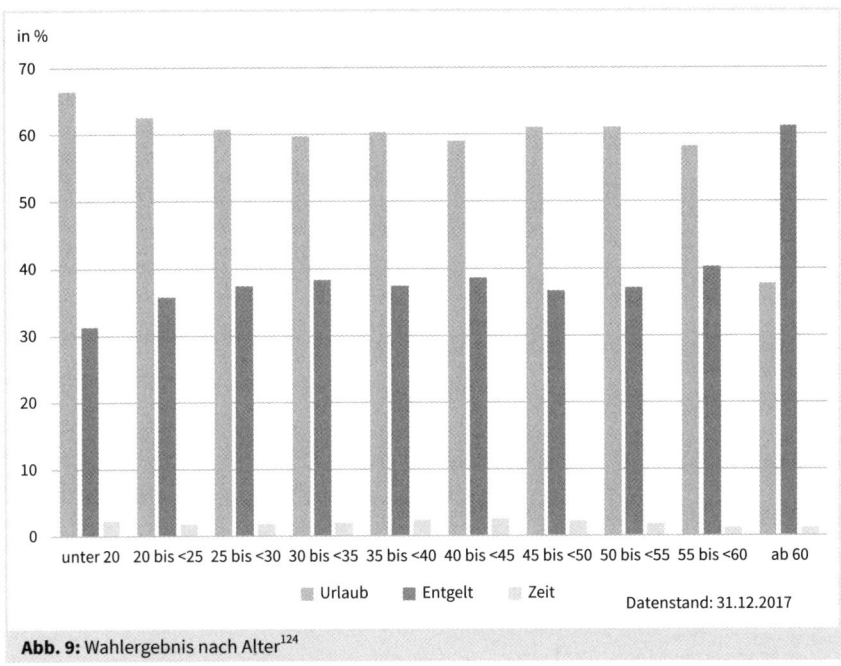

Abb. 9: Wahlergebnis nach Alter[124]

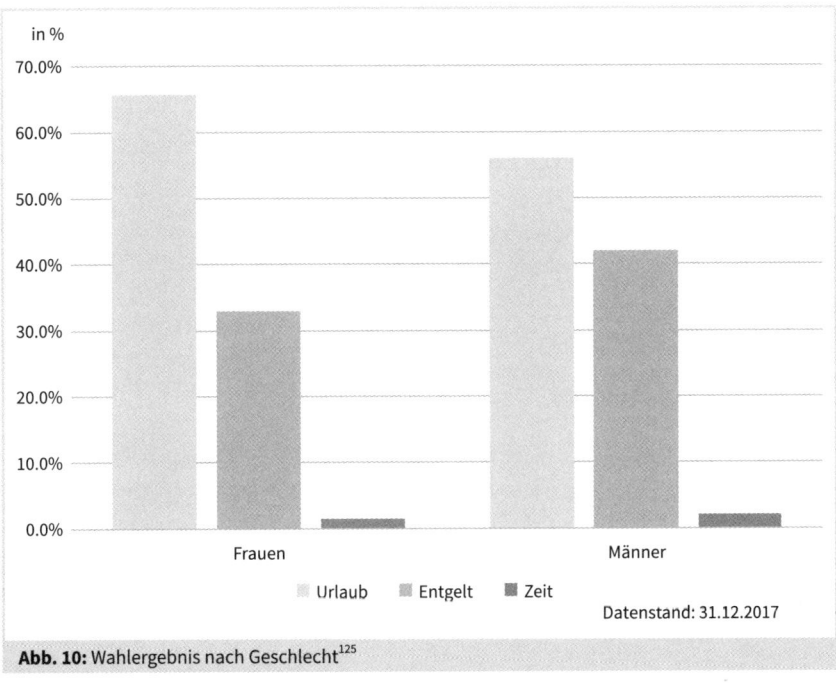

Abb. 10: Wahlergebnis nach Geschlecht[125]

---

124 Deutsche Bahn (2017), Mehr Geld, weniger Wochenstunden oder mehr Urlaub? DB-Mitarbeiter wählen mehr Urlaub, online verfügbar unter: https://www.deutschebahn.com/de/presse/pressestart_zentrales_uebersicht/DB-Mitarbeiter_Waehlen_mehr_Urlaub-1201380, letzter Zugriff 10.4.2019.
125 Ebd.

Zwischenfazit: Die Resonanz zu diesem Modell war überwältigend. Ein Tarifabschluss, der nicht nur von der Presse positiv aufgenommen wurde, sondern auch von anderen Unternehmen und Gewerkschaften. Was Regina Rusch-Ziemba besonders freute, war, dass es nach dem Abschluss deutlich mehr Gewerkschaftseintritte gab. Auch das bestätigt, dass die Einräumung von Wahlmöglichkeiten der richtige Weg ist. Und ja, das Modell hat zwangsläufig auch weitere Arbeitsplätze geschaffen. Denn wenn sich in einem Großkonzern 56 Prozent der Tarifbeschäftigten für sechs Tage mehr Urlaub entscheiden, dann bedeutet das auch Bedarf an zusätzlichen Stellen.

Der Tarifvertrag 2016 läuft aus – Tarifrunde 2018

Der Tarifvertrag mit dem ersten EVG-Wahlmodell lief zum 30. September 2018 aus, somit startete 2018 die nächste Tarifrunde. Die Vorbereitungen auf Seiten der EVG liefen nach demselben Muster wie im Jahr 2016 ab. In vier Zukunftswerkstätten Tarifpolitik wurden die Meinungen und Forderungen der Mitglieder aufgenommen und für die EVG-Mitgliederbefragung aufgearbeitet. Diesmal wurden den Mitgliedern drei Fragen gestellt:

… Was ist Dir, zusätzlich zu einer Entgelterhöhung, wichtig?

… Die betriebliche Altersvorsorge (baV) ist ein wichtiges Thema. Was meinst Du?

… Wie wichtig ist es Dir, dass wir für alle EVG-Mitglieder die Möglichkeiten von »bezahlten Auszeiten« schaffen – und weiterentwickeln?

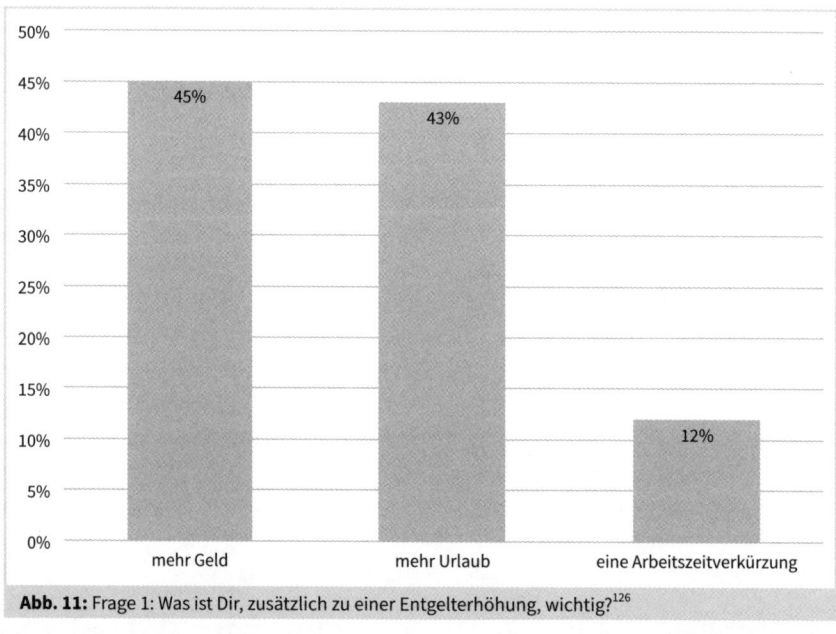

Abb. 11: Frage 1: Was ist Dir, zusätzlich zu einer Entgelterhöhung, wichtig?[126]

---

126 EVG (2018), Mitmachgewerkschaft: Mitgliederbefragung bestätigt Kernforderungen aus der Zukunfts-
     werkstatt, online verfügbar unter: https://www.evg-online.org/mitmachen/kampagnen-und-aktionen/
     mitmachgewerkschaft-mitgliederbefragung-bestaetigt-kernforderungen aus der-zukunftswerkstatt/,
     letzter Zugriff 10.4.2019.

Mehr als 16.000 EVG-Mitglieder beteiligten sich an der Umfrage, also ca. 1.000 Mitglieder mehr als im Jahr 2016. Was eindeutig für diese Vorgehensweise spricht und sicherlich auch an dieser Stelle ein Vorbild für andere Gewerkschaften sein könnte.

Wie Abbildung 11 zeigt, waren auch dieses Mal bei der Frage nach mehr Lohn oder mehr Urlaub keine eindeutigen Tendenzen zu erkennen. Regina Rusch-Ziemba fasst für die EVG zusammen: »Das Ergebnis unserer Mitgliederbefragung zu den Kernforderungen ist klar: Unsere Mitglieder wollen mehr vom EVG-Wahlmodell. Das Interesse auch in der Tarifrunde 2018 noch einmal zwischen mehr Geld, mehr Urlaub oder einer Arbeitszeitverkürzung wählen zu wollen, ist groß«.[127]

Auch die Ergebnisse der Fragen 2 und 3 gingen in die Tarifforderungen ein. So wurde unter anderem eine Erhöhung des Arbeitgeberanteils bei der betrieblichen Altersvorsorge und eine Erweiterung des Zeitguthabenkontos gefordert. Zusammengenommen ist die EVG mit 37 Forderungen in die Tarifrunde 2018 gestartet.

> *Wir konnten eine Lohnerhöhung von insgesamt 6,1 Prozent*
> *in zwei Stufen durchsetzen, einschließlich einem Mehr vom EVG-Wahlmodell.*
> Regina Rusch-Ziemba, Stellvertretende Vorsitzende
> der Eisenbahn- und Verkehrsgewerkschaft (EVG)

Die Verhandlungen gestalteten sich sehr schwierig und sollten dieses Mal auch nicht ohne Warnstreiks über die Bühne gehen. Nach zweimonatigen Gesprächen wurden die Tarifverhandlungen von Seiten der Gewerkschaft abgebrochen. Am Montag, dem 10. Dezember 2018, starteten die Warnstreiks der EVG bei den S-Bahnen, dem Regional- und Fernverkehr sowie bei der Güterbahn, was unter anderem dazu führte, dass die Bahn 90 Minuten nach Beginn des Warnstreiks den kompletten bundesweiten Fernverkehr einstellen musste. Mit dem Warnstreik wollte die EVG ihre Forderungen bekräftigen und entsprechend Nachdruck verleihen. Fünf Tage später war es dann soweit. Eine letzte Marathonverhandlung brachte die Einigung. Regina Rusch-Ziemba fasste das Ergebnis vonseiten der EVG zusammen: »Wir konnten eine Lohnerhöhung von insgesamt 6,1 Prozent in zwei Stufen durchsetzen, einschließlich einem Mehr vom EVG-Wahlmodell.«[128] Das hieß im Detail, dass die Löhne zum 1. Juli 2019 um 3,5 Prozent steigen. Ab dem ersten 1. Juli 2020 wird dann das zweite EVG-Wahlmodell umge-

---

127 EVG (2018), DB AG: EVG fordert 7,5 Prozent einschließlich mehr vom EVG-Wahlmodell, online verfügbar unter: https://www.evg-online.org/mitmachen/kampagnen-und-aktionen/db-ag-evg-fordert-75-prozent-einschliesslich-mehr-vom-evg-wahlmodell, letzter Zugriff 10.4.2019.

128 EVG (2018), 6,1 Prozent mehr Geld einschließlich mehr vom EVG-Wahlmodell – alle 37 Forderungen durchgesetzt, online verfügbar unter: https://express.evg-online.org/ausgabe-05-2018/tarifabschluss-db-ag-2018/, letzter Zugriff 10.4.2019.

setzt. Auch bei diesem Wahlmodell haben die Mitarbeitenden der Deutschen Bahn erneut die Wahl zwischen

… 2,6 Prozent mehr Geld oder

… sechs Tage zusätzlicher Urlaub oder

… eine Stunde Arbeitszeitverkürzung.

Somit werden ab dem 1. Juli 2020 bei der Deutschen Bahn zwei Wahlmodelle parallel laufen.

Wir sind gespannt, welche Unternehmen und welche Gewerkschaften in den nächsten Jahren ähnliche Modelle gestalten werden. Und es wird auch aufregend zu beobachten, was von der EVG und der Deutschen Bahn in der nächsten Tarifrunde kommt. Wir sind überzeugt, dass die EVG ihrem Credo treu bleiben wird, das Regina Rusch-Ziemba wie folgt zusammenfasst: »Wir müssen ein System schaffen, das jeder versteht, egal wo und in welcher Position er im Unternehmen arbeitet.«

Anmerkungen: Wir haben ebenfalls mit der Arbeitgeberseite der Deutschen Bahn AG gesprochen. Der Deutschen Bahn AG war es allerdings wichtig, die gewerkschaftliche Neutralität zu wahren. Diesem Wunsch sind wir nachgekommen und haben deshalb das Interview in diesen Ausführungen nicht berücksichtigt.

Die Interviewpartner von Rheingans

Jana Burdach, Projektleitung/Beratung,
Rheingans Digital Enabler

Lasse Rheingans, Geschäftsführer,
Rheingans Digital Enabler

7.5   Der Fünfstundentag – das radikale Arbeitszeitmodell bei Rheingans Digital Enabler

Mein Eindruck ist, vom Volumen schaffen wir das Gleiche wie bei acht Stunden,
aber das, was wir schaffen, ist besser!
Lasse Rheingans, Geschäftsführer, Rheingans Digital Enabler

In den ersten drei Unternehmensbeispielen haben wir uns sehr unterschiedlichen Vergütungsmodellen gewidmet. Nach dem Einheitsgehalt bei CPP, dem partizipativen Ansatz bei elobau und dem Wahlmodell bei der Deutschen Bahn machen wir nun einen kleinen Exkurs, einen Ausflug zu einem Unternehmen, das in den vergangenen Monaten für ziemliche Furore sorgte. Aber nicht etwa mit seinem Vergütungsmodell, sondern mit einem radikalen Arbeitszeitmodell – dem Fünfstundentag. Warum wir dieses Praxisbeispiel in dieses Buch aufgenommen haben, werden wir an dieser Stelle noch nicht offenlegen. Wir glauben, das wird sich Dir als Leserin oder Leser Seite für Seite erschließen.

Wir haben Lasse Rheingans, Inhaber und Geschäftsführer der Rheingans GmbH, im Sommer 2018 kennengelernt. Damals hatten wir schon eine Vielzahl von Artikeln und Pressemeldungen über ihn und sein Unternehmen gelesen. Wir waren interessiert an seinem radikalen Ansatz und hatten deshalb Kontakt zu ihm aufgenommen. Was uns fast noch mehr faszinierte, war die mediale Aufmerksamkeit, die er für sein Experiment des Fünfstundentags bekam. Bereits innerhalb der ersten neun Monate brachte es die Bielefelder IT-Agentur auf ein Presseecho von über 90 Artikeln in Online- und Printmedien sowie mehreren Berichterstattungen im Fernsehen – und das nicht nur national, sondern auch international.

Lasse ist ein smarter und unkomplizierter Typ. Wir sind gleich beim Du und er führt uns zum Besprechungsraum. Der Raum ist funktional eingerichtet. Weit und breit kein Schnickschnack. An der Wand hängt lediglich ein Whiteboard mit ein paar Kritzeleien darauf. In den ersten Minuten zeigt sich bereits: Lasse nimmt sich selbst nicht zu wichtig. Kein oberflächliches oder verkünsteltes Marketingsprech, mit dem er den Fünfstundentag anpreist. Uns gegenüber sitzt einfach nur Lasse, der sich neugierig unsere Fragen anhört und aus dem Bauch heraus über seine Erfahrungen berichtet. Lasse hatte das Unternehmen, die Agentur »überblick«, im Oktober 2017 mit damals elf Beschäftigten übernommen. Doch neben einem neuen Unternehmensnamen sollte sich für das Team noch deutlich mehr ändern. Nicht einmal einen Monat nach der Übernahme wechselte das Team vom Acht- zum Fünfstundentag und das bei vollem Gehalt. »Zuerst hatte ich vor, das Experiment im darauffolgenden Sommer zu starten. Doch mir wurde bewusst, dass wir so einen Bruch sehr viel besser hinkriegen, wenn die Kollegen mich noch nicht kennen, wenn ich mich selbst im Team noch nicht kenne, wenn die ganzen Prozesse eh auf dem Prüfstand stehen und die Kunden merken, dass ein frischer Wind weht,« so Lasse über die damalige Entscheidung.

Lasse hatte die Jahre davor mit drei Partnern ein anderes IT-Unternehmen in Bielefeld aufgebaut. Im Mai 2017 war er dort ausgestiegen und hatte sich Zeit genommen darüber nachzudenken, wie es für ihn weitergehen sollte. »Ich hatte mir bereits in den letzten beiden Jahren in meiner alten IT-Agentur das Recht herausgenommen, zwei Nachmittage frei zu machen. So hatte ich Zeit für meine Familie und die Kinder. Dabei ist mir aufgefallen, dass ich mein Pensum trotzdem schaffe und das hat mich zum Denken gebracht. Gleichzeitig war ich deutlich entspannter und neben der Zeit für meine Familie blieb noch Zeit mich fortzubilden oder zum Bücher lesen.« Eines dieser Bücher war »The Five-Hour Workday« von Stephan Aarstol.[129] »Das war für mich der Impuls, das mal selbst mit einem Team ausprobieren zu wollen. Dieses starre ›nine to five‹ oder oft auch ›nine to eight‹ im Agenturbusiness, das macht die Leute auf Dauer doch kaputt. Das wollte ich einfach nicht mehr, weder für meine Mitarbeiter noch für mich.«

Wieso gerade fünf Stunden und nicht sechs oder viereinhalb Stunden, haben wir uns gefragt. Für den Unternehmer liegt die Antwort auf der Hand: »Das Team startet gemeinsam um 8 Uhr. Irgendwann muss man einfach mal zu Mittag essen. Doch wenn ich von mir ausgehe, dann bin ich die Stunde nach dem Mittagessen nicht wirklich produktiv. Deshalb dachte ich mir, dann können wir es auch gleich mit den fünf Stunden ausprobieren und um 13 Uhr Feierabend machen.«

Der Start des Fünfstundenexperiments
Jana ist eine von zwei Projektleiterinnen bei Rheingans. Sie war bereits beim Vorgängerunternehmen »überblick« angestellt. Als Lasse mit dem Team seine Überlegungen zum Fünfstundentag teilte, hatte sie, wie ein Großteil des Teams, gemischte Gefühle. »Ich dachte: Wow, das klingt ja super! Wer hätte nicht gerne mehr Freizeit und das bei gleicher Bezahlung. Aber wie soll das nur gehen?« Lasse war zu diesem Zeitpunkt klar, dass der Fünfstundentag kläglich scheitern könnte. »Ich habe dem Team damals gesagt, dass ich erwarte, dass wir Fehler machen und wir wahrscheinlich auch scheitern werden. Wer solch ein Experiment in Angriff nimmt, kann nicht voraussehen, wie es sich entwickelt. Das Scheitern vorab als mögliches Szenario zu benennen, hat bei vielen einen Teil des Drucks rausgenommen.«

»Anfangs dachten wir, wir müssen alle Gespräche auf ein Minimum reduzieren. Doch wir haben sehr schnell herausgefunden, dass unsere Arbeit auf diese Weise gar nicht

---

129 Stephan Aarstol ist US-Amerikaner und Gründer von Tower Paddle Board, einem Unternehmen mit Sitz in Kalifornien.

funktioniert,« so Jana über die Anfangszeit. »Denn zum einen benötigen wir die Abstimmung untereinander, zum anderen haben wir festgestellt, dass unsere eigentlichen Zeitfresser woanders liegen, beispielsweise bei den Wartezeiten. Wenn die Gestalter Layouts fertig haben und dann auf den Check von den Entwicklern warten, dann war das früher oft unproduktive Zeit. Da haben wir gelernt, dass wir mehr sprechen müssen, und zwar darüber, wie wir die Wartezeiten reduzieren und die verbleibende Wartezeit gewinnbringend füllen können.«

Beim Kontakt mit den Kunden haben die »Digital Enabler« ebenfalls dazu gelernt. Früher legte das Team großen Wert darauf, auf Kundenanfragen möglichst sofort zu reagieren. Die erhielten dann jedoch meist keine konkrete Lösung, sondern nur das Feedback, dass die Anfrage angekommen war. Das generierte wenig Kundennutzen, kostete aber Zeit. Und so passte die Agentur ihre Kommunikationsstruktur an. »Wir machen jeden Mittag um 12:30 ein kurzes Meeting. Jeder berichtet, wo er oder sie gerade steht und welche Probleme es gibt. Dabei besprechen wir ebenfalls die Kundenanfragen, die reingekommen sind. Vieles davon ist First-Level-Support, das arbeiten wir dann sofort ab. Andere Dinge, wo es einen Entwickler braucht, da setzen wir uns kurz zusammen und schauen, wer was zu tun hat und geben unseren Kunden ein Feedback dazu«, so Jana über die tägliche Routine.

Bei der Bearbeitung von E-Mails steckt Lasse zufolge in jedem Unternehmen großes Optimierungspotential. Er plädierte dafür, die Benachrichtigung über neue E-Mails auszuschalten und nur noch in zwei Zeitfenstern eingehende Mails zu lesen und zu beantworten. Die vielen E-Mails, die früher in Kopie verschickt wurden, reduzierte das Team ebenfalls deutlich. »Das ist wirklich oft unsinnig, was da so alles im Posteingang landet,« ist sich Lasse sicher.

> *Früher starteten unsere Meetings erst mal mit Smalltalk.*
> *Heute gehen wir viel strukturierter und vorbereiteter in Besprechungen.*
> Jana Burdach, Projektleitung/Beratung, Rheingans Digital Enabler

Auch anderen Zeiträubern sind die »Digital Enabler« auf der Spur. Hier mal eine private Whatsapp-Nachricht, da ein kurzer Blick auf Facebook. Das kostet alles Zeit, vor allem lenkt es von der eigentlichen Arbeit ab. »Bei einem Achtstundentag ist es wichtig, dass Du Mikropausen einbaust, denn acht Stunden am Stück arbeiten geht einfach nicht«, so Lasse, »deshalb haben wir uns dafür entschieden, uns fünf Stunden zu fokussieren und das, was man sonst zwischendurch mal macht, in die Freizeit zu verlegen.« Das erfordert Konzentration und Priorisierung gleichermaßen. »Mir ist jedoch egal, ob da irgendwo ein Handy auf dem Tisch liegt. Ich kontrolliere da keinen – das wäre mir völlig fremd. Aber ich sensibilisiere und gemeinsam diskutieren wir regelmäßig darüber, wie wir unsere gemeinsame Zeit am besten nutzen.«

Und so hinterfragte das Team ebenso Meetingstrukturen und -kulturen. »Früher starteten unsere Meetings erst mal mit Smalltalk. Heute gehen wir viel strukturierter und vorbereiteter in Besprechungen«, so Jana über die neue Praxis.

Reaktionen und Auswirkungen der Einführung

In einer vernetzten Welt, die 24/7 global pulsiert und die sich für viele Menschen wie Organisationen durch eine ständige Verfügbarkeit auszeichnet, fragt man sich, wie Kunden auf ein solches Arbeitszeitmodell reagieren. Da scheint verständnisloses Kopfschütteln doch eigentlich vorprogrammiert. Doch Jana machte ganz andere Erfahrungen. »Die ersten Reaktionen waren überwiegend positiv. Manche Kunden fragten sogar, ob es bei uns noch offene Stellen gibt«, berichtet die Projektleiterin lachend. »Wir haben einen sehr guten Kundenkontakt. Und selbstverständlich haben wir alle Kunden vorab darüber informiert, dass wir ab November 2017 nur noch bis 13 Uhr erreichbar sind. Die meisten Kunden haben das sehr gut aufgenommen. Wir haben damals kommuniziert, dass wir den Fünfstundentag ausprobieren, und falls es nicht funktioniert, zu den alten Zeiten zurückkehren werden.« Darüber hinaus gilt für die digitalen Pioniere die eiserne Regel: Der Fünfstundentag geht nicht auf Kosten der Kunden. »Was wir allen unseren Kunden zusichern, ist, dass wenn Not am Mann ist oder etwas dringend fertig gemacht werden muss, dass wir dann für sie da sind,« berichtet die engagierte Projektleiterin. »Da kommt es dann auch mal vor, dass uns Kunden bei Systemumstellungen darum bitten, spätabends erreichbar zu sein. Das machen wir dann natürlich möglich. Diese Art der Anfragen und Situationen sind jedoch die Ausnahme.«

Die Reaktionen im persönlichen Umfeld waren hingegen deutlich gemischter, erzählt Jana. »Meine Familie und mein Mann haben sich sehr für mich gefreut. Aus dem Freundeskreis kamen hingegen einige Bedenken und vor allem Skepsis. Da hörte ich dann oft: ›Ach, bei mir ginge das nicht!‹, oder ›In meiner Branche würde das nie funktionieren!‹. Ich hab' mich oft gefragt, ob das an unserer Kultur liegt. Denn schließlich wird es von vielen immer noch hoch angesehen, wenn jemand viel arbeitet. Wer Überstunden macht, gilt als engagiert und wer abends am längsten im Unternehmen bleibt, ist das beste Pferd im Stall.«

Doch wie gelingt es, innerhalb von fünf Stunden die gleiche Leistung zu erbringen wie in acht Stunden?

Genauso, wie bei vielen anderen Unternehmen die Beschäftigten den Stift auch nicht nach acht Stunden fallen lassen, so ist das auch bei den »Digital Enablern«. Die meisten Mitarbeitenden beenden ihren Arbeitstag zwischen 13 und 14 Uhr. Aber es kommt schon mal vor, dass eines der Teammitglieder mal länger bleibt. Das soll jedoch die Ausnahme und nicht die Regel sein. Deshalb achtet das Team sehr genau darauf, was die Gründe fürs »länger bleiben« sind. Ist es ein einzelnes Ereignis, was den Feierabend nach hinten verschiebt, oder ist es ein grundsätzliches Problem?

Wir achten sehr genau darauf, was schon gut läuft und was wir noch besser machen oder weiter verdichten können.
Probleme, die auftauchen, bearbeiten wir heute viel schneller und konsequenter.
Jana Burdach, Projektleitung/Beratung, Rheingans Digital Enabler

Gerade in der Anfangsphase kamen durch die stark reduzierte Arbeitszeit einige Problemlagen ans Licht. Während die Gestalter pünktlich um 13 Uhr ihre Arbeit beendeten, saßen die Entwickler oft noch länger an ihrer Arbeit. Immer wieder standen sie vor technischen Problemen, die sie nicht vorhersehen konnten. Mal war es ein Server, mal ein Fehler in einem System, den sie erst finden und beheben mussten. »Das sorgte für ganz schönen Frust,« erinnert sich Jana an diese Zeit. »Wir haben dann begonnen, unsere Planungen anzupassen und mit unseren Kunden nach Lösungen zu suchen, wie wir manche Dinge flexibler gestalten und auf unvorhersehbare Situationen angemessen reagieren können.«

Gleichzeitig stellte das Team fest, dass insbesondere ein Entwickler bereits im Achtstundentag ständig in der Überlast gewesen war. Er hatte bereits so diszipliniert und fokussiert gearbeitet, dass sein Arbeitstag nicht weiter komprimierbar war. »Da stand recht schnell fest, dass wir eine zusätzliche Person für die Entwicklung benötigen«, so die Projektleiterin.

Der Fünfstundentag machte Problemlagen sichtbar und erhöhte gleichzeitig die Dringlichkeit. Dies führte dazu, dass das Team nun kontinuierlich an seinen Prozessen feilt, Arbeitsschritte hinterfragt und Hemmnisse aktiv angeht. »Wir achten sehr genau darauf, was schon gut läuft und was wir noch besser machen oder weiter verdichten können. Probleme, die auftauchen, bearbeiten wir heute viel schneller und konsequenter«, sagt Jana. Und so tüfteln die IT-Experten kontinuierlich an ihrer Effektivität. »Wir investieren in Dinge, die uns noch effektiver machen. Aktuell erstellen wir ein Tool, das uns Arbeit abnehmen soll. Wir werten viel über unsere Tools aus – beispielsweise wie erfolgreich unsere Projekte verlaufen oder wie schnell wir Probleme lösen. Im Moment müssen wir oft noch mit Excelliste bei der Analyse nachhelfen. Das soll am Ende unser neues Tool können, und so sparen wir dann wieder extra Schritte und damit Zeit. Und dennoch bleibt es ein Balanceakt, dass alle ungefähr ein ähnliches Arbeitspensum haben«, so Jana weiter.

Doch der Fünfstundentag hat noch weitere Auswirkungen. »Ich habe festgestellt, dass die Menschen, die bei uns arbeiten, ihren Rucksack mit persönlichen Problemen nun zu Hause lassen. Und damit meine ich jetzt nicht die großen und schwerwiegenden, sondern die vielen kleinen. Wie organisiere ich den Reifenwechsel meines Autos? Wann putze ich die Wohnung? Wann mache ich den Einkauf? Jetzt haben sie jeden Tag genügend Zeit, sich um diese Dinge zu kümmern. Das unterstützt die Fokussierung und damit die Konzentration auf die Arbeit«, so Lasse. Projektleiterin Jana nutzt ihre freien Nachmittage ebenfalls für viele unterschiedlichen Dinge: »Am Anfang habe ich ganz lange Spaziergänge mit meinem Hund im Wald gemacht. Es war ja November, als wir das Experiment angegangen sind. Da habe ich es sehr genossen, dass ich bei Helligkeit mit meinem Hund raus konnte.« Auch mit dem Malen und dem Klavier spielen fing Jana wieder an. »Ich habe nun genügend Zeit, mich um mich, meine Familie und Freunde zu kümmern. Etwas, das früher oft zu kurz kam«, so Jana. Manchmal macht sich die Projektleiterin auch Gedanken über ein berufliches Thema. Aber nicht, weil sie das Gefühl hat, dass dies von ihr erwartet wird, sondern weil es ihr einfach in den Sinn kommt.

Ähnliches beobachtet Jana bei Kollegen: »Für die Entwickler finde ich es total super, dass sie den Nachmittag frei haben und nun mal Zeit für andere Dinge haben. Die sind so intrinsisch motiviert, dass sie die Dinge dann auch mal zu Hause ausprobieren. Nicht, weil es einer von ihnen erwartet, sondern weil es sie einfach nicht loslässt«, so Jana. Und Lasse fügt hinzu: »Wenn meine Kollegen nachmittags schwimmen sind, im Wald spazieren gehen und ihr Leben mit dem mehr an Zeit gut meistern, dann haben sie mehr kognitive Ressourcen, um kreativ bei der Arbeit zu sein.«

Und wie hat sich diese neue Arbeitsweise auf die Kultur ausgewirkt? Hat sich das Miteinander verändert? Jana überlegt kurz, bevor sie antwortet: »Der Fünfstundentag hat an der Kultur gar nicht so viel verändert. Das hatten wir befürchtet und das werden wir auch oft gefragt. Aber wir arbeiten ja miteinander und nicht nebeneinander her. Unsere Arbeitsweise ist fokussierter und unsere Kommunikation ergebnisorientierter. Aber das hat unserer Kultur nicht geschadet. Wenn sich etwas verändert hat, dann eher durch Lasse. Er hat neue Perspektiven und Ideen reingebracht. Und ich kann nicht behaupten, dass es sich zum Schlechten verändert hätte.« Gleichzeitig achtet das Team sehr bewusst darauf, sich auch in intensiven Arbeitsphasen ein gutes Arbeitsklima zu erhalten. Teamevents, wie beispielsweise gemeinsames Kochen und der offene und wertschätzende Umgang miteinander, sind den »Digital Enablern« sehr wichtig.

> *Ich stelle mir immer wieder die Frage, wie schaffe ich ein Umfeld,*
> *in dem kreative Lösungen möglichst schnell entstehen können.*
> Lasse Rheingans, Geschäftsführer, Rheingans Digital Enabler

Persönlich nimmt Jana ebenso einige Erkenntnisse aus dem Fünfstundentag mit: »Ich bin von Haus aus gerne strukturiert und behalte die Dinge im Blick. In den letzten Monaten habe ich gelernt, dass ich nicht alles gleichzeitig machen kann, vor allem nicht, wenn ich um eins den Arbeitstag beschließen will.« Und so hat sie ebenfalls festgestellt, dass es oft gar nicht notwendig ist, immer sofort auf alles zu reagieren. Manchmal reiche es vollkommen aus, etwas am nächsten Tag zu machen. Dass sie

Dinge abgeben und loslassen muss, das wusste sie ebenfalls vorher, aber nun sei es notwendig, so die motivierte Projektleiterin. »Am Anfang dachte ich, der Fünfstundentag steht und fällt mit der Planung. Aber wenn man das tut, dann begibt man sich in ein starres System, das einen dann nicht zufrieden um eins nach Hause gehen lässt. Und da ist Lasse echt gut darin, uns daran zu erinnern, dass wir nicht zu starr in unserer Arbeitsorganisation werden und stattdessen den Kopf offenlassen, für mehr Flexibilität und neue Ideen.«

Hier sieht Lasse seine maßgebliche Führungsaufgabe. »Ich stelle mir immer wieder die Frage, wie schaffe ich ein Umfeld, in dem kreative Lösungen möglichst schnell entstehen können.« Am Anfang habe auch er sich noch an den Fünfstundentag gehalten. »Da war ich meines Erachtens ein viel besserer Chef. Ich hatte einen gesunden Abstand zu den Dingen und konnte gut strategisch arbeiten. Doch im Moment habe ich so viele verschiedene Hüte auf, dass ich das leider nicht alles in fünf Stunden bewältige: Ich bin Unternehmer, Vertriebschef, Teambuilder und PR-Verantwortlicher in einem. Das ist nicht so cool und ziemlich erschöpfend. Aber ich glaube fest daran, dass sich das wieder ändern wird.«

Was vergüten wir? Stunden- oder Arbeitslohn?
Zum Schluss wollen wir noch einmal zur Ausgangsfrage zurückkommen. Warum erregt ein kleines Unternehmen aus Ostwestfalen-Lippe nun diese mediale Aufmerksamkeit und dieses riesige Presseecho, wenn es seine Arbeitszeiten verändert. Warum interessiert überhaupt jemanden, was da in Bielefeld passiert? Aus unserer Sicht ist es ein Indiz dafür, dass der Achtstundentag Kern unserer kulturellen Identität ist. Stellt jemand diesen Kern in Frage, wie Rheingans Digital Enabler mit dem Fünfstundentag, gerät unser limbisches System auf Hochtouren: Das setzt Emotionen frei – von Skepsis bis Begeisterung. Viele Menschen sind immer noch durch ein Paradigma geprägt, das lange Arbeitszeiten mit Erfolg, Anerkennung und Leistung verknüpft. Sie denken »Leistung« in Stunden, auch wenn sie ihre Arbeit nicht mehr mechanistisch in der Fertigung erbringen. Für die Produktion mag der Ansatz nicht geeignet sein, doch »Wissensarbeit« folgt anderen Regeln. In dem Begriff schwingt mit, dass »Wissen« ebenso wie körperliche Arbeitskraft funktioniert. Doch kognitive Prozesse folgen nicht der Logik mechanistischer Fertigung. Kreativität und Problemlösungskompetenz lassen sich nicht in einzelne Arbeitsschritte unterteilen. Sie sind das Ergebnis hochkomplexer Operationen, beeinflusst durch eine Vielzahl individueller Dispositionen und Kompetenzen sowie externer Faktoren. Das ist weder planbar noch vorhersehbar. »Bei kreativen Aufgaben brauchst Du an einem guten Tag zwanzig Minuten für eine Aufgabe, an einem schlechten Tag kostet es Dich aber zehn Stunden, weil Du einfach einen Knoten im Kopf hast«, weiß Lasse.

Und was heißt das für die bezahlte Arbeitszeit? Wie rechnet man das in Stunden-, oder besser Arbeitslohn um? Am Beispiel von Rheingans Digital Enabler können wir das alte und neue Szenario exemplarisch durchspielen: Angenommen für einen Arbeitstag erhielte eine Kollegin von Lasse und Jana 160 Euro. Dann entspricht dies bei einer Arbeitszeit von acht Stunden einem Stundenlohn von 20 Euro. Arbeitet die Kollegin nur fünf Stunden und erhält dabei dasselbe Gehalt, dann steigt ihr Stundenlohn auf 32 Euro. Das entspricht einem Plus von 60 Prozent. Wenn jedoch das Arbeitsergebnis vergütet wird und dies bei fünf Stunden dasselbe ist wie bei acht Stunden, dann bleibt das Gehalt konstant. Was sich in diesem Fall verändert, ist lediglich die Arbeitsorganisation, die zum Ergebnis führt.

Lasses Eindruck nach den ersten Monaten mit dem Fünfstundentag legt eben diesen Schluss nahe: dass sich in fünf Stunden ähnliche Arbeitsergebnisse erzielen lassen wie in acht. »Mein Eindruck ist, vom Volumen schaffen wir das Gleiche wie bei acht Stunden, aber das, was wir schaffen, ist besser«, sagt er. Und auch die Mitarbeitenden bei Rheingans profitieren: Für ihre Leistung und ihr Arbeitsergebnis werden sie nicht nur monetär vergütet, sondern vor allem mit sehr viel mehr frei verfügbarer Zeit.

Wer noch mehr über den Fünfstundentag bei der Rheingans GmbH erfahren möchte, empfehlen wir Lasses Buch »Die 5-Stunden-Revolution«.[130]

---

130 Das Buch erscheint voraussichtlich im August 2019 im Campus Verlag.

Die Interviewpartner von Ministry Group

David Cummins, Geschäftsführender
Gesellschafter, Ministry Group

Kilian Schulz-Mons, Copywriter und
Konzeptioner, Ministry Group (heute
Senior Creative Concepter, UDG)

Kristin Wallat, People & Organisation,
Ministry Group (heute People & Culture,
segmenta communications)

7.6 Die kalkulierte Fairness – teambasierte Gehaltsformel bei der Ministry Group

Ich glaube, eine gefühlte Fairness kann man,
wenn überhaupt, nur mit einem Formelmodell realisieren.
David Cummins, Geschäftsführender Gesellschafter, Ministry Group

»Hacker School!« Das war das erste Statement, das David Cummins uns gegenüber abgab: In großen, blauen Lettern stand es auf seinem grauen Hoodie, als er uns bei unserem Besuch bei der Ministry Group in Empfang nahm. David ist einer von vier Geschäftsführern der Hamburger Agentur. Doch an diesem Tag sah er aus wie ein Football-Coach gerade auf dem Weg zum Training.

Die »Hacker School« ist ein Herzensprojekt des gebürtigen Amerikaners. Gemeinsam mit einigen Kollegen initiierte er 2014 das Non-Profit-Projekt, das Jugendlichen das Coden beibringt. Bei der Google Impact Challenge 2018 gewannen sie mit diesem Projekt einen der Hauptpreise. Seitdem baut der Trägerverein des Projekts das Angebot neben Hamburg auch in vielen weiteren Städten Deutschlands aus.

Programmiert wird bei der Ministry Group auch hauptberuflich. Im Mittelpunkt steht jedoch die Kreativleistung für namhafte Unternehmen wie die Xing SE, Universal Pictures oder auch Gilette. Doch das ehrenamtliche Engagement zeigt: Bei der Ministry Group geht es um mehr als nur um schöne Bilder oder griffige Slogans. Hier trifft man auf Überzeugungstäter und Weltverbesserer.

Die Ministry Group liegt im Herzen Hamburgs. Nein, nicht auf St. Pauli, wo das Herz vieler Menschen schneller schlägt, sondern unweit der Landungsbrücken, nur einen Steinwurf vom Michel entfernt. Das Hamburger Wahrzeichen war, bevor es die Elbphilharmonie gab, der Orientierungspunkt für Seefahrer, die sich der Stadt auf der Elbe näherten. Und so ist auch die Ministry Group für viele in der New-Work-Szene ein Orientierungspunkt. Die vier Eigentümer der Agentur, Andreas Ollmann, David Cummins, Marco Luschnat und Nis Niemeier, experimentierten lange bevor der Begriff »New Work« zum Buzzword wurde mit alternativen Wegen der Zusammenarbeit.

Und so überraschte es uns nicht, dass die Ministry Group sich bereits seit einiger Zeit mit ihrem Vergütungsmodell kritisch auseinandersetzt. »Über die Jahre haben wir festgestellt, dass wir eigentlich nicht mehr mit gutem Gewissen über Gehälter und Gehaltserhöhungen entscheiden können«, reflektiert David Cummins die Entwicklung bei Ministry. Die Geschäftsführer seien zum einen zu weit vom operativen Tagesgeschäft entfernt, um die Leistung und Entwicklung von Kollegen gut einschätzen zu können. Zum anderen gehöre die Machtposition, die mit der Gehaltsentscheidung verknüpft sei, ins Team. Dorthin also, wo auch sonst die meisten Entscheidungen bei

Ministry getroffen werden. »Egal wie man es dreht, wer über Gehälter und Gehaltserhöhungen entscheidet, ist in einer Machtposition gegenüber denjenigen, über deren Gehalt entschieden wird. Und diesen Aspekt von Macht wollen wir Geschäftsführer nicht mehr haben«, so David.

> *Wir haben festgestellt, dass nicht mangelnde Transparenz*
> *der Gehälter unser Problem ist.*
> *Stattdessen müssen wir für Nachvollziehbarkeit der Gehälter sorgen.*
> David Cummins, Geschäftsführender Gesellschafter, Ministry Group

2016 begann David Cummins sich konkretere Gedanken zum Thema Gehalt bei der Ministry Group zu machen. Er fing an sich umzuschauen, welche Lösungen andere Unternehmen gefunden hatten. Transparente Gehälter und freie Gehaltswahl faszinierten ihn, doch beim genaueren Blick stellte er fest, dass diese Modelle nicht das Problem lösten, das sich in der eigenen Organisation beim Thema Gehalt zeigte. »Wir haben festgestellt, dass nicht mangelnde Transparenz der Gehälter unser Problem ist. Stattdessen müssen wir für Nachvollziehbarkeit sorgen. Genau daran haben wir mit unserem neuen Gehaltsmodell gearbeitet.« Und so reifte die Idee einer Gehaltsformel in David. Diese Formel sollte, genauso wie der dazugehörige Prozess der Gehaltsfindung und -erhöhung, für alle Beteiligten Transparenz und Nachvollziehbarkeit schaffen. Er begann an einer Formel zu arbeiten und seine ersten Gedanken mit seinen Geschäftsführerkollegen und der Personalverantwortlichen zu diskutieren. Denn eines war ihm schnell klar: »Alle Formeln, die es da draußen bereits gibt, die passen nicht zu uns und unserer Kultur.«

David war zu dem Zeitpunkt, als er mit den Überlegungen zu einem neuen Gehaltsmodell begann, bereits vier Jahre Miteigentümer und Geschäftsführer. Ein Faible für Zahlen, Formeln und Algorithmen brachte er aus seinem früheren Job mit. Er hatte zuvor den Bereich Entwicklung bei der Vorgängergesellschaft der Ministry Group geleitet.

Heute umfasst die Ministry Group vier Einzelfirmen mit insgesamt rund 50 Beschäftigten: die Werbeagentur zwhy, die Softwareschmiede Napsys, AntTrail mit dem Fokus auf Social Media, PR und Markenkommunikation und die 6ft RabbitProduction, die Videoinhalte produziert. Geführt wird die Group von einem Führungskreis aus insgesamt neun Personen. Dort sind alle vier Einzelfirmen vertreten, entweder durch einen der Inhaber oder durch einen sogenannten »company leader« oder Geschäftsführer. Außerdem ergänzen Verantwortliche aus der Finanzbuchhaltung und dem Business Development den Führungskreis.

Problemlagen des Geschäftsführer-Entscheids

Gehälter und Gehaltserhöhungen wurden bislang ausschließlich von den Geschäftsführern verhandelt. Bei ihren Entscheidungen waren die vier Miteigentümer stets bemüht, sich an der Marksituation zu orientieren und dies mit den finanziellen Möglichkeiten des Unternehmens abzugleichen. »Bei Neueinstellungen haben wir immer versucht die goldene Mitte zu finden, genauso bei Gehaltserhöhungen. Aber wir haben uns auch immer wieder gefragt, was sind mögliche Konsequenzen, wenn wir ›Nein‹ sagen oder uns gegen einen Kandidaten oder eine Kandidatin entscheiden.« Doch nicht allein das Verhandlungsgeschick der Mitarbeiter und die Marktsituation spielten bei der Gehaltsfindung eine Rolle. »Obwohl unsere Gehälter nicht transparent sind, war es uns immer ein Anliegen, das Gehaltsgefüge fair zu halten. So kam es dann schon mal vor, dass Kollegen eine Gehaltserhöhung erhielten, ohne danach gefragt zu haben«, berichtet Davids über die alte Praxis.

> *Die Kollegen hatten das Gefühl, dass nach*
> *Gutdünken der Geschäftsleitung entschieden wird, wer mehr bekommt.*
> Kristin Wallat, People & Organisation, Ministry Group

Und dennoch konnte dieses Vorgehen nicht verhindern, dass auch im Team die Unzufriedenheit mit dem alten Gehaltssystem immer größer wurde. »Es gab viel Frust über unser altes Gehaltssystem. Es passte einfach nicht mehr zu uns. Man unterhielt sich einmal im Jahr über das Gehalt. Doch was die eigentlichen Kriterien für eine Gehaltsentwicklung waren, blieb unklar,« berichtet Kristin Wallat, Herzblut-Personalerin und Mitverantwortliche bei der Entwicklung des neuen Gehaltssystems über die damalige Lage. »Irgendwie war die Verhandlung von Gehaltserhöhungen wie ein Schachern und eine verbissene Aneinanderreihung von Argumenten. Das fühlte sich für alle Beteiligten unstimmig an«, erzählt Kristin über die Zeit vor der Gehaltsformel.

Ein weiterer Grund für die Unzufriedenheit sieht die HR-Fachfrau in einer unterschwelligen Orientierungslosigkeit der Mitarbeitenden im Hinblick auf ihre persönliche Weiterentwicklung. Denn in einer Organisation wie der Ministry Group, mit wenig formaler Führung, gibt es keine klassischen Karrierewege. Gleichzeitig fehlten alternative Kriterien und Einordnungen, die Mitarbeitenden ihre eigene Entwicklung aufzeigten. Dies beförderte auch die Unzufriedenheit mit den Geschäftsführerentscheidungen bei Gehaltsthemen. »Die Kollegen hatten das Gefühl, dass nach Gutdünken der Geschäftsleitung entschieden wird, wer mehr bekommt. Manche glaubten, dass Leute, die sich besser verkaufen können, mehr bekommen – und das unabhängig von ihrer eigentlichen Leistung. Das fühlte sich für viele unfair an und sorgte regelmäßig für schlechte Stimmung und Frust.«

Aber wie erreicht man Fairness? Was braucht es, damit sich Gehalt oder besser gesagt der Prozess der Gehaltsfindung und -entwicklung fair anfühlt? Am Ende ist und bleibt Fairness eine gefühlte Gerechtigkeit. Ein Gefühl also, das hoch individuell ist, und das nicht nur auf den jeweiligen Werten einer Person basiert, sondern ebenfalls durch die eigene Gefühlslage geprägt wird. Und so empfinden wir Dinge dann besonders oft als unfair, wenn wir uns in einer angespannten Situation oder Beziehung verfahren haben. Aber wie erreicht man wieder eine sachliche Diskussionsebene? Vor allem für Entscheidungen hilft es, gemeinsam Kriterien zu erarbeiten und Verfahrensweisen zu vereinbaren, die der Entscheidungsfindung dienen. (Eine ausführliche Auseinandersetzung mit den Aspekten Verfahrens- und Verteilungsgerechtigkeit findet Ihr übrigens in Kapitel 9.) Und so lässt sich sehr gut David Cummins folgende Aussage mit Blick auf das Zielbild »Fairness« nachvollziehen: »Ich glaube, eine gefühlte Fairness kann man, wenn überhaupt, nur mit einem Formelmodell realisieren.«

Die ersten Schritte zum neuen Gehaltssystem

Wenn bei der Ministry Group ein übergeordnetes Thema bearbeitet wird, dann bildet sich eine Arbeitsgruppe aus Freiwilligen. Und beim Thema Gehalt war das nicht anders. »Uns ist wichtig, verschiedene Perspektiven, Kompetenzen und Interessen einzubeziehen«, so David. Zu Beginn habe sich die Arbeitsgruppe dann erst einmal in die Analyse gestürzt. Es sei wichtig gewesen, genau herauszufiltern, was konkrete Kritikpunkte am alten System sind und was aus Sicht der Beteiligten für ein künftiges Gehaltssystem wichtig ist.

> *Das funktioniert vielleicht für anderen Unternehmen,*
> *aber für die Ministry Group passt das nicht!*
> Kristin Wallat, People & Organisation, Ministry Group

David brachte dann seine Überlegungen zur Gehaltsformel in die Diskussion ein und war überrascht, wie positiv diese aufgenommen wurden. Doch anstatt sich sofort an die Ausarbeitung einer Formel und eines dazugehörigen Prozesses zu machen, nahm sich die Arbeitsgruppe erst einmal einige Zeit, um Alternativen zu beleuchten. »Wir haben uns ganz bewusst die Frage gestellt, was wären neben der Gehaltsformel weitere Möglichkeiten. Dafür haben wir uns mehrere Termine Zeit genommen. Wir haben verschiedene Gruppen gebildet und jede Gruppe konkretisierte einen anderen Ansatz und arbeitete diesen detailliert aus. Irgendwann kam dann jede Gruppe zu dem Punkt, dass sie feststellte: Das funktioniert vielleicht für andere Unternehmen, aber für die Ministry Group passt das nicht!«, so Kristin Wallat über den Klärungsprozess.

Die Betrachtung anderer Unternehmenslösungen ist in jedem Fall sinnvoll. Denn dieser Prozessschritt liefert wertvolle Erkenntnisse. Er hilft beim Abgleich und der Klärung der unternehmensspezifischen Problemlagen, zeigt den Raum an Möglichkeiten auf und fordert gleichzeitig dazu heraus, die eigene Position zu reflektieren und zu überprüfen.

Auch bei David führte die Auseinandersetzung mit unterschiedlichen Ansätzen aus der Praxis zu einem Umdenken. Denn am Anfang hatte er gegenüber einer mathematischen Formel zur Bestimmung des Gehalts große Vorbehalte. »Ich dachte zuerst, das ist zu unpersönlich für ein Unternehmen wie unseres.« Doch was ihn überzeugte, war die Tatsache, dass nicht eine einzelne Person oder eine kleine Gruppe das Gehalt festlegt, sondern das Verfahren und das Zusammenwirken des Teams zum Ergebnis führt. Und dennoch überrascht es ihn, dass die Gehaltsformel bei den Kolleginnen und Kollegen in der Arbeitsgruppe auf breite Zustimmung stieß.

Die Formel im Detail
Die Gehaltsformel bei der Ministry Group besteht aus vier Bausteinen. Die ersten beiden Bausteine definieren das Festgehalt. Die beiden anderen Bausteine entsprechen einer Anerkennungsprämie.

Der erste Baustein ist ein fixes Basisgehalt. Dieses Basisgehalt orientiert sich an marktüblichen Einstiegsgehältern des jeweiligen Berufsfelds. Grundlage hierfür bilden branchenspezifische Gehaltsstudien. Die zweite Komponente bildet ein »aufwachsender« Expertise-Anteil. Die Bewertung der Fachexpertise erfolgt durch Selbst- und Fremdeinschätzung, die im Verhältnis 1 zu 4 gewichtet werden.

> *Gerade in Zeiten, in denen sich Gesellschaft und Unternehmen*
> *schnell verändern, brauchen wir Menschen, die bereit sind,*
> *Neues zu lernen, ihr Wissen zu vertiefen, ganz neue Wege zu gehen.*
> David Cummins, Geschäftsführender Gesellschafter, Ministry Group

Für diesen Expertisen-Baustein hat Ministry einen eigenen Kriterienkatalog entwickelt und ausgearbeitet. Dies sei einer der Gründe dafür gewesen, warum es so lange gedauert habe, das ministry-spezifische Gehaltsmodell zu entwickeln, sagt Kristin Wallat über die Entstehung des Kriterienkatalogs. Insgesamt sind es acht Kriterien, die unter »Fachliches« zusammengefasst werden. Im Detail sind dies Selbstständigkeit, Erfahrung, Wissen, fachliche Verantwortung, Schnelligkeit bei qualitativen Ergebnissen, Wissensweitergabe als Fachmentor, konzeptionelles Arbeiten, Wege finden und Lösungen entwickeln sowie die Motivation, weiter zu lernen. Für die Bewertung steht eine Skala mit insgesamt 30 Punkten zur Verfügung.

»Beim fachlichen Teil haben wir noch einen Selbstbewertungsanteil mit reingebracht. Dieser macht ein Fünftel der fachlichen Bewertung aus. Vier Fünftel der Bewertung kommen aus dem Fachbereich und dem Team, also denjenigen, die etwas darüber sagen können, wie sich jemand fachlich einbringt und weiterentwickelt,« so David.

Mathematisch ausgedrückt setzt sich das Festgehalt wie folgt zusammen:

Festgehalt = Basisgehalt + 100 x [Wert Selbsteinschätzung x 1/5 + Wert Fremdeinschätzung x 4/5]

Der Wert der Selbsteinschätzung und der Peer-Einschätzung liegt zwischen 0 und 30.

»Die Kompetenz der jeweiligen Person steht im Mittelpunkt, genauso wie die individuelle Entwicklung. Ein Teil davon wird sichtbar durch das, was derjenige getan und geleistet hat. Uns geht es aber nicht darum, wie jemand seine Arbeit verkauft oder präsentiert. Unser Fokus liegt auf dem Können an sich und der individuellen Entwicklung«, so David Cummins. Und seine Mitstreiterin Kristin macht dies in einem Beispiel plastisch: »Wenn jemand total gut in Flash ist, dann bringt das nichts, wenn Flash morgen tot ist. Deswegen haben wir daran gearbeitet, dass wir Kriterien benennen, die den Blick auf die Weiterentwicklung der Mitarbeitenden richten.«

»Gerade in Zeiten, in denen sich Gesellschaft und Unternehmen schnell verändern, brauchen wir Menschen, die bereit sind Neues zu lernen, ihr Wissen zu vertiefen, ganz neue Wege zu gehen. Das wollen wir honorieren und entlohnen, egal ob jemand sich zu verkaufen weiß oder nicht«, so der geschäftsführende IT-Spezialist.

Bei der fachlichen Bewertung wird nicht konkret über Geld gesprochen. Das heißt, es wird nicht entschieden, ob ein Kollege oder eine Kollegin nun 3.000 oder 3.200 Euro brutto erhält, sondern das Team versucht anhand des Kriterienkatalogs und der Bewertungsskala einzuschätzen, wo der jeweilige Kollege oder die jeweilige Kollegin in der fachlichen Entwicklung steht. »Die Bewertungsskala geht bis 30. 30 bedeutet quasi gottgleich. Die Null bedeutet, dass Du gerade neu mit etwas anfängst«, so David über das Bewertungsschema. »Das heißt aber, dass bei uns keiner mit Null startet, weil er oder sie zumindest eine Ausbildung oder sich bereits Wissen in einem Bereich angeeignet hat.«

Die dritte und vierte Komponente sind variable Gehaltsanteile, die sich von Jahr zu Jahr verändern können. Während die dritte Komponente »Extra Engagement« betrachtet, das von allen Kollegen eingeschätzt wird, geht es bei dem vierten Baustein um »Unternehmertum«, das durch den Führungskreis bewertet wird.

Bei der Bewertung des »Extra Engagements« bewerten alle Mitarbeitende alle anderen. Dies erfolgt durch schnelles Ankreuzen – jeder durch jeden. Oder besser gesagt, für jeden, dessen Beitrag eingeschätzt werden kann. Für die Einschätzung gibt es eine Skala von null bis fünf. Bei der Einschätzung sei hierbei der schwierige Teil, dass eine »Null« völlig in Ordnung sei, so David. Es bedeute, dass sich jemand in die Kultur bei der Ministry Group einfüge und mitarbeite. Doch diejenigen, die sich neben der fachlichen Arbeit für das Team und die Organisation einbringen, indem sie etwa informelle Teamevents anstoßen oder mit ihren Ideen die Zusammenarbeit menschlich bereichern, die erhalten durch den Gehaltsbestandteil eine Anerkennung für ihr Engagement. Wichtig ist dabei jedoch nicht unbedingt, wie sehr das Engagement nach außen sichtbar wird. Vor allem das »Extra Engagement« introvertierter Kollegen soll in der

Agenturgruppe wertgeschätzt werden. »Es gibt Kollegen, die sind sichtbarer und es gibt Leute, die sind weniger sichtbar. Und damit sich diese geringere Sichtbarkeit nicht auf das Gehalt auswirkt, regeln wir die Bewertung so, dass es egal ist, wie viele Leute einen bewerten. Egal ob fünf oder zwanzig abstimmen, am Ende zählt nur der Durchschnitt der Bewertungen«, erklärt Kristin das gewählte Vorgehen.

> *Wir wollen anerkennen, was jemand über das Fachliche hinaus*
> *für unsere Organisation beiträgt.*
> *Das ist ein wichtiger Teil unserer Kultur,*
> *den wir bislang nicht ausreichend honoriert hatten.*
> David Cummins, Geschäftsführender Gesellschafter, Ministry Group

Der vierte Gehaltsanteil bewertet das Unternehmertum der Mitarbeitenden. »Unternehmertum hat für uns mehrere Facetten. Wir honorieren damit nicht nur, wenn jemand Vertrieb macht und einen Auftrag an Land zieht. Bei uns umfasst ›Unternehmertum‹ alle Aktivitäten, die geschäftsfördernd wirken«, erläutert David das intern definierte Vergütungskriterium. Das könne bedeuten, dass jemand ein neues Eventformat entwickle, das bei der Entwicklung neuer Geschäftsfelder unterstütze. Oder jemand leistet einen Beitrag dafür, dass interne Prozesse und Projekte besser abgewickelt werden. Die Einschätzung erfolgt durch den Führungskreis auf einer Skala von null bis zehn.

Da subjektive Einschätzungen erfahrungsgemäß durch die Eindrücke weniger Wochen geprägt sind, soll die Einschätzung zu den variablen Anteilen bei der Ministry Group mehrmals im Jahr erfolgen. Die Komponenten »Fachliches« und »Unternehmertum« soll zwei Mal pro Jahr bewertet werden, das »Extra Engagement« vierteljährlich.

Was sich in dieser Gehaltsformel abbildet, ist aus Sicht von David Folgendes: »Man sieht zum einen, dass uns das Fachliche sehr wichtig ist. Also wie gut bin ich in dem, was ich tue? Wie weit bin ich gekommen in meiner originären Rolle, für die ich eingestellt wurde? Daran werden wir schlussendlich auch von unseren Kunden gemessen.« Doch intern wolle sich das Unternehmen menschlicher organisieren. Da helfe eine Formel, einen Ausgleich zu schaffen. »Wir wollen anerkennen, was jemand über das Fachliche hinaus für unsere Organisation beiträgt. Das ist ein wichtiger Teil unserer Kultur, den wir bislang nicht ausreichend honoriert hatten«, so der gebürtige Amerikaner.

Die Anwendung der Gehaltsformel auf die Geschäftsführer ist aktuell nicht angedacht. Die Arbeitsgruppen habe sich im Prozess dagegen ausgesprochen, berichtet David über die Teamentscheidung. Faktisch sind die Geschäftsführergehälter die einzigen Gehälter, die transparent sind. Sie stehen in den Geschäftsbüchern der Agenturgruppe, die allen Mitarbeitenden jederzeit zugänglich sind.

Theorie trifft auf Praxis – Start der Testphase
Bevor das neu entwickelte Gehaltsmodell für die gesamte Organisation Anwendung fand, war es der Arbeitsgruppe wichtig, einen einjährigen Testlauf zu fahren. Zehn Freiwillige aus verschiedenen Bereichen und unterschiedliche Berufen bildeten die Testgruppe. Involviert war jedoch das gesamte Team im Rahmen des Feedback- und Bewertungsprozesses.

Kilian Schulz-Mons war einer dieser Freiwilligen. Damals war er als Texter bei der Ministry Group tätig. »Das erste, was ich über das neue Gehaltsmodelle gehört hatte, war: Wir überlegen, ob wir transparente Gehälter einführen. Und da dachte ich, ›Oh das klingt aber interessant!‹« Um transparente Gehälter ging es dann, als die Testphase losging, zwar nicht mehr, aber das Thema Transparenz spielte dennoch eine bedeutende Rolle.

> *Mein Art-Kollege bewertet weniger meine Kompetenz als Texter,*
> *sondern schätzt ein, wie ich im Team arbeite,*
> *wie ich auf Veränderungen reagiere*
> *und wie schnell ich mir Neues aneignen kann.*
> Kilian Schulz-Mons, Copywriter und Konzeptioner, Ministry Group

Anders als im Konzept vorgesehen war Kilian nämlich bei der ersten Bewertungsrunde seiner fachlichen Expertise mit dabei. Zu den Teilnehmern gehörten Kollegen aus seinem Team, seinem Gewerk sowie Personalerin Kristin, die die Bewertungsrunde moderierte. »Vom eigenen Team bewertet zu werden, von Menschen, mit denen man tagtäglich zusammenarbeitet, das war schon eine komische Situation. Ich fühlte mich regelrecht auf dem Teststand!« Im Nachhinein sei ihm jedoch klar geworden, wie wertvoll diese Erfahrung war. »In der Firma, in der ich zuletzt gearbeitet habe, da habe ich mit meinem Chef dagesessen und über meinen Gehaltswunsch gesprochen. Das hatte zum Teil absurde Züge. Der hatte von mir das Bild, dass ich in Bereichen gut bin, wo ich von mir selbst weiß, dass ich eher schlecht bin und umgekehrt.« Der Blick seines Teams sei da sehr viel stimmiger und differenzierter gewesen. »Ich bin Texter und hab im Team noch einen Art-Kollegen. Mein Art-Kollege bewertet weniger meine Kompetenz als Texter, sondern schätzt ein, wie ich im Team arbeite, wie ich auf Veränderungen reagiere und wie schnell ich mir neues aneignen kann. Von daher war es wertvoll seine Einschätzung zu bekommen«, so Kilian über seine persönliche Bewertungsrunde.

Doch wie ehrlich war die Einschätzung in den anderen Runden? Zeigten sich vielleicht Allianzen zwischen Kollegen, die sich gegenseitig positiv bewerteten, um eine höhere fachliche Bewertung zu erhalten? Kristin Wallat konnte dieses Phänomen nicht beobachten: »In der bisherigen Testphase habe ich die Erfahrung gemacht, dass in den Bewertungsrunden die Leute sehr ehrlich sind. Ich hatte nur ein oder zwei Mal den

Eindruck, dass ein Teammitglied etwas besser bewertete, als ich stimmig fand.« Dies liegt vielleicht auch daran, dass bei großen Unterschieden in der Bewertung, Einschätzungen begründet und erklärt werden müssen. Allein schon dieser psychologische Aspekt, sich vor einer Gruppe rechtfertigen zu müssen, sorge dafür, dass die Bewertungen sachlich verlaufen und extreme positive oder negative Bewertungen nicht erfolgen, so die Personalerin.

Außerdem sei das Verantwortungsbewusstsein für das neue Vergütungssystem sehr hoch. Die meisten wüssten, dass es kontraproduktiv sei, wenn sich nun alle Honig ums Maul schmieren. Denn dann scheitere das neue System sehr schnell. Und da sich beim Festgehalt niemand zurückentwickelt, sondern lediglich auf seiner aktuellen Expertise-Stufe verbleibt, hat auch keiner der Beschäftigten Einbußen zu befürchten.

Doch wie aufwändig ist ein solcher teambasierter Bewertungsprozess? Kostet er nicht viel zu viel Zeit? Besteht nicht die Gefahr, dass sich Teams in Diskussionen verlieren? Zum zeitlichen Gesamtaufwand mag Kristin Wallat noch keine abschließende Einschätzung abgeben. Der Umfang der moderierten Bewertungsrunden war dafür ihres Erachtens zu unterschiedlich: »Wir hatten Runden, da waren wir mit einer Person in fünfzehn Minuten durch – das heißt, Diskussion und Einigung bereits inbegriffen. Aber es gab ebenso Termine, die gingen zweieinhalb Stunden.« Das hänge zum einen davon ab, wie diskussionsfreudig die Teams seien, zum anderen sei der Prozess noch nicht eingeübt. So sei es gerade am Anfang immer mal wieder notwendig gewesen, im Team ein gemeinsames Verständnis über die einzelnen Kriterien herzustellen.

Trennung Feedback und Bewertung

Wer sich weiterentwickeln möchte, dem reicht es nicht aus, einmal im Jahr ein Feedback zu bekommen. Davon geht zumindest David Cummins aus. Feedback ist aus seiner Sicht essenziell, um eigene Fortschritte wahrzunehmen, aber auch um eigenes Verhalten immer wieder zu reflektieren und gegebenenfalls anzupassen. Aus diesem Grund ist ihm die Etablierung einer konstruktiven Feedbackkultur ein großes Anliegen. »Wir wollen bei der Ministry Group eine Kultur aufbauen, in der wir uns kontinuierlich gegenseitig Feedback geben, positives wie negatives. Wichtig ist uns, dass Feedback dem Einzelnen hilft, sich weiterzuentwickeln und zu wachsen. Aber die Entwicklung dieser Kultur wird noch etwas Zeit in Anspruch nehmen«, erzählt David Cummins über das anvisierte Ziel.

> *Die Konsequenz eines Feedbacks ist die Bewertung.*
> *Deshalb ist das nicht so einfach, voneinander zu trennen.*
> *Man fühlt sich bewertet – auch menschlich.*
> *Vor allem wenn es nicht nur um fachliche, sondern um Soft Skills geht.*
> Kilian Schulz-Mons, Copywriter und Konzeptioner, Ministry Group

Bei der näheren Betrachtung sei ihm klar geworden, dass es deshalb bei der Gehaltsfindung notwendig sei, das Feedback von der Bewertung zu trennen. Aus diesem Grund ist es nicht vorgesehen, dass bei den moderierten Bewertungsrunden die zu bewertende Person mit im Raum ist. »Sobald ich Bewertung und Feedback zusammenpacke, mache ich das Feedback zunichte«, ist sich David sicher.

Für Kilian, der in der Testphase bei seiner Bewertungsrunde mit dabei war, war die gedankliche Trennung ebenfalls nicht immer einfach. »Die Konsequenz eines Feedbacks ist die Bewertung. Deshalb ist das nicht so einfach voneinander zu trennen. Man fühlt sich bewertet – auch menschlich. Vor allem wenn es nicht nur um fachliche, sondern um Soft Skills geht.«

»Natürlich ist es schwer«, stellt auch David fest. »Wir tragen alle Altlasten mit uns. Und abgesehen davon ist es schwierig, gutes und hilfreiches Feedback zu geben. Doch wir versuchen einiges, um unsere Zusammenarbeit hier weiterzuentwickeln. Wir sprechen das Thema Feedback immer wieder an und tragen es in die Teams. Wir bieten Trainings an und machen immer wieder klar, wie bedeutsam Feedback für uns ist. Doch aus Angst, dem anderen zu nah zu treten oder ihn zu verletzen, tun sich viele bei uns noch schwer damit und erkennen nicht, wie ihr Gegenüber von ihrem Feedback profitieren könnte. Und das sind Dinge, an denen wir arbeiten«, so David.

Erkenntnisse aus der Testphase
»Wir haben in den letzten Monaten viel gelernt über den Prozess. Wir haben geschaut, wie die Bewertungen ausfallen und haben versucht das von dem derzeitigen Gehalt zu trennen. Gleichzeitig haben wir auf den Markt geschaut, um zu überprüfen, ob das hinkommt, was wir hier tun. Eine entscheidende Frage war dann noch: Kann sich das Unternehmen das leisten, was wir angedacht und entwickelt haben?«, so David.

Dabei musste das Team der Arbeitsgruppe jedoch feststellen, dass sich die Ministry Group die neue Gehaltsformel nicht leisten kann. Die Gehaltskomponente zur »Fachexpertise« kam ganz gut hin, in Hinblick auf Finanzierbarkeit und Marktvergleich. Als jedoch das »Extra Engagement« und das »Unternehmertum« hinzugefügt wurden, sprengte das das Budget.

Die Bewertung des »Extra Engagements« erfolgte mit Werten von 0 – 5, die des »Unternehmertums« mit Werten von 0 – 10. Im ursprünglichen Ansatz der Gehaltsformel wurden die Durchschnittswerte der Teambewertungen zu »Extra Engagement« und »Unternehmertum« zunächst mit dem Faktor von 0,015 bzw. 0,03 multipliziert. Das Ergebnis dieser Berechnung wurde dann jeweils mit dem Festgehalt multipliziert. Bei einer Bewertung des »Extra Engagements« mit 3 Punkten ergab das bei einem Festgehalt von 2.800 Euro eine Gehaltskomponente von 126 Euro. Für »Unternehmertum« kam aus einer Bewertung in Höhe von 5 Punkten eine zusätzliche Gehaltskomponente von 420 Euro heraus.

Wir wollen ›Extra Engagement‹ und ›Unternehmertum‹ anerkennen,
aber wir wollen nicht, dass es zum Job an sich gehört.
Kristin Wallat, People & Organisation, Ministry Group

Wäre die Agentur bei ihrem angedachten Ansatz geblieben, hätte dies aus finanzieller Sicht bedeutet, dass sie die fachliche Gehaltskomponente reduzieren muss. Doch kann es sinnvoll sein, das Gehalt eines Mitarbeitenden zu reduzieren, der stets gute fachliche Leitungen erbringt? Aus Sicht der Arbeitsgruppe war dies keine tragbare Lösung.

Bei genauerer Betrachtung zeigte sich für das Team der Ministry Group noch ein weiterer Aspekt, der gegen die gewählten Faktoren sprach. »Wenn man das ›Extra Engagement‹ und ›Unternehmertum‹ auf das Festgehalt draufsetzt, dann impliziert das, du wirst dafür bezahlt und du kannst dich nur gehaltlich verbessern, wenn du dich extra einbringst«, so Kristin Wallat über die Wirkung des Modells. Doch »Extra Engagement« und »Unternehmertum« sollen nach Ansicht der Arbeitsgruppe zusätzlich zur fachlichen Leistung honoriert werden. Es soll aber niemand dafür abgestraft werden, wenn er einfach nur seine Arbeit macht.

Genau das war ein Kritikpunkt am alten System gewesen. Denn es bestand bei manchen der Eindruck, eine Gehaltserhöhung sei mit einem »Extra Engagement« und eben nicht mit der fachlichen Leistung verbunden. »Doch das fühlte sich nicht stimmig für uns an. Gehalt ist die Entlohnung für das, für was man hier angestellt wurde. Gleichzeitig lebt unsere Kultur davon, dass sich Leute einsetzen, für Dinge, die ihnen wichtig sind, für ihre Kollegen, die ihnen am Herz liegen, und genauso für unsere Kultur, die ihnen wichtig ist. Das soll aber kein Muss sein. Wir wollen ›Extra Engagement‹ und ›Unternehmertum‹ anerkennen, aber wir wollen nicht, dass es zum Job an sich gehört«, so die Personalerin. Und auch David stellt fest: »Wir wollen keine Steuerwirkung wie bei einem klassischen Bonus erzielen. Doch es ist gar nicht so einfach die Grenze zwischen Incentive und Anerkennung zu finden.«

Aus diesem Grund wurden die beiden Komponenten »Extra Engagement« und »Unternehmertum« vom normalen Gehalt getrennt. Der Plan ist, einen Teil des Gewinns zu nutzen und damit diese beiden Aspekte anzuerkennen. »Diese zusätzlichen Gehaltskomponenten werden keinen Reichtum mit sich bringen. Aber es wird eine Anerkennung sein. Damit können wir denen die Angst nehmen, die dachten, ach, da macht dann einer so, als würde er ganz viel ›Extra Engagement‹ machen und vernachlässigt dann seine Arbeit«, so David.

Auch Kristin berichtet: »Es kamen in Vieraugengesprächen schon ein paar Befürchtungen hoch. Führen die Faktoren ›Unternehmertum‹ und ›Extra Engagement‹ dazu, dass Leute ihren Job nicht mehr richtig machen? Doch diese Bedenken sind mit der Anpassung nun vom Tisch.« Weitere Bedenken konnte die Personalerin ebenfalls aus dem Weg räumen. »Befürchtungen gibt es immer. Doch wichtig war, wir haben sie gehört, wir haben sie adressiert und wir haben den Prozess erklärt und darüber informiert, warum wir die Dinge so tun, wie wir sie tun.«

Grundsätzlich spielt für sie die Kommunikation mit dem Team eine der Schlüsselrollen bei einer erfolgreichen Einführung jedes Gehaltsmodells. Die Kommunikation sollte ihres Erachtens möglichst umfassend sein und nicht nur Fakten oder Ergebnisse beinhalten. Es sei wichtig, gerade den Prozess an sich zum Thema zu machen, über Zwischenstände und Zwischenergebnisse zu berichten und zu erklären, warum man sich gegen einen bestimmten Aspekt oder einen speziellen Weg entschieden hat. Das vermittele wichtige Informationen zur Einordnung der erarbeiteten Lösung. Gleichzeitig gelte es konkrete Kommunikationsanlässe zu schaffen, in denen sich kritische Äußerungen und Befürchtungen zeigen könnten. Nur zu formulieren, »unsere Tür steht immer offen!« reicht hier aus unserer Sicht bei weitem nicht aus.

Von der Testphase in den Echtlauf

Nach einem guten Jahr Testphase steht nun die Umstellung der Gesamtorganisation auf den neuen Gehaltsfindungs- und Gehaltsentwicklungsprozess an. »Zu Beginn werden wir mit einer fachlichen Bewertungsrunde starten. Die Teams gehen, analog wie in der Testphase, in einem moderierten Prozess jedes Teammitglied durch. Hierbei ist es aus Sicht der Verantwortlichen wichtig, dass die Bewertungsrunden von einer neutralen Person moderiert werden, die im besten Fall die Formel mitentwickelt hat oder zumindest en détail kennt. »Es ist uns sehr wichtig, dass sich keine Eigendynamik entwickelt und jedes Team seine eigenen Bewertungskriterien oder eigenen Interpretationen der Formel entwickelt«, beschreibt Kristin Wallat das angedachte Vorgehen.

Der durchschnittliche Wert aller fachlichen Bewertungen fließt dann in die Berechnung des Fixgehaltes ein. Wenn sich dabei ein Betrag ergibt, der höher ist als das aktuelle Fixgehalt, dann wird das Gehalt angepasst. Fällt er geringer aus, bleibt alles beim Alten. »Denn zum einen ist eine Reduzierung von Gehältern als Ergebnis eines solchen Prozess weder erlaubt, noch liegt es in im Interesse der Geschäftsführung oder des Unternehmens, Gehälter von Mitarbeitenden zu reduzieren.« Am Ende des Jahres erfolgt dann die Berechnung zu den Einschätzungen des »Extra Engagements« und des »Unternehmertums«. Daraus ergibt sich dann für die Mitarbeitenden, die es betrifft, eine Anerkennungsprämie.

> *Es ist wichtig, immer wieder daran zu erinnern, wie unser Gehaltssystem gedacht ist und was uns bei der Entwicklung bedeutsam war. Zumindest so lange, bis sich alle an das neue System gewöhnt haben.*
> Kristin Wallat, People & Organisation, Ministry Group

Wichtig sei nun aber erst einmal die weitere Kommunikation, stellt die HR-Spezialistin fest: »Zu allererst müssen wir die Menschen über das neue Gehaltsmodell und den dazugehörigen Prozess weiter aufklären. Wenn man öfter über ein Thema gesprochen hat, schleicht sich schnell das Gefühl ein, dass man etwas schon tausend Mal gesagt hat. Man sieht dann nicht mehr die Notwendigkeit, weiter zu kommunizieren.« In Zukunft werde die Kommunikation über das Gehaltsmodell ein fester Bestandteil sein, der sich alle drei Monate wiederhole, wenn Einschätzungen zum »Extra Engagement« oder auch die fachlichen Bewertungsrunden stattfinden. »Es ist wichtig, immer wieder daran zu erinnern, wie unser Gehaltsystem gedacht ist und was uns bei der Entwicklung bedeutsam war. Zumindest so lange, bis sich alle an das neue System gewöhnt haben«, begründet Kristin Wallat den Kommunikationsbedarf. Von besonderer Bedeutung sei dabei aus ihrer Sicht, alles zu hören, was als Reaktion und Feedback von den Kollegen zurückkomme. »Dadurch, dass wir uns viel Zeit genommen haben und mit allen Kollegen sprechen, machen wir uns viele Gedanken darüber, was potenzielle Fallstricke sein könnten. Wir versuchen sie soweit wie möglich vorwegzunehmen. Aber letztendlich sind wir uns dessen bewusst, dass wir nicht in die Zukunft schauen können und nicht auf alles vorbereitet sein werden. Und wenn trotz aller Überlegungen und Vorbereitungen etwas nicht funktioniert, dann werden wir genau hinschauen und das System anpassen.«

Fazit

Was macht uns aus und unterscheidet uns von anderen? Was unterstützt uns in unserer Wertschöpfung? Und wohin wollen wir uns entwickeln? Diese grundlegenden Fragen sollte sich jedes Unternehmen in regelmäßigen Abständen stellen. Bei der Ministry Group bilden sich die Antworten auf diese Fragen nun im Gehaltsmodell ab.

Denn was sich an der Gehaltsformel und dem dazugehörenden Prozess bei der Ministry Group sehr gut ablesen lässt, sind die Kulturmerkmale, die die Organisation stärken und weiterentwickeln möchte. Die Entscheidungsfindung, sei es für das Modell selbst oder auch die konkreten Gehaltsfindungen, ist teambasiert. Das Verfahren ist transparent und nachvollziehbar – beide Aspekte fehlten im alten Modell. Darüber hinaus setzt es den Schwerpunkt auf die fachliche Expertise und deren Weiterentwicklung und erkennt gleichzeitig besondere Leistungen für das Miteinander sowie die wirtschaftliche Entwicklung an. Dabei verfolgt es den Anspruch, die Leistung und den Beitrag introvertierterer Kolleginnen und Kollegen ausreichend wertzuschätzen. So lässt sich in wenigen Sätzen bereits beschreiben, was der Organisation in Bezug auf die eigene Entwicklung bedeutsam erscheint. Durch unterschiedliche Gewichtungen werden gleichzeitig Prioritäten gesetzt, die für die Mitarbeitenden einen Orientierungsrahmen bieten. Darüber hinaus wirkt der gemeinsame Aushandlungsprozess über Kriterien und deren Gewichtung identitätsstiftend. Zeigt er doch auf, wie wichtig den Menschen und ihrer Organisation bestimmte Dinge sind und wohin die gemeinsame Reise geht.

Was man an der Gehaltsformel gut erkennen kann, ist, dass sich die Arbeitsgruppe getraut hat, eine Gewichtung unterschiedlicher Faktoren vorzunehmen. Die Skala für »Unternehmertum« hat die doppelte Anzahl möglicher Punkte wie das »Extra Engagement«. In der ursprünglichen Formel wird sie darüber hinaus mit einem doppelten Faktor multipliziert. Hier zeigt sich sehr gut, dass die Beteiligten sich mit der Bedeutsamkeit der unterschiedlichen Kriterien für das Unternehmen auseinandergesetzt haben. Und die unterschiedliche Gewichtung von Selbst- und Fremdeinschätzung von 1/5 und 4/5 bildet diese Abwägungen ebenfalls ab.

Sicherlich werden sich im Unternehmen Präferenzen und Einschätzungen zur Bedeutsamkeit der unterschiedlichen Aspekte über die Zeit verändern. Dann könnte eine Anpassung der Gewichtungen dies auf transparente Art sichtbar machen.

Dennoch ist sich Geschäftsführer und Miteigentümer David klar, dass dieses Vorgehen nicht allen in der Organisation vollumfänglich gerecht wird, wenn er sagt: »Uns ist stets bewusst, dass es absolute Fairness nicht gibt. Aber unser neues System ist weniger von Subjektivität und Sympathie beeinflusst, als unser altes System.«

Auch Kristin ist vom neuen Ansatz überzeugt und stellt fest: »Das neue Gehaltsystem ist einfach und transparent. Jeder kennt die Kriterien, jeder kennt das Verfahren. Wenn dieses Modell Menschen unzufrieden macht, dann nicht, weil sich das Verfahren unfair anfühlt, sondern weil derjenige mit dem Ergebnis an sich unzufrieden ist.«

Fairness bedeutet gefühlte Gerechtigkeit. Damit ist Fairness, wie eingangs beschrieben, stets von subjektiven Eindrücken, Wertvorstellungen und Einstellungen geprägt. Ein Ansatz wie ihn die Ministry Group gewählt hat, ist aus unserer Sicht eine wirksame Möglichkeit, die Wahrscheinlichkeit zu erhöhen, dass sich dieses Gefühl einstellt.

Die Interviewpartner von M.O.O.CON

Karl Friedl, Gesellschafter und
Geschäftsführer von M.O.O.CON

Martin Kaltenbrunner, Senior
Consultant bei M.O.O.CON

Sabine Zinke, Senior Consultant bei
M.O.O.CON

7.7 Die Projekt-Innovatoren – rollenbasiertes Pauschalgehalt, Wir-Prämie und Freiheitsbonus bei M.O.O.CON

Zeige mir, wie du wohnst, und ich sage dir, wer du bist.
Karl Friedl, Gesellschafter und Geschäftsführer von M.O.O.CON

»Persönliche Bonifikationen gab es bei uns noch nie«, erklärt Karl Friedl. Der Gesellschafter und Geschäftsführer von M.O.O.CON, einem Beratungsunternehmen, das sich auf die Steuerung von Architekturprojekten für neue Arbeitswelten spezialisiert hat. Er sitzt in der Homebase Wien und erzählt in einem der Besprechungsräume von der Unternehmensgeschichte. Im April 1990 rief er M.O.O.CON ins Leben, am Anfang eine kleine »Start-up-Truppe«. Als das Unternehmen im Jahr 2000 in das Gründerzeithaus in die Wipplingerstraße 12 in Wien einzog, waren sie an dem Standort noch immer nur zu fünft. Heute arbeiten dort rund 45 Beschäftigte.

»Zeige mir, wie du wohnst, und ich sage dir, wer du bist«, konstatiert der Geschäftsführer. Das Büro in Wien, das 2015 renoviert wurde, ist Ausdruck der M.O.O.CON-Identität: Jeder sucht sich hier den passenden Platz für die eigenen Aufgaben. Es gibt Räume für konzentriertes Arbeiten, Plug-and-Play-Arbeitsplätze, kleine Sitzecken für den Rückzug oder Orte für Kommunikation und Präsentation. Es herrscht eine angenehme Lounge-Atmosphäre. Fast könnte man meinen, es hätte einen in einen schicken Co-Working-Space verschlagen. Das leidige »Großraumbüro« hat einem grundlegend neuen Arbeitskonzept Platz gemacht, dem sogenannten »Activity Based Working«: Die Mitarbeiter können je nach Aufgabe, die bei ihnen gerade ansteht, zwischen verschiedenen Arbeitsumgebungen wählen. Das Ziel von M.O.O.CON ist es, eine analoge und digitale Arbeitswelt zu entwickeln, die sich ganz an den Tätigkeiten orientiert.

Gerade stecken viele Unternehmen mit der Digitalisierung in einer Phase der Kultur-Transformation. Dazu gehört laut Karl Friedl auch die Arbeitsumgebung im Büro. Die Kunden von M.O.O.CON sind dafür beste Beispiele: der österreichische Mobilitätsclub ÖAMTC, die Österreichische Post, Daimler, adidas oder Axel Springer. Deren neue Gebäudekomplexe, die sie schon bezogen haben oder aktuell konzipieren, stehen für eine neue Form der Zusammenarbeit und Kollaboration. Wie bei M.O.O.CON selbst: In circa 80 Projekten pro Jahr arbeiten rund 80 Mitarbeiter an verschiedenen Standorten in Österreich und Deutschland (Wien, Waidhofen, Frankfurt, Hamburg und München) sowie beim Kunden – vor allem Betriebswirte, Psychologen, Architekten, Bauingenieure sowie Spezialisten für Facility Management.

Was die Entlohnung bei M.O.O.CON ausmacht   !

Spannende Aufgabe: Die Mitarbeiter von M.O.O.CON können die Zukunft der Arbeitswelt gestalten – im eigenen Unternehmen und beim Kunden.

Rollenbasiertes Pauschalgehalt: Mindestens einmal im Jahr schätzen die Führungskräfte die Mitarbeiter dafür im gemeinsamen Austausch neu ein.
Vertrauensarbeitszeit und keine Urlaubsanträge: Was zählt ist der Wertbeitrag zum Unternehmen, nicht die Arbeitszeit.
Wir-Prämie statt individuelle Boni: Gewinne werden im Frühjahr gemäß der prozentualen Anteile entlang der Grundgehälter (= Pauschalgehälter) ausbezahlt, eine Art Solidarhaftung.
Mitarbeiterbeteiligung: Im Zuge einer perspektiven Nachfolgeregelung für die Geschäftsführung erweitert M.O.O.CON die Möglichkeit für im Management tätige Mitarbeiter, Unternehmensanteile zu erwerben. Die Auswahl erfolgt entlang bestimmter Kriterien wie Betriebszugehörigkeit, Führungsverantwortung, Akquise-Leistung und Netzwerkarbeit.

Rollenbasiertes Pauschalgehalt

Eines der M.O.O.CON-Leuchtturmprojekte ist die Tabakfabrik Linz: Dort entsteht auf einem Gelände, wo früher Zigaretten hergestellt wurden, eine neue Innovationskultur. Alles ist auch architektonisch darauf ausgelegt, dass Menschen in Co-Creation arbeiten – über Unternehmensgrenzen hinweg. Es gibt einen eigenen Start-up-Park, hauseigene Messen, einen Co-Working-Space. Martin Kaltenbrunner, der das Projekt seitens M.O.O.CON verantwortet, begleitet die Mieter von der Idee bis zum Einzug und ist die Schnittstelle zwischen Planern, Architekten und Mietern. Bei M.O.O.CON gehört er mit seinen 20 Jahren Betriebszugehörigkeit »schon fast zum Inventar«.

Als Senior Consultant und Projektleiter trägt Martin Führungsverantwortung. Doch seine Rolle ist damit noch nicht erschöpft. M.O.O.CON besteht aktuell aus acht sogenannten Unternehmen im Unternehmen (UiUs), themenspezifische und regionale Keimzellen, die jeweils zwei bis drei Teamkoordinatoren haben. Martin Kaltenbrunner ist einer von ihnen. In seinem UiU geht es schwerpunktmäßig um Gebäudeentwicklung in Österreich. Wie jeder Teamkoordinator verantwortet er zusätzlich ein Wissensfeld: Martin ist Spezialist für Belegungsplanung und nutzungsspezifische Ausstattung. Zu seiner Aufgabe als Teamkoordinator gehört es auch, personelle Ressourcen zwischen den Projekten zu vermitteln und das Wissen der Spezialisten im Gesamtunternehmen transparent zu machen.

»Aus den verschiedenen Rollen setzt sich entlang des Wertbeitrages auch ein Gehalt zusammen«, erklärt Karl Friedl. Damit bezieht er sich auf die Rollen in der Projektarbeit, die klassischen Funktionsbeschreibungen in einer projektbasierten Unternehmensberatung entsprechen: Projekt-Assistenz, Junior Consultant, Consultant, Senior Consultant. Diese Funktionen basieren auf Erfahrung, Wissen und sozialer Kompetenz und liegen jeweils in bestimmten gestaffelten Gehaltsbandbreiten, die für alle transparent sind.

Das Gehalt ist eine logische Konsequenz aus dem, was man tut.
Martin Kaltenbrunner, Senior Consultant bei M.O.O.CON

Doch die Organisation hat sich in den vergangenen Jahren stark verändert. Neue Rollen in der Akquise, im Kunden- oder Innovationsprozess kamen hinzu. »Wir haben die Projektdenke sukzessive auf das ganze Unternehmen übertragen. So können wir Innovation und Personalentwicklung auch wie Projekte organisieren. Wir sind keine Linienorganisation, sondern eine Kreisorganisation: Bei uns können alle wechselnd verschiedene Rollen wahrnehmen«, so der Firmenchef. Wenn Mitarbeiter schon länger für M.O.O.CON arbeiten, ist oft nicht mehr erkennbar, ob sie von Haus aus Bauingenieure oder Betriebswirte sind. Hier lernt einer das Geschäft der anderen. Bauingenieure organisieren durchaus mal die Changeworkshops.

Um die Rollen transparent zu machen, nutzt M.O.O.CON das Modell der St. Gallener Managementlehre, das zwischen Leistungserstellung (bei M.O.O.CON die Projektarbeit), Leistungsinnovation, Kundenprozessen sowie den dafür nötigen Steuerungs- und Supportprozessen unterscheidet. Auf der Grundlage hat das Unternehmen Rollen mit den zugehörigen Kompetenzen definiert, die sich auf alle notwendigen Prozesse des Gesamtunternehmens beziehen.

M.O.O.CON Rollenmodell   !

1. Leistungserstellung:
   - Projektleitung (Senior Consultant / Consultant)
   - Projektmitarbeiter (Junior Consultant, Projektassistenz
2. Leistungsinnovation:
   - Geschäftsfeldleiter (Strategien entwickeln, Arbeitswelten verändern, Prozesse optimieren und Projekte gestalten)
   - Experten in 18 Leistungsfeldern (inkl. Wissensmanagement und Schulungen)
   - Innovationsprojekte: derzeit Digitalisierung bei M.O.O.CON
3. Kundenprozesse:
   - Netzwerke aufbauen und pflegen
   - Akquise (Bestands- und Neukunden)
   - Marktarbeit (Vorträge, Seminare, Events)
4. Steuerungs- und Supportprozesse:
   - Geschäftsführung
   - Teamkoordination
   - Infrastruktur: Raum und IT
   - Finanzen und Controlling
   - Personalmanagement
   - Unternehmenskommunikation

»Das Gehalt ist eine logische Konsequenz aus dem, was man tut«, meint Martin Kaltenbrunner. »Es ist bei uns nicht Usus, gehaltsmäßig hochgestuft zu werden, um dann zu zeigen, was man kann – sondern umgekehrt: Wer sich stark engagiert, erreicht die nächste logische Gehaltsstufe.« Der Senior Consultant räumt ein, dass M.O.O.CON hier noch ein bisschen »in der alten Welt« hängt: »Wir haben Jobbeschreibungen, obwohl die Ausprägungen total unterschiedlich sind«. Zudem schlägt sich die Rollenzusammensetzung nicht direkt im Gehalt nieder, sondern nur indirekt: als Gradmesser dafür, wie eigenverantwortlich jemand im Unternehmen agiert.

Mindestens einmal im Jahr findet dafür eine Neueinstufung statt: Die Führungskräfte beraten sich mit den Teamkoordinatoren und anderen Kollegen und legen im Gespräch mit dem Mitarbeiter die neue Rollenzusammensetzung fest. Jeder bespricht mit dem Vorgesetzten, welche Rollen passen könnten. Wer mehr Rollen hat, hat mehr Möglichkeiten, sich im Unternehmen einzubringen. Ein weiterer Vorteil: »Wenn wir Ressourcen suchen, wissen wir auf diese Weise, was wir jemand zutrauen können. Inzwischen sind wir so groß, dass nicht mehr jeder jeden im Detail kennt«, so Martin Kaltenbrunner.

»Wir bezahlen nicht die Zeit, die jemand bei uns arbeitet, sondern den Wertbeitrag, den jemand leistet«, ergänzt der Geschäftsführer Karl Friedl. Vertrauensarbeitszeit heißt übersetzt in Entgeltsprache von M.O.O.CON: Pauschalgehalt. Mit dem Jahresgehalt ist die Arbeitszeit abgegolten. »Wir diskutieren nicht, wie lange wir für etwas brauchen. Jeder entscheidet in seinem Projekt selbst, was wichtig ist und wie lange man dafür braucht. Das bedeutet eine hohe Eigenverantwortung für jeden Mitarbeiter.«

Vertrauensarbeitszeit und Solidarhaftung
Hohe Eigenverantwortung also, aber auch keine bezahlten Überstunden und Überbleibsel einer klassischen Karriereleiter – nach »New Pay« hört sich das nur bedingt an. Doch immer wieder blitzen Elemente im System M.O.O.CON auf, die anders sind als in vielen anderen Unternehmen. Schon als die Firma noch in den Kinderschuhen steckte, führte Karl neben dem rollenbasierten Pauschalgehalt eine Art Solidarhaftung ein: Statt individueller Boni werden im Frühjahr mögliche Gewinne entlang der Grundgehälter an alle Mitarbeiter ausgezahlt. In 27 Jahren kam es nur zweimal vor, dass das Unternehmen keine Prämie zahlen konnte. Alle nahmen dann eine Gehaltseinbuße hin. So musste trotz wirtschaftlicher Turbulenzen niemand entlassen werden: »Wir versprechen mit unserer Unternehmensprämie den Mitarbeitern einen sicheren Arbeitsplatz.«

> *Bonussysteme lehne ich schon immer ab. Wenn man den Bonus bekommt,*
> *ist er selbstverständlich und wenn nicht, regt man sich nur darüber auf.*
> Karl Friedl, Gesellschafter und Geschäftsführer von M.O.O.CON

Der Firmengründer lehnt individuelle Boni prinzipiell ab, denn: »Wenn man den Bonus bekommt, ist er selbstverständlich und wenn nicht, regt man sich nur darüber auf.« Der Individualprämien-Verweigerer der ersten Stunde hatte jedoch auch andere gute Gründe, auf den persönlichen Bonus von Anfang an zu verzichten: »Im Projektgeschäft haben Sie immer Projekte mit einem hohen Deckungsbeitrag und andere, die weniger abwerfen, aber für die Weiterentwicklung der Firma enorm wichtig sind. Es geht um das Gesamtgefüge und zwar standortübergreifend – und das konterkariert man mit individuellen Boni«, so Karl Friedl. »Bei uns steht das Wir vor dem Ich.«

Der Geschäftsführer orientiert sich in der Unternehmensführung an der Theorie der Themenzentrierten Interaktion (TZI, nach Ruth Cohn[131]) – einer Balance von Unternehmenszweck (Why), Mensch (Ich) und dem gemeinsamen System (Wir). »Alle sitzen in einem Boot, auch wenn mal ein Projekt oder ein Standort nicht so gut performt.« Hinzu kommt ein weiterer Aspekt: Ruth Cohn zeichnet um das Dreieck Why-Ich-Wir einen Kreis: Dieser »Globe« steht für die Einflüsse von außen, die auf die Organisation einwirken. »Mit der Digitalisierung befindet sich der Globe in einer unglaublich großen Veränderung – sowohl bei unseren Kunden als auch bei uns selbst«, hat Karl Friedl beobachtet.

Das Why
Für Sabine Zinke ist gerade diese Veränderung der Arbeitswelt insgesamt das, was das Aufgabenfeld von M.O.O.CON so spannend macht. Sie hat lange in der Personal- und Organisationsentwicklung großer Konzerne gearbeitet und dann das Thema neue Arbeitswelten für sich entdeckt. So kam sie vor drei Jahren als Quereinsteigerin ins Unternehmen, hat ihre Affinität für Architektur zum Beruf gemacht und die HR-Erfahrung mit Kompetenzen in Projektplanung erweitert.

> *Mit meinem Wechsel zur M.O.O.CON habe ich auf rund 2.000 Euro pro Monat verzichtet. Das war okay für mich, weil ich hier so viel Freiheit habe und Dinge bewegen kann.*
> Sabine Zinke, Senior Consultant bei M.O.O.CON

»Ich möchte die Arbeitswelt schöner machen. Sie könnte bunter und vielfältiger sein und den Menschen mehr Spaß machen. Architektonisch und kulturell brauchen wir heute etwas anderes als früher«, ist Sabine Zinke überzeugt. Mit ihrem Background als Personalentwicklerin arbeitet sie vor allem in Changeprojekten, die eine hohe Partizipation der Mitarbeiter erfordern. Es gilt dafür, Organisationen ganzheitlich zu verstehen und die Transformationsprozesse zu begleiten. Sie liebt es, den Funken der Begeisterung in Organisationen zu zünden. »Es macht mich stolz, wenn ich durch die neuen Büros der Kunden gehe und weiß, dass sie dort eine hohe Akzeptanz haben. Es ist eine große Befriedigung wirklich etwas zu verändern, gerade in Großunternehmen, die vielleicht auf den ersten Blick etwas träge wirken.«

In den drei bis fünf Jahren, die M.O.O.CON in den Architekturprojekten Kunden begleitet, werde die Veränderung meist sehr deutlich sichtbar. Deshalb hat für Sabine Zinke

---

131 Cohn, Ruth C.: Von der Psychoanalyse zur themenzentrierten Interaktion. Von der Behandlung einzelner zu einer Pädagogik für alle?, Klett-Cotta, 15. Auflage, Stuttgart 2018.

das Gehalt ab einem bestimmten Niveau keine Relevanz mehr. Mit ihrem Wechsel zur M.O.O.CON verzichtete die erfahrene HR-Beraterin auf rund 2.000 Euro pro Monat. »Das war okay für mich, weil ich mein Leben immer noch gut finanzieren kann, hier so viel Freiheit habe und Dinge bewegen kann. Ich brauche kein Schmerzensgeld.« Auch einige andere Kollegen hatten schon mal etwas anderes probiert und nach einigen Jahren die Stelle gewechselt. Doch fast alle seien wieder zurückgekommen und hätten berichtet, »es war dort so fad«. Das Beratungsgeschäft sei zwar stressig, aber die spezielle freiheitliche Kultur und das Miteinander ist für Sabine unbezahlbar.

»Wenn ich meine Funktion wechsle, dann mache ich auch einen Gehaltssprung. Mit Verantwortung wächst das Gehalt. Das ist keine Rocket Science, sondern wie fast überall. Doch wir haben eine spezielle Wir-Kultur, die uns ausmacht«, so Senior Consultant Sabine Zinke. In der Firma duzen sich nicht nur alle, sondern man trete für die anderen ein, profitiere vom Wissen der Kollegen, die alle ganz verschiedene Backgrounds haben. Ellenbogenmentalität gebe es da nicht. »Unsere Kultur und die spannende Aufgabe macht das geringere Gehaltsniveau wieder wett.«

Unternehmen im Unternehmen: Alle führen mit

»Die Wir-Kultur ist keine Selbstverständlichkeit, sondern eine ständige Gratwanderung«, gibt Sabine Zinke aber auch zu. In einer projektbasierten Organisation besteht laufend die latente Gefahr, das Gesamtunternehmen aus dem Auge zu verlieren. Damit hatte M.O.O.CON in den vergangenen Jahren zu kämpfen. »Im Projekt fühlte sich niemand wirklich für die persönliche Entwicklung der Mitarbeiter zuständig, nun ja – manche Projektleiter mehr, andere weniger«, erzählt Sabine. Deshalb entstanden vor etwa zwei Jahren die Unternehmen im Unternehmen und die neue Rolle der Teamkoordination, die zwischen den Unternehmen im Unternehmen Ressourcen vermitteln und die Wissensbasis treiben. »Wenn der Standortleiter für 40 Leute verantwortlich ist und auch selbst noch Projekte stemmt, fehlt manchen Leuten einfach die Orientierung«, so die Ex-Personalerin. »Außerdem können drei bis vier Leute heute nicht mehr für 80 andere Umsatz heranschaffen.« Der Gesamtumsatz liegt bei jährlich etwa 8 Millionen – da müssen alle mitmachen.

> *Irgendwann kommt man als Geschäftsführer und Gesellschafter zur Erkenntnis:*
> *Ich bin selbst der Engpass.*
> Karl Friedl, Gesellschafter und Geschäftsführer von M.O.O.CON

»Wir wachsen sehr schnell und irgendwann kommt man als Geschäftsführer und Gesellschafter zur Erkenntnis: Ich bin selbst der Engpass«, erklärt Karl Friedl. Er machte sich viele Gedanken, wie es anders besser gehen könnte, beschäftigte sich mit Organisationsentwicklung. Für Holokratie, Soziokratie oder eine demokratische Wahl der Führungskräfte wollte er sich damals noch nicht entscheiden. Er wählte einen eigenen Weg: die UiU-Struktur. »Wir haben einfach irgendwo angefangen und einiges

ausprobiert.« Zunächst setzten sich die Unternehmen im Unternehmen interdiszipli-
när zusammen. Doch der Versuch, die Projekte in die Teamstruktur der UiUs zu schieben, wollte nicht recht gelingen. Zu viele Projekte liefen in mehreren UiUs zusammen.

Heute hat jedes UiU einen inhaltlichen und einen regionalen Schwerpunkt – ein System, das für den Moment gut funktioniert. Zwei Teams arbeiten marktübergreifend.
»Die Personalverantwortung ist sozusagen in den einzelnen Unternehmen im Unternehmen«, sagt der Firmenchef. Die Senior Consultants übernehmen tendenziell auch
die Rolle der Teamkoordination – mindestens zwei gibt es pro Team, um sich vertreten
zu können. Mithilfe der Teamkoordinatoren ersetzen die UiUs eine zentrale HR-Funk-
tion und übernehmen unter anderem auch das Recruiting.

Im Einstellungsgespräch passiert die erste Einstufung bezüglich der Rollen und des
Gehalts. Wer besser verhandelt, bekommt durchaus mal etwas mehr. Eine Lücke im
System? Das findet Sabine Zinke nicht. Es lasse sich zwar kaum vermeiden, dass man
am Anfang jemanden etwas anders bewerte, als sich das im laufenden Betrieb
bewahrheite. »Wir rekrutieren Leute mit sehr verschiedenem, schwer vergleichbarem
Hintergrund. Wenn jemand etwas mehr fordert und wir die Person aufgrund der
Expertise unbedingt einstellen möchten, dann passt das zunächst manchmal nicht
ganz ins Gefüge. Aber da schauen wir kontinuierlich gemeinsam drauf und ziehen das
gerade.« Mindestens einmal im Jahr überprüfe man die gesamten Gehälter und vergleiche diese auch standortübergreifend. Die Teams befinden sich laut der Ex-Personalerin noch in einem Lernprozess. Erst seit zwei Jahren machen sie das Recruiting
eigenständig. Vorher regelten die Geschäftsführer und das Regionalmanagement alles
rund um die Neueinstellungen und die Verträge.

Gleichzeitig ist auch die größere Mitverantwortung und Freiheit eine Art »Lohn«: Jeder
übernimmt ein kleines Stückchen (Selbst-)Führung. Im Team von Sabine Zinke arbeiten
zum Beispiel aktuell elf Kollegen. Jährlich stemmen sie einen Umsatz von 1,4 Millionen,
betreiben Akquise dafür und pflegen Bestandskunden – und zwar alle zusammen, jeder
gemäß seinem Wissen und Erfahrungsschatz. Die einen scouten Veranstaltungen auf
dem Markt, andere koordinieren die Innovationsthemen. Während die Senior Consultants meist die Akquisegespräche führen, tragen viele Juniors in Social Media durch eine
gute digitale Vernetzung zum gemeinsamen Ziel bei. »Oft ist es schon die halbe Miete,
wenn wir erfahren, dass ein Unternehmen etwas in Sachen neue Arbeitswelt plant.«

Zeit für Innovation und Wissenserwerb – auch ein Lohn
Neue Rollen wie Kommunikation in Social Media, Netzwerkarbeit oder Engagement
für Wissensweitergabe landen dabei nicht direkt auf dem Gehaltszettel, aber auf einer
Art Zeitkonto. »Wir ordnen den Rollen keine Gehaltsbestandteile zu, sondern Ressourcen«, erläutert Karl Friedl. Jährlich definiert M.O.O.CON, wer wie viel Zeit in Projekten
und wie viel mit anderen Aufgaben verbringt.

Wir ordnen den Rollen keine Gehaltsbestandteile zu, sondern Ressourcen.
Zeit für Innovation ist eine Investition ins Unternehmen.
Karl Friedl, Gesellschafter und Geschäftsführer von M.O.O.CON

Heute ist für jeden transparent, wer wie viel Tage mit welcher Rolle verbringt. Zeit, die beispielsweise in Marketing, Marktbeobachtung oder Verwaltungstätigkeiten verplant ist, geht von der Projektarbeit ab – entsprechend geringer sind die Erwartungen an die Umsatzbeteiligung. Senior Consultant Sabine Zinke etwa hat viele Aufgaben in den Feldern Marktpräsenz und Innovation, die rund 40 Prozent ihrer Arbeitszeit ausmachen. Dafür ist sie nur 60 Prozent in konkreten Projekten mit Kunden aktiv. Der Geschäftsführer Karl Friedl arbeitet 40 Prozent operativ in Projekten, 30 Prozent am Markt (in Kundenprozessen und Netzwerken) und 30 Prozent investiert er in Management, Moderation und Coaching der Mitarbeiter.

Insgesamt verbringen die M.O.O.CON-Mitarbeiter 80 Prozent ihrer Arbeitszeit in Projekten. 20 Prozent arbeiten sie für das Gesamtunternehmen – 7 Prozent fallen neben Management- und Kundenprozessen allein auf Innovation. »Wenn wir Mitarbeitern Zeit für Dinge wie Innovation freischaufeln, ist das eine Investition ins Unternehmen. Das müssen alle anderen mitverdienen und bekommt dadurch eine andere Wichtigkeit«, erläutert Karl. Eine Zeit lang hat es das Unternehmen auch ohne diese zeitliche Zuordnung probiert. »Doch das funktionierte nicht: Der Kunde kam immer zuerst. So blieben Dinge liegen, auch Innovationsthemen. Zudem stand die gesamte Organisation unter Dauerbelastung.«

M.O.O.CON geht es mit seinem Zeitsystem nicht um Stundenerfassung, sondern um transparente Abrechnung beim Kunden und eine klare Rollenverteilung. Auch wenn M.O.O.CON Ressourcen in Projekten und zwischen Standorten teilt – oft arbeiten die österreichischen Mitarbeiter phasenweise in Deutschland oder anderswo –, bleibt es bei den vereinbarten Rollen. »In einem Pauschalvertrag gibt es keine Stundenerfassung und keine Urlaubsanträge. Es steht jedem frei, die Arbeitszeit selbst einzuteilen. Die Leute müssen nur ihre Projekte im Griff haben und für Vertretung sorgen, wenn sie weg sind«, fordert der Geschäftsführer. Die Beschäftigten können also arbeiten, wann und wo sie wollen – solange die Arbeit nicht liegen bleibt. Dieses System hat durchaus seine Tücken. In Deutschland haben Beschäftigte mindestens einen Anspruch auf 20 Werktage Urlaub, in Österreich sind es sogar mindestens 25. Doch teilweise gelingt es den M.O.O.CON-Beschäftigten nicht, allen Urlaub zu nehmen.

Kultur der Freiheit hat Licht und Schatten
»Die höhere Flexibilität ist ein Teil des Gesamtpakets Lohn und Gehalt. Dafür braucht es eine entsprechende Reife – der Persönlichkeit und der Unternehmenskultur«, findet der Gesellschafter Karl Friedl. Früher habe man Dinge verordnet und diese dann von oben kontrolliert. Heute könne jeder über ein entsprechendes Tool die eigene

Arbeitszeit selbst überwachen. Leuten, die sich schwer damit tun, müsse man helfen und sagen: »Mach mal Pause! Nimm den Jahresurlaub!«.

»Wenn man mit einer stärken Verantwortung beginnt, bringt man Menschen in Bewegung. Sie freuen sich, Mit-Unternehmer zu sein und versuchen alles gleichzeitig zu machen. Wenn man die Verantwortungsstrukturen noch nicht fertig gedacht hat, wächst die Burnout-Gefahr dadurch enorm«, hat Karl erfahren müssen. Viele Mitarbeiter möchten das Beste für die Kunden erreichen. Da ist der Grad zum Perfektionismus schmal. »Die Rolle ist dabei irrelevant. Man kann jede Aufgabe so oder so machen. Wenn man sie zu perfekt ausführt, ist man schnell überfordert – und will das vielleicht zunächst selbst nicht wahrhaben«, so Martin Kaltenbrunner.

Es gehört viel Mut dazu, selbst zu sagen, »Ich kann nicht mehr, helft mir!« Bei M.O.O.CON ist das jedenfalls in einigen Fällen nicht geschehen – oder sehr spät. »Andere darauf anzusprechen, ist extrem schwierig, weil Menschen bei dem Punkt so verschieden sind. Manche können 14 Stunden am Tag arbeiten und alles ist gut. Bei anderen ist der Punkt nach neun Stunden erreicht. Diese persönliche Grenze ist total individuell«, meint der Teamkoordinator, der selbst zwischen 45 und 50 Stunden die Woche arbeitet. Er kommt auch immer mal in Urlaubsrückstand, selbst wenn er explizit darauf achtet. »Wenn man Kinder hat oder sich mit einem Partner abstimmen muss, wird es umso schwieriger. Der gewünschte Zeitpunkt fällt nicht immer mit dem Ende eines Projekts zusammen«, sagt Martin. Der Senior Consultant hat drei Kinder, die pro Jahr 12 bis 13 Wochen Ferien haben – das geht selbst mit dem Urlaub seiner Partnerin zusammengerechnet nicht auf. »Für mich ist die Passung zwischen Ausbildungssystem, Kinderbetreuung und Arbeit eine super Herausforderung. Das ist aber auch ein gesellschaftliches Thema: Flexible Arbeit sollte nicht nur für Singles möglich sein.« Als langjähriger Mitarbeiter tut er sich selbst manchmal schwer, einfach früher zu gehen, wenn er eine stressige Arbeitsphase hinter sich hat. »Die Fülle der Aufgaben ist permanent so groß.«

Einige M.O.O.CON-Mitarbeiter machen zwischen den Projekten eine längere Pause, ein kleines Sabbatical oder gar eine jährliche Auszeit. Für den Geschäftsführer ist das kein Problem, solange sie das langfristig planen. Martin Kaltenbrunner fände zudem eine phasenweise Reduzierung der Arbeitszeit einen attraktiven Ansatz. »Meine Arbeit ist sehr spannend, aber ich hätte manchmal gern mehr Zeit für mein Privatleben. Da bin ich persönlich noch suchend nach neuen agilen Modellen.« Der Senior Consultant könnte sich durchaus vorstellen, mal kürzerzutreten, Arbeitszeit zu reduzieren und dafür auf Gehalt zu verzichten. »Teilzeit ist vielleicht möglich, aber auch Verantwortung für eine gewisse Zeit abzugeben – das können wir rein rechtlich im Moment zumindest im Gehalt noch nicht abbilden. Ich würde es begrüßen, wenn man für eine Orientierungsphase auch mal aus einer Führungsrolle heraustreten könnte«, so Martin.

Da viele Kollegen das Thema Arbeitszeit beschäftigt, hat M.O.O.CON diesem Thema auch Raum gegeben. Mitarbeiter machen sich gemeinsam darüber Gedanken und reflektieren das eigene Lebensmodell. »Wir haben viel Freiheit. Es ist aber wichtig, dass alle helfen, diese Freiheit mit zu steuern. Eigenverantwortung in der Selbststeuerung ist eine ganz elementare Fähigkeit der Gegenwart und Zukunft«, meint Sabine Zinke. Die ehemalige Personalentwicklerin hält es für Blödsinn, den Mitarbeitern vorzuschreiben, wann sie arbeiten dürfen und wann nicht – beispielsweise mit dem Abschalten von E-Mail-Servern. »Die Fähigkeit der Selbststeuerung muss man lernen. Das kann einem in Zeiten der mobilen Devices niemand abnehmen.«

M.O.O.CON ist als Organisation noch in dieser Lernphase. Eine Zeit lang mussten vor allem die Projektleiter zusätzlichen Workload stemmen, wenn Mitarbeiter in ihren Teams zu viel zu tun hatten. Sabine Zinke selbst stand auch schon vor einem Auslastungsproblem: Ein Kollege, der in einem ihrer Projekte mitarbeitete, bekam ein weiteres Projekt. Er nahm die Aufgabe an, obwohl er eigentlich ausgelastet war. Die Konsequenz: Die Mehrarbeit wäre an ihr hängen geblieben. Da hat sie sich »auf die Füße gestellt« und offen thematisiert, dass sie keine freien Ressourcen hat. In der gemeinsamen Diskussion fanden dann die Beteiligten zu einer anderen Lösung. Sie mussten eben ein bisschen »umschachteln«, wie Sabine sagt. »Wir müssen lernen, Überlastungen an die Organisation zurückzuspielen. Das entlastet die Mitarbeiter, wenn sie merken, dass man sie mit ihren Problemen nicht allein lässt.«

Wo es sonst noch hakt

»Wenn man sehr motivierte Mitarbeiter hat, muss man dringend mit der passenden Struktur nachziehen und enorm daran arbeiten. Wer glaubt, Selbstorganisation braucht keine Regeln, liegt völlig falsch«, folgert Karl Friedl weiter. Teamkoordinatoren-Meetings finden deshalb mindestens alle zwei Wochen statt. Sie müssen sich abstimmen, wie sie Ressourcen teilen und unternehmerisches Lernen in einer neuen Struktur organisieren.

Doch wie in jeder sich wandelnden Organisation hakt es bisweilen beim Wir-Gefühl und der Selbstorganisation. Beispiel Vertrieb: Zunächst waren die Mitarbeiter bei M.O.O.CON sehr euphorisch, dass sie selbst mehr mitgestalten können. Dann folgte die Ernüchterung. »Das ist wie in dem Haufe-Buch ›Wir sind Chef‹: Als der Tiger aus dem Käfig heraus ist, klagt er, jetzt füttert mich keiner. Dieses Bild ist bei uns zu 100 Prozent eingetreten«, berichtet der Geschäftsführer. Konfliktpotential birgt auch der Kundenprozess. Akquise- und Leistungserfolge werden vierzehntägig für alle transparent gemacht. Die Organisation muss laufend daran arbeiten, dass dies nicht zu Neid und Missgunst führt. Und in Sachen Innovation ist es genauso: Es sollte nicht darum gehen, wo eine Idee entstanden ist, sondern ob sie das Unternehmen voranbringt. »Das ist doch wie im Fußball: Der eine ist der Assist, der das Tor vorbereitet, und der andere versenkt die Kugel – wer welche Rolle hat, spielt für das Gesamtunternehmen keine Rolle. Auf das Zusammenspiel kommt es an.«

> *Das Zusammengehörigkeitsgefühl organisiert man nicht durch mehr Gehalt,*
> *sondern indem man es gemeinsam zelebriert.*
> Karl Friedl, Gesellschafter und Geschäftsführer von M.O.O.CON

Dabei hilft M.O.O.CON die gemeinsame Prämie und der Verzicht auf individuelle Bonussysteme. Doch das allein reicht nicht. »Wir müssen ständig über unsere Werte reden und das Wir-Gefühl stärken«, so der Geschäftsführer. Deshalb investiert er in gemeinsame Events und Erlebnisse, standortübergreifend. Die Wiener Mitarbeiter sollen sich freuen, wenn die Deutschen bei adidas wieder einen neuen Auftrag bekommen. »Das Zusammengehörigkeitsgefühl organisiert man nicht durch mehr Gehalt oder indem man eine E-Mail schreibt, sondern indem man es gemeinsam zelebriert.«

Wie sich Führungsrollen ändern
Bei M.O.O.CON entsteht im Zuge von mehr Freiheit und Selbstverantwortung langsam aber sicher eine neue Führungskultur. Gesellschafter Karl Friedl vergleicht diesen Prozess mit seiner sich wandelnden Rolle als Familienvater: »Wenn ein Kind klein ist, muss man ständig darauf achten, dass ihm nichts passiert. Man muss operativ mitdenken. Wenn es zuhause auszieht, wird man zum Ansprechpartner, Ratgeber und Krisenhelfer.« Wenn Mitarbeiter ein Problem hätten, müsse man der Versuchung widerstehen, die Lösung gleich auf dem Silbertablett zu servieren. Karl wartet darauf, dass die Kollegen aktiv um Rat fragen. Dann erklärt er seinen Standpunkt und versucht ihren Erkenntnisprozess zu fördern. »Man darf nicht in die Rolle des anderen hineinspringen, sondern muss dabei unterstützen, sie eigenständig zu bewältigen.«

Als Führungskraft kümmert sich der Geschäftsführer heute stärker um die Rahmenbedingungen (den Globe) und die nötigen Impulse. Aber das heißt nicht, dass alle diese sofort annehmen. »Wenn jemand langjährige Erfahrung hat, kommt es nicht so gut, wenn man plötzlich alles besser weiß. Man muss Influencer im Unternehmen finden, die Ideen übernehmen und selbst weiter kneten«, so Karl Friedl. So hatten etwa zwei junge Mitarbeiter die Idee für eine Learning Journey mit verschiedenen Lernstationen und für ein neues Kollaborationstool. »Für solche Initiativen muss man professionelle Rahmenbedingungen schaffen.«

Außerdem sieht der Firmenchef Führung in der Pflicht, wenn es darum geht, Talente und Kompetenzen der Mitarbeiter zu fördern. Die Rollen sind bewusst durchlässig und flexibel gestaltet – anders als in vielen größeren Unternehmen, die ihre Kompetenzmodelle stärker standardisiert haben. »Wir müssen aufpassen, dass die formale Struktur die informelle nicht verhindert. Informelle Strukturen und Verantwortlichkeiten sollten aber in formale übergehen können – zum Beispiel, wenn sich jemand für Führungsaufgaben anbietet.«

Der Geschäftsführer erzählt begeistert von einem 35-jährigen Mitarbeiter, der aktuell eine Masterarbeit über die Entwicklung des Unternehmens schreibt. Er hat laut Karl Friedl erkannt, dass er bestimmte Dinge alleine schieben kann: Er akquirierte eines der größten Projekte des Unternehmens und baut aktuell in Budapest einen neuen Unternehmensstandort auf. »Es ist eine Führungsaufgabe, Mitarbeitern, die sich engagieren möchten, eine Bühne zu geben. In einem selbstorganisierten System bekommen diejenigen eine Führungsrolle, die sich dafür hervortun.«

> *Wenn Mitarbeiter zu wesentlichen Säulen des Unternehmens geworden sind,*
> *dann sollen sie es nicht nur steuern, sondern auch besitzen.*
> Karl Friedl, Gesellschafter und Geschäftsführer von M.O.O.CON

»Es dürfen keine neuen Elfenbeintürme entstehen – das Verständnis von Führung sollte in den UiUs gleich sein. Da muss man von Anfang an gegensteuern und wir arbeiten ständig weiter daran«, betont der Geschäftsführer. Dass bisherige Errungenschaften und Freiheiten nur erhalten bleiben, wenn Menschen in der Organisation Verantwortung übernehmen – dieses Bewusstsein möchte Karl noch stärker in den Köpfen der Führungskräfte verankern. In zehn Jahren plant er sich ebenso wie Co-Gesellschafter Andreas Leuchtenmüller aus der Geschäftsführung zurückziehen. Schon jetzt stellen sie die Weichen dafür, dass mehr Mitarbeiter in die Eigentümer-Rolle hineinwachsen. »Ein Beratungsunternehmen lebt nur von den mitarbeitenden Menschen. Wenn sie zu wesentlichen Säulen des Unternehmens geworden sind, dann sollen sie es nicht nur steuern, sondern auch besitzen.«

Mitarbeiterbeteiligung als Übergabestrategie

»Unser Unternehmen ist keine Sparkasse«, betont der Gesellschafter aber auch. Von Anfang an ging für ihn der Unternehmenserhalt vor – auch vor Shareholder-Interessen. In dem Gesellschaftsvertrag ist festgelegt, dass das Unternehmen nur der besitzen darf, der dort arbeitet. Firmenanteile dürfen zudem nur zum Buchwert in den Bilanzen (liegt derzeit bei einer Million) und nicht zum Marktwert, den möglicherweise Marktteilnehmer zahlen würden, weitergegeben werden. Es gibt also keine wesentlichen Bereicherungsmöglichkeiten mit Unternehmensanteilen.

Für eine Beteiligung muss jemand mindestens fünf Jahre im Unternehmen sein, diverse Rollen bekleidet haben, mindestens fünf Mitarbeiter im Leistungserstellungsprozess führen und mindestens 50 Prozent des dafür nötigen Umsatzes (ungefähr 500.000 Euro im Jahr) akquirieren. Wichtig ist, dass die Partner nicht nur Folge-Akquise, sondern auch entsprechende Netzwerkarbeit betreiben. »Die beteiligten Mitarbeiter müssen sich quasi selbst ernähren und als wesentliche Stütze zur Weiterentwicklung der Organisation beitragen. Das ist keine Schikane, sondern sichert, dass das Unternehmen auf sicheren Fundamenten für die Zukunft steht.«

»Der finanzielle Output dabei ist überschaubar«, meint Sabine Zinke, die aktuell auf dem Weg zur Partnerin ist. Sie weiß, dass es hier um einen symbolischen Wert geht. Die beiden Geschäftsführer halten aktuell 60 Prozent der Unternehmensanteile, mehr als 50 Prozent werden es voraussichtlich auch künftig sein. Wenn die Geschäftsführer sich einig sind, haben sie die Mehrheit – daran möchte M.O.O.CON bislang nicht rütteln. 2018 waren fünf Mitarbeiter am Unternehmen beteiligt und ab 2019 soll es eine neue Beteiligungswelle geben. »Das ist kein großangelegtes Mitarbeiterbeteiligungsprogramm. Es geht darum, das künftige Management aufzubauen«, so Sabine Zinke.

Was ist eigentlich gerecht?

Weder die Eigentümer noch das Management verdienen sich dabei eine goldene Nase. »Wir haben keine Highend-Gehälter. Die gesamte Gehaltsstruktur hängt von den Tagessätzen ab, die uns die Kunden bezahlen«, weiß Senior Consultant Sabine Zinke. Dennoch findet sie das Gehalt fair – in der Gesamtheit von spannender Aufgabe, Gestaltungsfreiheit und Verhältnis zu anderen Kollegen. »Man hält als Mitarbeiter viel aus, solange man überzeugt ist, dass der Arbeitgeber im Vergleich zu den anderen angemessen entlohnt.« In Gehaltsverhandlungen spricht sie ihre Teammitglieder gern darauf an, wo sie sich im Vergleich zu anderen Mitarbeitern verorten. »Da frage ich schon mal, glaubst Du wirklich, dass Du 500 Euro über XY liegst? Das relativiert dann oft die eigene Sichtweise.«

Das Gehalt muss innerhalb des Unternehmenssystems gerecht sein.
Karl Friedl, Gesellschafter und Geschäftsführer von M.O.O.CON

Sabine Zinke räumt aber ein, dass ein gerechtes System eine ständige Herausforderung darstellt. Mitarbeiter verändern sich, mal engagiert sich der eine mehr, mal der andere. Wichtig ist für die ehemalige Personalerin, dass nicht einer im Team einen riesen Sprung macht, der nicht mehr zum Gehalt der anderen passt. »Sobald jemand eine neue Position einnimmt, verändert sich das Gehaltsgefüge. Das ist nie fertig.«

Das Vorgehen sei auch für jeden Mitarbeiter transparent. Karl Friedl betont: »Bei uns reden die Leute über ihre Gehälter. Wir haben sie zwar nirgends direkt veröffentlicht, aber jeder weiß, dass bestimmte Rollen im Projekt mit bestimmten Honoraren und Gehaltsgrößenordnungen verbunden sind.« In Österreich gibt es scheinbar eine größere Transparenz bezüglich des Gehalts: Arbeitgeber müssen in Stellenanzeigen das Mindestgehalt oder kollektivvertragliche Gehalt angeben. »Es ist allerdings nicht Usus, hier das konkrete Gehalt zu veröffentlichen. Wir schreiben in die Stellenanzeigen immer hinein, dass wir etwas anderes, ein höheres Gehalt, vereinbaren werden«, sagt Karl Friedl.

Eine hohe Fluktuation kennt das Unternehmen laut Karl Friedl nicht. Gleichwohl sei die selbstverantwortliche Gemeinschaftskultur nicht für jeden etwas. Auf kununu gibt es ein paar kritische Einträge – in Bezug auf das Gehaltsniveau und die Gesamtkultur. »Mit der Offenheit bei uns muss man leben können. Wenn Mitarbeiter in einem Team nicht performen, dann sagen einem das die Kollegen«, hat der Geschäftsführer beobachtet. Wer lieber gesteuert werde statt selbst zu steuern, komme im System M.O.O.CON nicht zurecht. Der Geschäftsführer möchte künftig die Kommunikation umdrehen. »Bisher haben wir unser Wissen ins Schaufenster gestellt und gewartet, dass jemand vorbeikommt. Jetzt müssen wir aktiv rausgehen und Antworten geben auf Fragen, die da draußen in Social Media gestellt werden.« Dafür soll möglichst jeder Mitarbeiter draußen am Markt eigenständig agieren und sein Wissen in sozialen Netzwerken zeigen. »Wir brauchen Menschen, die sich darum kümmern möchten, dass wir als Organisation jeden Tag ein bisschen schlauer werden.«

Man brauche insgesamt eine »faire Einschätzung«, wer im Sinne des Unternehmens welchen Wertbeitrag leistet und welche Verantwortung übernimmt. »Das Gehalt muss innerhalb des Unternehmenssystems gerecht sein«, meint der Geschäftsführer. Manchmal kommen Mitarbeiter zu ihm und sagen, »der Kollege, mit dem ich studiert habe, verdient im Unternehmen XY um die Hälfte mehr als ich.« Dann sagt er, »unser System ist eben anders.«

Die Interviewpartner von //Seibert/Media

Dr. Kai Rödiger, Agile Coach und Unternehmensentwickler bei Seibert Media

Joachim Seibert, Geschäftsführer von Seibert Media

Martin Seibert, Geschäftsführer von Seibert Media

7.8   Die Gehaltschecker – gewählte Vertreter entscheiden bei //Seibert/Media über das Gehalt

Irgendwie müssen wir eine Umgebung schaffen,
in der wir offen über Gehalt reden können.
Joachim Seibert, Geschäftsführer von Seibert Media

Eigentlich hatten wir eine innovative Techie-Bude in einem Hinterhof oder einem Industrieloft vermutet, als wir zu //Seibert/Media[132] aufbrachen. Aber weit gefehlt: Die Softwareentwickler werkeln keineswegs weit ab vom Schuss. Wer Seibert Media in Wiesbaden besucht, trifft auf pralles Leben. Ihr Büro liegt mitten im Zentrum der hessischen Landeshauptstadt in den oberen Etagen einer Shopping Mall. Diese quirlige Lebendigkeit spürt man auch, wenn man die Büroräume betritt.

Die Mitarbeitenden, die uns auf den Fluren und den Großraumbüros begegnen, nicken uns freundlich zu oder sprechen uns direkt an. Eine Kollegin bietet Espresso an und führt uns durch die Räumlichkeiten. Hier fühlt man sich sofort willkommen.

Offenheit und Fröhlichkeit drückt auch die Arbeitsumgebung aus. Jeder Raum ist anders gestaltet und bietet unterschiedliche Arbeitsmöglichkeiten, sei es am großen Tisch, in unterschiedlichen Meetingräumen oder in Besprechungsinseln. Und ja, es gibt auch einen Tischkicker. Aber spannender ist, dass einer der lichtdurchfluteten Räume über ein Bällebad verfügt. Alles nur Klischees der New-Work-Szene?

Seibert Media ist ein Internetdienstleister, der neben Wiesbaden einen Standort in San Diego hat. Die 150 Mitarbeiter agieren in eigenverantwortlichen und interdisziplinären Teams. Mit Unterstützung der Organisationskonzepte Scrum und Kanban bilden sie alle Facetten der agilen Softwareentwicklung ab – von der Strategie über Beratung und Konzeption bis hin zu Design, Softwareentwicklung und Softwarebetrieb inklusive Security. Zu den Kunden gehören 70 Prozent der DAX-Unternehmen. 2018 machte das Unternehmen einen Umsatz von etwa 26 Millionen Euro.

Der Start-up-Phase sind die IT-Experten längst entwachsen. Martin Seibert gründete das Unternehmen 1996 im jugendlichen Alter von 17 Jahren. Vier Monate später kam Bruder Joachim dazu. »Rückblickend betrachtet«, so Martin, »haben wir anfangs unser Unternehmen auf Basis eines patriarchalen Modells aufgebaut, das den typischen Regeln der Betriebswirtschaftslehre der 90er Jahre folgte.« Für die Gehälter galt die alte Kaufmannsregel: Der Gewinn liegt im Einkauf. Folglich zahlten sie den Mitarbeitenden so wenig wie möglich.

---

132 Im nachfolgenden Text verzichten wir auf die offizielle Schreibweise und sprechen einfach von Seibert Media.

Ich kümmere mich bei Seibert Media darum, dass wir unsere Mitarbeiter irgend-
wann fürstlich entlohnen können und da gibt es noch Einiges zu tun.
Martin Seibert, Geschäftsführer von Seibert Media

Die Gehaltsverhandlung führte damals Martin. Und sein Ansporn in den Gesprächen war es, die individuelle Schmerzuntergrenze aus jedem Bewerber herauszukitzeln. »Wenn Du mir die Empfehlung gegeben hättest, drücke diese sieben Knöpfe und Du kannst dem Mitarbeiter noch 2.000 Euro weniger zahlen, dann hätte ich es gemacht«, sagt Martin Seibert heute. So war das Gehalt sehr stark vom Verhandlungsgeschick der Bewerber abhängig. »Im Nachhinein betrachtet«, zieht Martin Bilanz, »gab es Mitarbeiter, die sich in der Gehaltsverhandlung besser und andere, die sich weniger gut anstellten.« Und das führte in der Konsequenz zu sehr unterschiedlichen Gehältern.

Heute sieht Martin seine Rolle ganz anders: »Ich kümmere mich bei Seibert Media darum, dass wir unsere Mitarbeiter irgendwann fürstlich entlohnen können und da gibt es noch Einiges zu tun.« Dass das heute noch nicht möglich ist, ist ihm ein Dorn im Auge. Darin sieht er den einzigen Grund, warum Mitarbeitende aktuell mit dem Gedanken spielen könnten, Seibert Media zu verlassen. Denn das Unternehmen könne nicht Gehälter wie Google oder andere Großkonzerne bezahlen. Und so treibt ihn und seine Gesellschafter an, die Ertragssituation so zu steigern, dass ihnen dies in Zukunft gelingt.

Doch es scheint, als wäre es vielen Mitarbeitern nicht so wichtig gewesen, wie viel ihnen ihr Arbeitgeber bezahlte, stellt Martin rückblickend fest. Im Mittelpunkt stand die eigene Entwicklung – sowohl fachlich als auch menschlich – und die Teilhabe an der Wachstumsstrategie.

Die Wachstumsstory geht weiter
In der Aufbauzeit kristallisierte sich ein Kern von vier Mitarbeitern heraus, bei dem Martin und seinem Bruder Jo Seibert schnell klar war, wie wichtig dieser für das weitere Wachstum ist – fachlich wie menschlich. Bei diesem kleinen Kreis gingen die Geschäftsführer einen Sonderweg. Sie beteiligten sie am Unternehmen, um sie langfristig zu binden. Die Rechnung ging auf: Alle vier sind heute noch an wichtigen Stellen im Betrieb.

Über die Jahre erlebte Seibert Media eine wahre Erfolgsstory. Der Umsatz stieg, die Anzahl der Mitarbeiter wuchs ebenfalls kontinuierlich. Das bedeutete auch eine Veränderung bei der Gehaltsfindung. Denn Martin hatte immer weniger Zeit für Mitarbeitergespräche und Gehaltsverhandlungen und gab diese Aufgabe zunehmend ab. Das führte unter anderem dazu, dass die Einstiegsgehälter großzügiger ausfielen. Der ursprüngliche Grundsatz von Martin – »die Marge liegt im Einkauf« – trat in den Hintergrund.

Auch die Arbeitsmethoden veränderten sich über die Zeit. Ab 2006 experimentierte Seibert Media mit agilen Methoden, zuerst in einigen Teams in der Entwicklung. Ab 2009 war dann der interne Siegeszug von Scrum und Co nicht mehr aufzuhalten und reichte über die Entwicklung hinaus bis hin zu einer agilen Gesamtorganisation. Vertrauensbasierte Teamautonomie beschreibt seitdem vielleicht am besten, was das Unternehmen ausmacht. Zur besseren Verdeutlichung nutzt Seibert Media das Unternehmenskulturmodell nach William Schneider.[133]

Unternehmenskulturmodell nach William Schneider bei //Seibert/Media

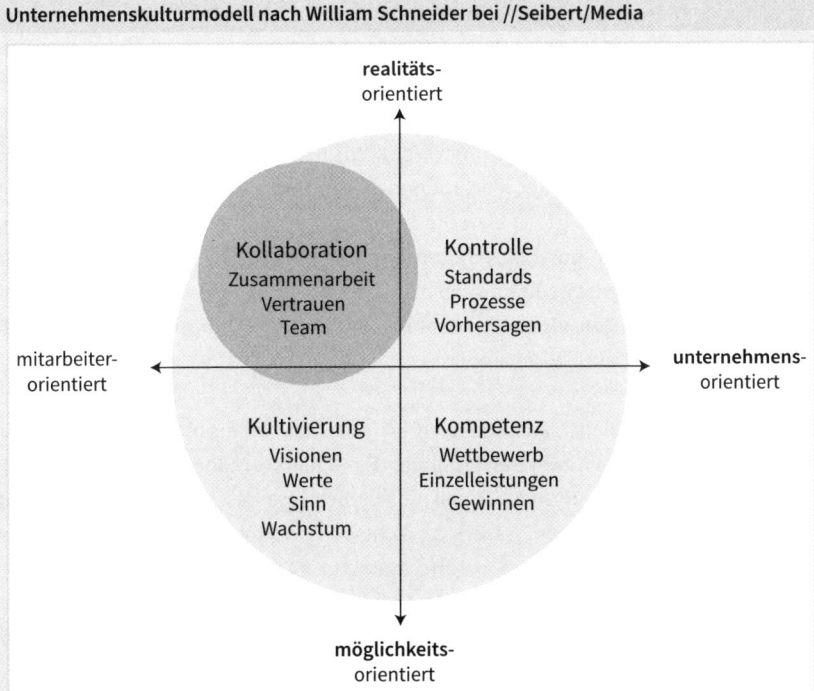

Abb. 12: Die Unternehmenskultur bei Seibert Media orientiert sich an dem Unternehmenskulturmodell von W. Schneider

Gemäß Edgar H. Schein ist die Unternehmenskultur ein Muster gemeinsamer Grundannahmen. Diese Kultur hat eine Gruppe von Mitarbeitenden erlernt, indem sie sich bei der Bewältigung ihrer Probleme an externe Einflüsse anpasst und in die eigene Arbeitsweise integriert. Wenn sich diese Grundannahmen bewährt haben, gelten sie als bindend. Sie werden an neue Kollegen als rationaler und emotional korrekter Ansatz weitergegeben.

William Schneider stellt in seinem Kulturmodell die durch gemeinsame Grundannahmen entstehenden unterschiedlichen Ausprägungen der Unternehmenskultur dar. In Schneiders Modell bilden zwei Achsen die vier Quadraten Kollaboration, Kontrolle, Kultivierung und Kompetenz aus. Die Achsen zeigen dabei auf, wo der jeweilige Schwerpunkt der Gruppe liegt.

---

133 William E. Schneider: The Reengineering Alternative: A Plan for Your Current Culture Work, McGraw-Hill Professional, 1999.

Bei Seibert Media liegt der Schwerpunkt im Quadrant Kollaboration. Dies hat damit zu tun, dass die Organisation mit agilen Methoden arbeitet. Das wäre bei einer kompetenz- oder kontrollbasierten Unternehmenskultur kaum möglich. Der Prototyp für eine kollaborative Kultur ist eine Sportmannschaft, bei der vor allem Team, Synergie und Vielfalt wichtig sind. Schneider geht bei seinem Modell davon aus, dass die Kulturformen selten in Reinform auftreten. In der Regel entsteht aber in jeder Organisation eine dominierende Kulturform.

Gehaltstransparenz dank Peer Recruiting

Was sich in der Entwicklung von Seibert Media hin zu einer agilen Organisation ebenfalls veränderte, war das Thema Recruiting. Der klassische Recruitingprozess wurde schleichend ab 2014 abgelöst und durch Peer Recruiting ersetzt. »Bis zu 15 Teammitglieder führen bei uns das Bewerbungsgespräch mit dem Kandidaten. Zugegeben, das ist eine Herausforderung für jeden Bewerber. Wir nennen das Format deshalb auch scherzhaft ›das Tribunal‹«, sagt Martin über diesen Recruitingprozess. Das Ziel, das Seibert Media damit verfolgt, ist klar: Die Teammitglieder erhalten alle einen persönlichen Eindruck von den potenziellen Kollegen und gleichzeitig hat der Kandidat die Möglichkeit, sein zukünftiges Team kennenzulernen. Durch diese Vorgehensweise entsteht ein Raum von gegenseitiger Bewerbung. Beide Seiten, Unternehmen und Kandidat, entscheiden sich aktiv füreinander.

Als die Gehälter noch nicht transparent waren, gaben die Teams nach den Gesprächen ein qualitatives Feedback zum Bewerber ab. Die Gehaltsverhandlung lag jedoch weiterhin bei der Geschäftsführung. Wie soll man jedoch eine abschließende Empfehlung für einen Kandidaten abgeben, wenn man nicht weiß, wo seine Gehaltsvorstellung im Vergleich zu ähnlichen Positionen im Unternehmen liegt?

Gleichzeitig fingen Teammitglieder an, sich darüber Gedanken zu machen, zu welchen Konditionen neue Kollegen eingestiegen waren. Hatte er oder sie einen Abschlag zu seiner Gehaltsforderung hinnehmen müssen oder verdiente der neue Kollege nun sogar mehr als man selbst? »Irgendwie mussten wir dafür sorgen, über Geld reden zu können«, beschreibt Joachim Seibert die gemeinsame Erkenntnis. Joachim, oder Jo, wie er von seinen Kollegen genannt wird, übernimmt neben seinen formalen Rollen als Gesellschafter und Geschäftsführer vor allem Springerfunktionen. »Ich springe da rein, wo es mich gerade braucht – sei es als agiler Coach oder Multiprojektmanager.«

Beim Thema Gehalt hat Jo eine klare Auffassung: »Ich könnte auch damit leben, wenn alle gleich verdienen. Mir ist es auch relativ egal, was andere verdienen. Ich muss meine eigene Familie ernähren können und wenn am Ende des Monats ein Minus auf dem Konto ist, dann nervt mich das.« Den Wunsch der Kollegen nach mehr Transparenz, gerade im Hinblick auf eine verantwortungsvolle Entscheidung bei der Rekrutierung, unterstützte er jedoch voll und ganz.

Und so brauchte es für gute Recruitingentscheidungen der Teammitglieder mehr Transparenz in puncto Gehalt bzw. Gehaltsverhandlungen: Zum einen, um Gehaltsfragen des Kandidaten beantworten zu können, und zum anderen, um die Entscheidung für oder gegen einen Kandidaten bewusst treffen zu können.

> *Das war eine schwierige Zeit für mich. Ich musste erkennen,*
> *dass ich da echt Mist gebaut hatte, der uns jetzt auf die Füße fiel.*
> Martin Seibert, Geschäftsführer von Seibert Media

So logisch diese Schlussfolgerung erscheint, die Umsetzung war eine enorme Herausforderung für die Organisation. Ein Blick auf das Gehaltsgefüge reichte, um zu wissen, dass sie den Ansprüchen an Fairness und Transparenz nicht genügen würden. Es herrschte eine große Schieflage in Sachen Gehalt. Zum einen, weil eine lange Zeit das Verhandlungsgeschick der Beschäftigten maßgeblich die Gehaltshöhe bestimmt hatte. Zum anderen, weil viele Gehälter oftmals nicht mehr der aktuellen Rolle oder Leistung der Mitarbeitenden entsprachen. »Da sahen wir plötzlich, dass wir absolute High-Performer hatten, die bei uns für ›nen Appel und Ei‹ arbeiteten. Und dann gab es andere, die bei weitem nicht über die gleichen Kompetenzen verfügten, aber in Gehaltsverhandlung gut getrommelt hatten und 15.000 Euro mehr im Jahr verdienten«, beschreibt Martin die Problematik der Situation. »Das war eine schwierige Zeit für mich. Ich musste erkennen, dass ich da echt Mist gebaut hatte, der uns jetzt auf die Füße fiel. Für mich persönlich war es gar nicht so einfach zu realisieren, dass man das vielleicht auch anders hätte machen können.«

Doch was nun? Die Gesellschafter entschieden, Mitarbeitern, die im Vergleich zu ihren Kollegen besonders wenig erhielten, eine deutliche Gehaltserhöhung zu geben. Doch aufgrund der Dimension der Schieflage ließ sich das Problem nicht mit einer großen Gehaltsrunde lösen. Es war schlichtweg nicht finanzierbar. Aus diesem Grund nahm sich Seibert Media insgesamt drei Jahre Zeit, um den »schiefen Turm« zu begradigen und passte die Gehälter schrittweise an. »Genau das ist der Punkt, der meines Erachtens viele Unternehmen davon abhält oder sogar abschreckt, an Gehaltstransparenz überhaupt zu denken«, ist Martin überzeugt.

Die Entscheidung, dann schlussendlich mit den Gehältern transparenter umzugehen, wurde von allen Mitarbeitern in einem basisdemokratischen Konsentverfahren[134] 2014 getroffen. Die Mitarbeiter hatten sich entschlossen, die Gehälter nicht öffentlich auszuhängen oder frei im Internet zugänglich zu machen, sondern eine eigene, für sie stimmige Lösung zu entwickeln. Es wurde eine Gehaltsliste erstellt, auf die ein Teil der Mitarbeiter direkten Zugriff hat, aktuell rund zwanzig Beschäftigte. Jeder hat die Mög-

---

134 Beim Konsententscheidungsverfahren erfolgt ein Entschluss für einen Vorschlag, wenn kein begründetes Veto eines Mitarbeiters besteht.

lichkeit einen Zugriffsberechtigten anzufragen, um direkten und ungefilterten Einblick in die Gehaltsliste zu erhalten.

Der neue Weg – Der kollaborativer Organisationsentwicklungsprozess
Ab 2008 traf die Gesellschafterrunde die Gehaltsentscheidungen auf Grundlage von Stufenmodellen und Gehaltsmatrizen. Dabei wurden die unterschiedlichen Rollen jeweils Gehaltsgruppen zugeordnet sowie durch Stufen eine Gehaltsdifferenzierung innerhalb einer Gruppe ermöglicht. Dies war der Versuch, Gehälter durch einen analytischen Ansatz zu objektivieren.

Nach vier Jahren wuchs allerdings die Unzufriedenheit der Mitarbeiter mit diesem Prozess. Das Vorgehen hatte seine Zeit gehabt. Seibert Media war inzwischen auf über 100 Mitarbeitende angewachsen. Da kam immer öfter die Frage auf, ob die Gesellschafter überhaupt noch in der Lage waren, die Leistung jedes einzelnen Mitarbeiters einzuschätzen und zu bewerten. Und so wurde das bestehende Modell angepasst. Das Gehaltsmodell basierte weiterhin auf Gehaltsbändern, ließ nun aber auch Beiträge der Betroffenen selbst zu, die mit Hilfe ihrer Mentoren (Mentoren sind zwei bis vier Kollegen, die jeder Mitarbeiter für sich frei wählen kann) konkrete Veränderungsvorschläge erarbeiten sollten. Doch auch dieses Vorgehen sollte nicht von Dauer sein.

Trotz der Transparenz, die inzwischen galt, hatte weiterhin die Gesellschafterrunde bei Gehaltserhöhungen das letzte Wort. Die Gehaltsentscheidung in der Gesellschafterrunde mit Input von Mitarbeitenden und Mentoren war auch nicht der richtige Weg, denn das eigentliche Problem war weiterhin nicht gelöst: die Unzufriedenheit der Mitarbeiter. Das zeigte sich etwa an den regelmäßig durchgeführten »Company-Happiness-Umfragen«: Das Umfrageergebnis war nach der Gehaltsrunde im Jahr 2015 auf einem Tiefpunkt angekommen. Immer mehr Mitarbeitende äußerten ihren Unmut darüber, dass die Entscheidung über Gehaltserhöhungen immer noch bei den Gesellschaftern lag. Diese seien aber, so die Einschätzung der Mitarbeitenden, viel zu weit weg, um überhaupt über ein faires Gehalt entscheiden zu können.

> *Dieser Prozess der Entscheidungsfindung ermöglicht es jedem Mitarbeiter,*
> *ein Thema zu platzieren, von dem er glaubt,*
> *dass die Organisation daran arbeiten sollte.*
> Martin Seibert, Geschäftsführer von Seibert Media

Das Thema Gehalt nahm eine solche Bedeutung ein, dass es zum Gegenstand des kollaborativen Organisationsentwicklungsprozesses wurde, der die basisdemokratische Konsententscheidungen abgelöst hatte. »Dieser Prozess der Entscheidungsfindung ermöglicht es jedem Mitarbeiter, ein Thema zu platzieren, von dem er oder sie glaubt, dass die Organisation daran arbeiten sollte«, erklärt Martin das Vorgehen. »Der Prozess startet mit einem Kick-off-Meeting, bei dem alle Mitarbeiter teilnehmen können und der Initiator sein Thema vorstellt. In der Regel sprechen die Mitarbeiter eine Einladung an die Kollegen aus, die an dem Thema ein Interesse haben oder einen Beitrag leisten wollen.« Das Kick-off-Meeting verfolgt zwei Ziele: Zum einen soll der Rahmen des Themas definiert werden. Zum anderen dient es der Gründung einer Arbeitsgruppe. Diese hat die Aufgabe, eine Lösung für die gesamte Organisation zu erarbeiten, sie zu testen und umzusetzen. Auch zum Thema Gehalt ist auf diese Weise eine Arbeitsgruppe entstanden, in der verschiedenste Ansätze diskutiert wurden.

Der erste Lösungsansatz sah vor, objektive Kriterien festzulegen, die das Gehalt nachvollziehbarer und transparenter machen sollten. Die Diskussion bezog sich auf das Beispiel von Buffer, einem amerikanischen Unternehmen aus der Tech-Branche. Buffer stellt auf seiner Webseite die eigene transparente Gehaltsformel vor. Bewerber können mittels der Formel ihr Gehalt schon im Vorfeld berechnen. Die Parameter sind die zukünftige Rolle, die Lebenshaltungskosten der Arbeitsregion und die Erfahrung des zukünftigen Mitarbeitenden.[135]

Schnell merkte die Arbeitsgruppe bei Seibert Media jedoch, dass der Einsatz verschiedener Kriterien immer auch zur Folge hat, dass die Einschätzung nicht objektiv verläuft, in Wahrheit sogar immer subjektiveren Einschätzungen unterliegt. Aufgrund dieser Erkenntnis sprach sich die Arbeitsgruppe letztlich gegen einen solchen Lösungsansatz aus.

Wie also dieses Phänomen umgehen? Die Arbeitsgruppe erkannte, dass sie einen eigenen und ganz speziellen Weg benötigt, der zu ihrer Organisation passt. So kam das Team letztendlich einer individuellen Lösung auf die Spur, in der sich auch die familiäre Kultur im Unternehmen widerspiegelt: dem sogenannten »Gehaltschecker-Kreis«. Die Arbeitsgruppe hatte eine ähnliche Lösung bei dem Hamburger Beratungsunternehmen it-agile entdeckt: »Gehaltschecker« sind Mitarbeiter, die alle zwei Jahre von allen Kollegen gewählt werden. Damit wird gewährleistet, dass sie das Vertrauen der Mitarbeitenden genießen. Wichtig ist jedoch nicht nur, dass die Gehaltschecker faire und stimmige Entscheidungen treffen, sondern dass sie gleichzeitig auch die Gesamtorganisation im Blick haben.

Das Gehaltschecker-Experiment startet

Wie jedes Experiment startete auch dieses mit einigen Unsicherheiten. Was ist, wenn Mitarbeiter von Kollegen gewählt werden, die sich gar nicht als Gehaltschecker zur Verfügung stellen möchten? Wie groß wird der Kreis der Gehaltschecker sein?

---

135 Buffer's Transparent Salary Calculator, online verfügbar unter: https://buffer.com/salary/product-manager/average. Letzter Zugriff am 11.04.2019. Mit der Ministry Group aus Hamburg haben wir auch in diesem Buch ein Unternehmensbeispiel beschrieben, das mit einer transparenten Gehaltsformel erste Erfahrungen sammelt, siehe Kapitel 7.5.

»Festgelegt hatte die Arbeitsgruppe am Anfang lediglich, dass jeder Mitarbeiter maximal zwei Stimmen hat und somit bis zu zwei Kollegen vorschlagen kann, die aus seiner Sicht die besten Entscheidungen für ihn und das Unternehmen treffen können«, so Dr. Kai Rödiger. Kai kam 2016 als Scrum Master zu Seibert Media. In seinem ersten Jahr war er als Mitarbeiter stiller Beobachter des Gehaltschecker-Prozesses. Heute arbeitet Kai als agiler Coach und Unternehmensentwickler. In dieser Rolle unterstützt er einzelne Teams während der Gehaltsrunde, etwa wenn es darum geht, einen Gehaltsvorschlag zu erarbeiten.

Das Gehaltsmodell im Detail: Die Basis
»Über Geld zu sprechen, ist in unserem Kulturkreis nicht so einfach«, stellt Kai fest. Um jedem im Unternehmen eine gute Diskussionsbasis zu bieten, erwirbt Seibert Media jedes Jahr aktuelle Gehaltsstudien und stellt sie dem Team zur Verfügung. Diese Studien enthalten einen Überblick über die Marktsituation der einzelnen Berufsfelder. Das Unternehmen hat sich als Ziel gesetzt, beim Grundgehalt in etwa den Median eines Marktgehalts der entsprechenden Rolle zu vergüten. »Wir vergleichen dadurch unsere Gehälter mit dem Markt und der Markt reagiert natürlich auf Inflation. Daher gibt es bei uns keinen jährlichen Inflationsausgleich, dafür aber jährliche Gehaltsrunden«, so Martin Seibert.

Der Median oder Zentralwert ist ein statistischer Wert, der einfach zu berechnen ist. Dabei stellt man sich vor, dass die entsprechenden Gehälter nach der Höhe aufgelistet sind. Schritt für Schritt werden jeweils der höchste und der niedrigste Wert gestrichen bis nur noch ein oder zwei Werte übrigbleiben. Sollten zwei Werte übrigbleiben, ist das arithmetische Mittel dieser beiden Werte der Median.

> Es braucht letztlich eine ›Open Book Philosophie‹, so dass jeder Mitarbeiter weiß, wo das Unternehmen aktuell steht und wie die Zukunftsstrategie aussieht.
> Martin Seibert, Geschäftsführer von Seibert Media

Zusätzlich zum Jahresgrundgehalt, das in zwölf Monatsgehältern ausgezahlt wird, erhalten alle Mitarbeitenden jährlich eine Gewinnbeteiligung von 20 Prozent der erwirtschafteten Gewinne. Ergänzt wird das Vergütungsmodell durch weitere Sonderleistungen. »Bei den Sonderleistungen bieten wir so viel wie kaum ein anderes Unternehmen in der Region«, ist Martin Seibert überzeugt. Eine selbst gewählte Ausstattung der Arbeitsplätze (Rechner, Betriebssystem, Handy), frei gewählte Arbeitszeit, vollumfängliche Bezahlung von Überstunden, Jobticket, Massagen oder Erstattung der Mitgliedschaft in einem Yogastudio – die Liste der Sonderleistungen ist lang.

Doch auch wenn sich Seibert Media an marktüblichen Gehältern orientiert, ist die Gehaltsentwicklung nie losgelöst von der finanziellen Situation des Unternehmens. So ist für Martin auch die Kenntnis über die Unternehmensentwicklung eine weitere

Voraussetzung für die Festlegung der Gehälter. »Es braucht letztlich eine ›Open Book Philosophie‹, sodass jeder Mitarbeiter weiß, wo das Unternehmen aktuell steht und wie die Zukunftsstrategie aussieht.«

In vier Schritten zur Gehaltserhöhung
Aber wie kann man sich eine Gehaltsrunde bei Seibert Media nun vorstellen? Wie geht das Unternehmen konkret vor? Das Modell ist in die vier Phasen Vorbereitung, Konsultation, Entscheidung und Abschluss unterteilt.

Phase 1: Vorbereitung. Der Prozess startet im Januar mit der Terminplanung und der Wahl der Gehaltschecker durch die Mitarbeitenden. Die Wahl findet jedoch nur alle zwei Jahre statt. Bei der Wahl erhält jeder Mitarbeitende folgende Frage: Welche zwei Kollegen können deiner Meinung nach am besten dein Gehalt im Verhältnis zu anderen Kollegen einschätzen? Jeder Mitarbeitende kann bei dieser Wahl zwei Kollegen vorschlagen. Diese vorgeschlagenen Kollegen müssen nicht aus dem eigenen Team stammen. Wichtiger ist, dass sich jeder Mitarbeitende, der an der Gehaltsrunde teilnimmt, gut vertreten fühlt. Dieses Vorgehen führt dazu, dass die Zahl der Gehaltschecker von Wahl zu Wahl variiert. Basierend auf den Erfahrungen der letzten Jahre besteht der Gehaltscheckerkreis aus acht bis zwölf Personen.

Phase 2: Konsultation. Die Konsultationsphase startet im Anschluss an die Wahl der Gehaltschecker und geht von Mitte Februar bis Mitte März. In dieser Phase entstehen die Vorschläge für die laufende Gehaltsrunde. Idealerweise kommen die Vorschläge für die Gehaltsanpassungen aus den Teams oder der entsprechenden Peergroup. Sie können aber auch von Mitarbeitern selbst eingebracht werden. Dazu finden im ersten Schritt Gespräche mit den eigenen Mentoren statt, die bei der Einschätzung der erbrachten Leistung unterstützen sollen. Dann wird im Team beziehungsweise in der Peergroup über mögliche Gehaltsveränderungen diskutiert. Dazu ist es notwendig, das aktuelle Gehalt der entsprechenden Kollegen zu kennen. Und es zeigte sich, dass die Diskussionen zielführender und konstruktiver verlaufen, wenn die jeweiligen Gehälter im Team visualisiert werden. Zu diesem Zweck hat Seibert Media eigens einen Meetingraum umgestaltet. Entstanden ist ein brombeerfarbener Raum mit magnetischen Wänden und einem Gehaltsband von 20.000 bis 80.000 Euro. Für jeden Mitarbeiter gibt es einen Button mit seinem Bild, der im Teamprozess entsprechend positioniert beziehungsweise verschoben werden kann.

Ausgenommen von dem Gehaltscheckermodell sind Mitarbeitende in der Probezeit, Studenten und studentische Aushilfen. Während der Probezeit sind die Beschäftigten jedoch als stille Beobachter bei teaminternen Prozessen mit dabei, um sie kennenzulernen. Die gewählten Gehaltschecker sind in dieser Phase als Teammitglieder beteiligt, nehmen aber keine Sonderrolle ein.

Und wie spricht man im Team über Gehalt? Wie verhindert man, dass eine Gehaltsdiskussion ins Persönliche abrutscht? Bei Seibert Media erhalten die Teams Unterstützung von agilen Coachs, um einen fairen Diskussionsverlauf zu gewährleisten.

> *Die Beschäftigten gehen mit dem Gehaltsfreiraum verantwortungsvoll um –*
> *auch wenn es darum geht, das eigene Gehalt auszuhandeln.*
> Dr. Kai Rödiger, Agile Coach und Unternehmensentwickler bei Seibert Media

Parallel zur Konsultationsphase tagt die Gesellschafterrunde. Anhand der letztjährigen Geschäftszahlen, der Strategie und den Marktaussichten legen die Gesellschafter einen finanziellen Rahmen für die Gehaltserhöhungen fest, den sie jedoch nicht an die Mitarbeitenden kommunizieren.

In diesem Aspekt hat die Organisation dazugelernt, denn einmal wurde der finanzielle Rahmen für die Gehaltserhöhungen kommuniziert. Und was war das Ergebnis? Die Mitarbeitenden hatten anhand des vorgegebenen Rahmens die durchschnittliche Gehaltserhöhung ausgerechnet. Mit diesem Wissen im Team über Gehalt zu sprechen, führte zu zwei Dingen: Zum einen förderte es das Gießkannenprinzip und die Einstellung, dass jeder Mitarbeiter in gleicher Weise vom Gehaltstopf profitieren sollte. Zum anderen führte der vorgegebene Gehaltsrahmen zu mehr Unzufriedenheit in der Organisation, da die Mitarbeitenden versuchten, den ihnen vermeintlich zustehenden Anteil zu berechnen. Wenn sie den Anteil dann nicht erhielten, war der Unmut groß.

Seitdem das Budget nicht mehr kommuniziert wird, schätzen die Mitarbeitenden auf Basis der schon angesprochenen Transparenz der Geschäftszahlen den möglichen Gehaltsrahmen dennoch sehr gut ein. Dies hat zur Folge, dass in der Regel die Gehaltswünsche gut dazu passen. »Die Beschäftigten gehen mit dem Gehaltsfreiraum verantwortungsvoll um – auch wenn es darum geht, das eigene Gehalt auszuhandeln«, weiß Kai aus der Praxis zu berichten.

> *Bei Gehaltsthemen gibt es fast nie eine beste Lösung für alle. Aber es gibt eine*
> *Lösung, die für alle am wenigsten schmerzvoll ist.*
> Dr. Kai Rödiger, Agile Coach und Unternehmensentwickler bei Seibert Media

Phase 3: Entscheidungsfindung. Nachdem die Vorschläge aus den Teams, der jeweiligen Peergroup und den Einzelvorschlägen zusammengeführt sind, nehmen die Gehaltschecker ihre Arbeit auf. Sie schauen sich alle Vorschläge an, vergleichen diese innerhalb der Organisation und legen die Gesamtsumme der vorgeschlagenen Gehaltserhöhungen über das zur Verfügung stehende Budget. Dabei teilt sich der Gehaltscheckerkreis auf. Mehrere unterschiedlich besetzte Teilgruppen betrachten fachliche Peergroups, zum Beispiel alle Softwareentwickler, alle Systemadministratoren oder alle Consultants. Wichtig dabei ist, dass die Gehaltschecker in diesen Teilgruppen zu den jeweiligen Mitarbeitenden aus den Peergroups eine Aussage treffen können. Besteht diesbezüglich Unsicherheit, werden weitere Mitarbeitende konsultiert. Gegen Ende des Prozessschritts setzen sich alle Gehaltschecker zusammen und erarbeiten eine finale Gesamtliste der Gehaltsveränderungen.

Phase 4: Abschluss. Die von den Gehaltscheckern erarbeitete Liste geht an die Personalabteilung, die die Arbeitsverträge entsprechend anpasst. Der Rollout der neuen Gehälter findet mit der Gehaltszahlung im Mai statt. Damit ist der Gehaltsprozess aber noch nicht abgeschlossen. Auch bei diesem Verfahren gibt es eine geringe Anzahl von Mitarbeitenden, die mit dem Ergebnis nicht zufrieden sind. Mit diesen Mitarbeitern führen die Gehaltschecker bei Bedarf persönliche Gespräche, um den Entscheidungsfindungsprozess transparent zu machen. »Bei Gehaltsthemen gibt es fast nie eine beste Lösung für alle. Aber es gibt eine Lösung, die für alle am wenigsten schmerzvoll ist«, fasst Kai Rödiger die Erfahrungen der vergangenen Jahre zusammen.

What's next?
Inzwischen hat Seibert Media drei Jahre Erfahrung mit dem Gehaltscheckermodell. Dabei verlässt sich das Unternehmen nicht nur auf die eigenen Erfahrungen und Blickwinkel. Die Gehaltspolitik und die Weiterentwicklung des Gehaltsmodells werden vom Zentrum für Human Resource Management der Universität Luzern wissenschaftlich begleitet. Intern gibt es, wie für eine agile Organisation üblich, nach jedem Durchlauf eine Retrospektive, um festzustellen, was gut gelaufen ist und an welchen Stellen es Verbesserungsbedarf gibt.

> *Unser System hat einige Schwächen, ist aber das Beste, das wir bisher hatten.*
> *Die nächste Iteration wird sicherlich kommen.*
> Dr. Kai Rödiger, Agile Coach und Unternehmensentwickler bei Seibert Media

In der letzten Retrospektive zur Gehaltsrunde sind zwei Themen besonders in den Vordergrund getreten. Zum einen die grundsätzliche Frage, ob eine jährliche, zentrale Gehaltsrunde überhaupt sinnvoll ist oder ob diese nicht explizit eine Erwartungshaltung fördert, eine Gehaltserhöhung zu bekommen. Das wiederum würde bedeuten, dass die Mitarbeitenden, die keine Anpassung erhalten, das Gefühl entwickeln könnten, bestraft zu werden.

Der zweite Aspekt betrifft die Überlegungen, die die Gehaltschecker anstellen, wenn sie eine Gehaltsentscheidung treffen. Warum werden diese nicht dem Mitarbeitenden mitgeteilt? Könnte das nicht ein wertvolles Feedback sein? An diesen beiden Themen arbeitet Seibert Media weiter und wir werden mit Sicherheit über unseren Blog »New Pay« von der Weiterentwicklung des Gehaltscheckermodells berichten. Und dass es diese Weiterentwicklung geben wird, steht laut Kai Rödiger außer Zweifel: »Unser System hat einige Schwächen, ist aber das Beste, das wir bisher hatten. Die nächste Iteration wird sicherlich kommen.«

Die Interviewpartner von Sander Pflegedienst und von Buurtzorg

Mark Adolph, Altenpfleger bei Sander Pflege

Udo Janning, Pflegeberater bei Sander Pflege

Gunnar Sander, Geschäftsführer von Sander Pflege GmbH

Jos de Blok, Gründer von Buurtzorg

7.9 Die Buurtzorg-Pioniere – durch selbstverantwortliche Teams zurück zum Sinn der Pflege bei Sander Pflegedienst

Ich hatte keine Lust mehr auf Pflege und wollte eigentlich etwas anderes studieren. Da hörte ich von dem Buurtzorg-Pilotversuch.
Mark Adolph, Altenpfleger bei Sander Pflege

Das Badezimmer muss dringend aufgeräumt werden. Der Patient braucht ein neues Bett und abends soll er eine zusätzliche Tablette nehmen. Die Aufgaben in der ambulanten Pflege sind vielfältig. Der 28-jährige Altenpfleger Mark Adolph bespricht alles, was ansteht, mit seinem neuen Team bei Sander Pflege in Hörstel, einer Kleinstadt in Westfalen, und setzt es ohne Rücksprache mit Vorgesetzten direkt um. Manchmal steht nicht Strümpfanziehen an erster Stelle, sondern ein bisschen Zeit zum Zuhören, wenn die Nacht nicht so gut war oder ein Angehöriger im Sterben liegt. »Diese Art zu arbeiten beflügelt mich«, sagt Mark.

Seine Arbeitsbedingungen sind jedoch nicht der Normalfall. Die ambulante Pflege in Deutschland ist kaum noch zu gewährleisten – vor allem in ländlichen Regionen: Patienten leben verstreut in verschiedenen Dörfern. Bis zu 80 Kilometer legen Pflegedienstmitarbeiter in einer Schicht zurück. Zu den langen Wegen kommt der Zeitdruck: Drei Minuten für Kompressionsstrümpfe, zehn für die Medikamentengabe, dreizehn für Waschen – Pflege ist heute Akkordarbeit. In diesem engen Raster fehlt die Zeit für ein kleines Pläuschchen. »Satt und sauber« lautet die Devise.

Hinzu kommt ein miserables Gehalt: Laut einer Studie des Instituts für Arbeitsmarkt- und Berufsforschung (IAB) verdienen Fachkräfte in der Altenpflege 2621 Euro im

Schnitt. Die regionalen Unterschiede sind erheblich, so dass das Gehalt sogar unter 2000 Euro liegen kann, zum Beispiel in Sachsen-Anhalt.[136] Kein Wunder, dass Personal schwer zu finden ist. Laut einer Antwort der Deutschen Bundesregierung auf eine parlamentarische Anfrage im Frühjahr 2018 fehlen in der Altenpflege 15.000 Fachkräfte und 8.500 Helferinnen und Helfer.[137] Angesichts der demografischen Entwicklung sind das eher kleingerechnete Zahlen. Die Menschen werden zunehmend älter und somit häufiger pflegebedürftig. Im Jahr 1999 lag der Anteil Pflegebedürftiger bei 2 Millionen, 2015 schon bei 2,9 Millionen[138] und 2017 3,4 Millionen[139]. Der Großteil, nämlich 2,6 Millionen Menschen, werden Zuhause versorgt, etwa 830.000 davon mithilfe eines ambulanten Pflegedienstes – Tendenz steigend[140].

Beruf in der Sinnkrise: Wer hat noch Lust auf Pflege?
In Sachen Ausbildung weist der Trend in eine andere Richtung: Immer weniger Menschen entscheiden sich für den Pflegeberuf. Zudem steigt die Zahl der Berufsaussteiger stetig an. Wer sich für den Beruf »Pflege« entscheidet, tut das sicher nicht des Geldes wegen. Die Pflegekräfte leiden vielmehr unter der geringen Wertschätzung des Berufes und den starren Vorgaben. Der Umgang mit Menschen steht für sie im Vordergrund. Umso größer die Enttäuschung, wenn davon im Berufsalltag immer weniger bleibt.

Die verordneten Leistungen des Arztes und die festgelegten Leistungsmodule der Kranken- und Pflegekassen lassen den Pflegekräften kaum Spielraum. Die Zeit für die Patienten und die konkreten Tätigkeiten bewegen sich in diesem engen Korridor. Ihre pflegerische Einschätzung, ihre Vorschläge und Ideen finden kaum Beachtung. Durch die bestehende Hierarchie dominiert die Unternehmensleitung, die Pflegedienstleitung oder die Teamleitung. Oftmals geht dies auf Kosten der Patienten, wider besseres Wissen. Demotivation ist da vorprogrammiert.

So ging es auch Mark Adolph. Der junge Altenpfleger stieg vor fünf Jahren bei Sander Pflege ein. Zum Angebot des Unternehmens gehören neben stationärer Pflege, Tagespflege, betreutem Wohnen und Wohngemeinschaften auch ambulante Pflege in der

---

136 IAB (2018), Entgelte von Pflegekräften – weiterhin große Unterschiede zwischen Berufen und Regionen, online verfügbar unter: https://www.iab-forum.de/entgelte-von-pflegekraeften-weiterhin-grosse-unterschiede-zwischen-berufen-und-regionen/, letzter Zugriff 11.4.2019.
137 Zeit Online (2018), Altenheime und Kliniken melden über 36.000 unbesetzte Stellen, online verfügbar unter: https://www.zeit.de/wirtschaft/2018-04/pflege-kranke-altenheime-kliniken-notstand-bundesregierung, letzter Zugriff 11.4.2019.
138 Statista (2019), Anzahl der Pflegebedürftigen in Deutschland in den Jahren 1999 bis 2017 (in 1.000), online verfügbar unter: https://de.statista.com/statistik/daten/studie/2722/umfrage/pflegebeduerftige-in-deutschland-seit-1999/, letzter Zugriff 11.4.2019.
139 Statistisches Bundesamt (Destatis) (2018), 3,4 Millionen Pflegebedürftige zum Jahresende 2017, online verfügbar unter: https://www.destatis.de/DE/Presse/Pressemitteilungen/2018/12/PD18_501_224.html, letzter Zugriff 11.4.2019.
140 Ebd.

Region rund um Münster und Osnabrück. Mark machte seine Ausbildung bei dem Pflegedienst, war in verschiedenen hauseigenen Einrichtungen tätig und bildete sich ständig weiter. Dennoch befiel ihn der Frust. »Ich hatte keine Lust mehr auf Pflege und wollte eigentlich irgendetwas anderes studieren«, erzählt er. Doch da hörte er von einem Experiment bei Sander Pflege: Drei ambulante Teams in der Region – neben Emsdetten, wo Impulse Pflegedienst als Partner im Boot ist, auch in Hörstel und Lotte – arbeiteten damals schon probeweise nach der Buurtzorg-Idee: Das revolutionäre Konzept aus den Niederlanden, Buurtzorg heißt übersetzt so viel wie »Nachbarschaftshilfe«, pfeift auf Bürokratie und organisatorische Regeln: Die ganzheitliche Betreuung der Patienten geht vor. Der niederländische Pflegedienst baut lokale Netzwerke von Beteiligten auf: neben den Angehörigen, Ärzten und Sanitätshäusern etwa auch Freunde, Nachbarn, Vereine oder Ehrenamtliche, die mit anpacken, wo sie können. Das Ungewöhnliche: Alle Kooperationspartner sind miteinander vernetzt, so dass sie auf dem gleichen Wissensstand sind und kurze Absprache-Wege entstehen, die Bürokratie verhindern. Selbstorganisierte Teams von maximal zwölf Pflegekräften arbeiten ohne Leitung und Chefs und stellen eigenständig den Pflegeplan zusammen.

> *Buurtzorg möchte die Pfleger, die Patienten und ihre Familie dafür ausbilden,*
> *sich wieder selbst helfen zu können.*
> Jos de Blok, Gründer von Buurtzorg

»Buurtzorg möchte die Pfleger, die Patienten und ihre Familie dafür ausbilden, sich wieder selbst helfen zu können. Es geht darum, Lösungen für Lebensqualität, Selbstversorgung und Unabhängigkeit zu schaffen«, fasst Jos de Blok seine Vision zusammen. Der Niederländer brach sein Wirtschaftsstudium ab, um Krankenpfleger zu werden. 15 Jahre arbeitete er für verschiedene Kranken- und Pflegeeinrichtungen, zuletzt als Manager und Innovationsleiter. Doch er stieß auf ein veränderungsresistentes System, das der Pflege die Menschlichkeit raubt und sie in Einzelprodukte zergliedert. Einen Patienten betreuten damals in den Niederlanden – so wie heute noch in Deutschland üblich – zumeist verschiedene Anbieter, neben einem Pflegedienst etwa Dienstleister für Haushalt und Betreuung. Außerdem herrschte ein enormer Preiswettbewerb zwischen den Anbietern, der als Zeitdruck bei den Pflegekräften ankam.

Im Jahr 2006 startete Jos deshalb seine eigene Heimpflegeorganisation. »Ich wollte Umstände schaffen, in denen das Geld nicht mehr steuert, wohin wir uns entwickeln, sondern uns bei der Pflege unterstützt.« Heute versorgt der »New-Work-Pflegedienst« in den Niederlanden mit rund 14.500 Pflegekräfte in 1.200 Teams ca. 90.000 Patienten – ohne Führungsstruktur, Managementteams und Strategiepolitik. Die Krankenpfleger kalkulieren gemeinsam mit den Patienten, was nötig ist und wie sie ihre Arbeit einteilen. Buurtzorg beschäftigt lediglich 48 Mitarbeiter im Organisationskern für Verwaltungsprozesse und Spezialaufgaben wie Vertragsgestaltung und Lohnabrechnung. Das hat nicht nur organisatorische Vorteile: »Wir sparen durch den Verzicht aufs

Management und ein ausgereiftes IT-System bei den allgemeinen Kosten rund 20 Prozent. Das vergrößert unser Budget für die Löhne der Pflegekräfte und wir können mit hochqualifizierten Leuten zusammenarbeiten.«

Die Selbstbestimmung der Buurtzorg-Teams hat nur beim Gehalt Grenzen: New-Work-Ideen wie die, dass Teams ihr Gehalt selbst aushandeln könnten, hält Jos de Blok für kontraproduktiv. Ein transparentes Tarifsystem findet er völlig ausreichend. »Wenn die Mitarbeiter ihr Gehalt selbst definieren müssten, hätten wir viele Diskussionen, die zu Spannungen zwischen den Kollegen führen. Für die Menschen ist entscheidend, dass sie ein gutes und faires Gehalt bekommen.«

Neue Denkräume eröffnen

Anfänglich erlebte der Gründer viel Gegenwind, doch Buurtzorg hat sich gegen alle Widerstände behauptet. Ernst & Young errechnete gar, dass sich für das niederländische Gesundheitssystem Einsparungen von rund 40 Prozent ergäben, wenn alle Pflegedienste ihre Leistungen auf diese Weise erbringen würden. Im Zuge des demografischen Wandels und einer alternden Bevölkerung ist das Interesse an der neuen Arbeitsweise in vielen Ländern groß, so etwa in Japan, China, Thailand, Australien, in den USA und Großbritannien. Nicht nur Organisationen aus dem Gesundheitswesen kommen in die Niederlande, um von Buurtzorg mehr über die Prinzipien der Selbstorganisation zu lernen. Es sind so viele, dass der Gründer den Überblick verloren hat und nicht jeden bei der weiteren Organisationsentwicklung begleiten kann. Doch er ist sich sicher: »Die Probleme sind überall die gleichen. Wir müssen die Systeme aus Nutzersicht vereinfachen.«

Dennoch stieß Sander Pflege in Westfalen bei seinem aktuellen Versuch zur Selbstorganisation auf länderspezifische Hürden. Ein zentrales Merkmal von Buurtzorg ist die Bezahlung nach Zeit statt Leistung. »Die Pfleger sollten sich nicht damit beschäftigen, was sie tun dürfen und was nicht. Wir haben also einfach den Durchschnittspreis aller Produkte genommen.« So können die Pflegemitarbeiter ihre Arbeit je nach Bedarf des Patienten individuell gestalten. In den Niederlanden ist dies leichter möglich, da nur examinierte Pflegekräfte zum Einsatz kommen. In Deutschland hingegen sind auch viele ungelernte Mitarbeiter tätig – und es ist genau festgeschrieben, wer welche Aufgaben übernehmen darf. Allein die rechtliche Lage hätte das Aus für ein hierarchiefreies, selbstorganisiertes Team bedeuten können. Doch die Not ist groß: Der Fachkräftemangel macht kompromissbereit.

> **!**   **Übersicht: Buurtzorg bei Sander Pflege**
>
> … **Selbstorganisation ohne Führungskräfte**: Vier Teams von Sander Pflege und seinen Kooperationspartnern arbeiten *in einem Experiment* selbstorganisiert ohne Pflegedienstleitung. Gemeinsam entscheiden sie über alle Aufgaben – etwa Arbeitsorganisation, Netzwerkbildung oder Recruiting.

… **Leistungen koordiniert aus einer Hand**: Die Buurtzorg-Teams haben die Fäden für Pflege, Haushalt und Betreuung in der Hand und beziehen verschiedene Player aus dem Umfeld mit ein.

… **Hierarchiefreiheit mit Einschränkung**: Ein Arbeitsrahmen legt fest, welche Tätigkeiten nur examinierte Pflegekräfte ausführen dürfen.

… **Neues Gehaltsmodell**: Der private Pflegedienst Sander Pflege hat ein transparentes Gehaltsmodell entwickelt, das sich an gängigen Tarifen in der Pflege orientiert.

… **Arbeit mit Wert und Sinn**: Die Krankenkassen haben probeweise die Abrechnung nach Zeit statt Leistung genehmigt. Die Mitarbeiter können sich so stärker an den Bedürfnissen der Patienten orientieren.

> *Mich hat fasziniert, wie sie bei Buurtzorg miteinander umgehen.*
> Gunnar Sander, Geschäftsführer von Sander Pflege GmbH

Die Fäden liefen in der Wirtschaftsförderung Kreis Osnabrück zusammen. Dort entstehen laufend neue Regio-Projekte, die Austauschprogramme zwischen Deutschland und den Niederlanden beinhalten. Gunnar Sander, Geschäftsführer der Sander Pflege GmbH, ist als aktiver lokaler Partner bekannt. Nachdem er jahrelang Pflegeorganisationen beraten hat, beschloss er 2001 selbst ein Heim zu eröffnen. Inzwischen hat er fast 1.400 Mitarbeiter. Eines Tages erhielt er die Einladung, die niederländischen Buurtzorg-Kollegen zu besuchen. »Mich hat vor allem fasziniert, wie sie dort miteinander umgehen. In Deutschland legt man bei solchen Terminen ein mehrseitiges Papier vor und präsentiert etwas. Doch bei Buurtzorg passierte erst einmal: nichts«, berichtet der Geschäftsführer. Er musste selbst seine Probleme formulieren, Fragen stellen, um mehr über die Arbeitsweise der Niederländer zu erfahren. »Da dachte ich, wir machen alles falsch«, gibt er zu.

Die Bewunderung mischte sich jedoch auch mit Skepsis: »Es ist erstaunlich, dass Selbstorganisation in der schieren Größe von Buurtzorg funktioniert. Dass die Zusammenarbeit komplett ohne Chefs auch in Deutschland möglich ist, habe ich nicht geglaubt.« Die »offenen, geistig flexiblen Holländer, denen scheinbar alles so leicht von der Hand geht«, und außerdem das hohe Qualifikationsniveau und ein beeindruckendes IT-System – wie sollte das alles auf die eigene Organisation übertragbar sein? Viele Gespräche mit Verantwortlichen aus Politik und Krankenkassen und den eigenen Mitarbeitern waren nötig, um den Weg frei zu machen für den ersten Schritt: Sander Pflege erhielt eine Ausnahmegenehmigung, einen Teil der Pflegeleistungen probeweise nach Zeit abzurechnen.

Neues Gehaltsmodell eingeführt

»Wir können nicht alles 1:1 von den Holländern übertragen. Aber wir müssen auch nicht alles neu erfinden«, meint Udo Janning, der als ehemaliger Pflegedienstleiter der deutschen »Buurtzorg-Teams« nun eine neue Rolle als Coach der Mitarbeiter einnimmt. Viele seiner Freunde und Bekannten sind vor mehr als 25 Jahren wie er selbst in die Pflege eingestiegen. Heute ist er in seinem Bekanntenkreis einer der wenigen, die dabeigeblieben sind. Als Dozent an einer Schule für Pflegeberufe beobachtet er, dass immer weniger motivierte Menschen in den Kursen sind. »Im bestehenden System fehlen uns die Argumente, Leute für den Beruf zu motivieren. Statt Kontakt mit Patienten und menschlicher Nähe geht es nur um Geld und Leistung. Das ist nicht viel anders als in der Autowerkstatt.« Als Pfleger fühle man sich oft fremdgesteuert und leiste »Fließbandarbeit«. In Bewerbungsgesprächen fragten die Kandidaten deshalb meist zuerst nach den Rahmenbedingungen und dann nach der Bezahlung. Doch er will die Bedeutung des Gehalts nicht klein reden. »Geld spielt immer eine Rolle und ist eine Art der Wertschätzung. Man muss von dem, was man arbeitet, leben können.«

Deshalb setzte sich Udo Janning im Buurtzorg-Projekt von Anfang an für eine Bezahlung ein, die sich an tarifgebundenen Pflegeeinrichtungen orientiert. Anders als in den Niederlanden gibt es in Deutschland noch keinen flächendeckenden Tarifvertrag – ein Thema, das sich die Politik, allen voran Bundesgesundheitsminister Jens Spahn, im Juli 2018 mit der »Konzertierten Aktion Pflege« auf die Tagesordnung gesetzt hat. Die Tarifverträge, die derzeit greifen, sind alles andere als einheitlich: TVöD, Tarifverträge der kirchlichen Arbeitsvertragsrichtlinien (AVR), darunter auch die der Caritas und Diakonie, sowie Tarifverträge der Arbeiterwohlfahrt und des DRK – ein Vergleich der Jahresentgelte der wichtigsten Tarifverträge im Bereich Alten- und Pflegehilfe, den das Magazin »Wohlfahrt Intern« in 2018 vornahm, ergab eine Gehaltsdifferenz von bis zu 38 Prozent. Hinzu kommen viele private Träger, die bisher nicht tarifgebunden sind und ihre Gehälter selbst festlegen.

> *Pflegemitarbeiter müssen dringend besser bezahlt werden.*
> Udo Janning, Pflegeberater bei Sander Pflege

An dieser heterogenen Struktur ändert auch das »Gesetz zur Stärkung des Pflegepersonals« wenig, das der Bundestag am 9. November 2018 beschlossen hat. Private Einrichtungen begründeten oftmals die Bezahlung unter den gängigen Tarifen damit, dass die Krankenkassen die Löhne im privaten Sektor als zu hoch und unwirtschaftlich ablehnten und diese nicht vollständig erstatteten. Schließlich sind sie per Gesetz dazu verpflichtet, Leistungen »wirtschaftlich und preisgünstig« einzukaufen. Das sogenannte Pflegepersonal-Stärkungsgesetz (PpSG) sieht deshalb vor, dass diese Argumentation der Kassen nicht mehr zieht. Allerdings bezieht sich der Entwurf bisher nur bedingt auf die ambulante Pflege – und zwar auf solche Patienten, die sonst im Krankenhaus versorgt würden. Für Körperpflege und Essensgabe, Hauptaufgaben in der ambulanten Pflege, greift das Gesetz nicht. 13.000 vollfinanzierte neue Stellen sollen im stationären Bereich geschaffen werden. Kein Wunder, dass in der ambulanten Pflege die Angst grassiert: Der Fachkräftepool könnte damit über Jahre leergefegt sein. Wenn ab 2020 die einheitliche Pflegeausbildung wie geplant kommt, könnte es die ambulante Altenpflege angesichts des geringen Lohnniveaus zusätzlich schwer haben, Personal zu finden.

»Pflegemitarbeiter müssen dringend besser bezahlt werden«, folgert Udo Janning. Bei Sander Pflege machen sie sich deshalb schon länger Gedanken, wie ein neues System aussehen könnte. Das Buurtzorg-Projekt war ein guter Anlass, um noch schneller mit einem neuen Gehaltsmodell zu starten: »Wer bei Buurtzorg mitmacht, muss auch vernünftig bezahlt werden. Die Mitarbeiter tragen noch mehr Verantwortung als früher. Sie müssen das große Ganze im Blick haben und mit allen Playern netzwerken«, so Udo.

In der Buurtzorg-Denke ist vorgesehen, dass alle Mitarbeiter die gleichen Aufgaben übernehmen. Sander Pflege kommt hier aus rechtlichen Gründen nicht um ein Regelwerk herum, welche Aufgaben nur examinierte Kräfte erledigen dürfen. Denn die Teams bei Sander Pflege haben sich klar dafür entschieden, verschiedene Ausbildungsstufen zuzulassen. Die neue Tariftabelle, die sich am Tarif AVR der Caritas und dem der Wohlfahrtsverbände orientiert, umfasst deshalb drei Lohngruppen in fünf Stufen, je nach Ausbildung und Erfahrung: ungelernte Pflegekräfte, Pflegehelferinnen, examinierte Pflegekräfte, Hauswirtschaft- und Betreuungskräfte (siehe Kasten nächste Seite). Altenpfleger Mark Adolph findet es richtig, dass examinierte Kräfte etwas höher dotiert sind. »Ein Pflegehelfer hat weniger Aufgaben und Verantwortung als ausgebildete Kollegen.«

> *Die Arbeit einer Betreuungskraft, die Patienten aufmuntert und motiviert,*
> *ist genauso viel wert, wie die eines Pflegers,*
> *der dem Patienten den Rücken wäscht.*
> Udo Janning, Pflegeberater bei Sander Pflege

Doch nach der neuen Systematik gilt auch: Wer in der höchsten Lohngruppen-Stufe angekommen ist, verdient nahezu so viel wie heute ein Pflegedienstleiter oder zwischenzeitlich sogar ein bisschen mehr. Eine Betreuungskraft, die schon lange im Betrieb ist, kann nach dem Modell mehr verdienen als eine ausgebildete Pflegekraft, die in Gehaltsgruppe 2 anfängt. »Das ist genau das, was wir wollen: Die Arbeit einer Betreuungskraft, die ein paar Stunden für den Patienten da ist, ihn aufmuntert und motiviert, ist genauso viel wert, wie die eines Pflegers, der dem Patienten den Rücken wäscht und eine Tablette gibt. Deshalb können Angestellte mit unterschiedlicher Ausbildung das gleiche Gehalt bekommen«, so Udo Janning. Der Unterschied zwischen den Gehaltsstufen ist insgesamt gering. Damit trägt das Gehaltsmodell der Tatsache Rechnung, dass alle in der Pflegeplanung mitentscheiden.

Die Mitarbeiter springen zudem alle zwei Jahre automatisch in die nächste Stufe ihrer Lohngruppe und erhalten eine Gehaltserhöhung. Das Gehalt ist damit nicht nur transparent, sondern auch planbar geworden. »Früher musste jeder, der eine Gehaltserhöhung wollte, zu mir oder dem Geschäftsführer kommen und sich rechtfertigen, warum er oder sie das verdient hat. Das fällt jetzt alles weg.«

!   **Tarifübersicht von Sander Pflege GmbH / Impulse Pflegedienst GmbH & CO KG für Buurtzorg**

Tarife

T1 Pflege-, Betreuungs- und Hauswirtschaftsmitarbeiter mit Einweisung/Lehrgang
T2 Kranken- und Altenpflegehelfer bzw. Pflegeassistenten mit mindestens einjähriger Weiterbildung
T3 Gesundheits-, Kranken und Altenpfleger mit dreijähriger Ausbildung und guten Kenntnissen

	Monatsarbeitszeit: bei Vollzeit				
	1	**2**	**3**	**4**	**5**
T1	Brutto	Brutto +	Brutto ++	Brutto+++	Brutto++++
	Std.Lohn	Std.Lohn +	Std.Lohn ++	Std.Lohn +++	Std.Lohn ++++
T2	Brutto	Brutto +	Brutto ++	Brutto +++	Brutto ++++
	Std.Lohn	Std.Lohn	Std.Lohn	Std.Lohn	Std.Lohn ++++
T3	Brutto	Brutto +	Brutto ++	Brutto +++	Brutto ++++
	Std.Lohn	Std.Lohn +	Std.Lohn ++	Std.Lohn +++	Std.Lohn ++++

Vergütung: Die Stufen werden alle zwei Jahre erreicht, bei Eintritt gilt die Zeit der Berufserfahrung.

Wenn das Team selbst entscheidet, wen und wie es rekrutiert,
wird alles viel einfacher.
Jos de Blok, Gründer von Buurtzorg

Das Gehalt muss in den Buurtzorg-Teams auch aus einem anderen Grund transparent sein: Die Teams kümmern sich selbst ums Recruiting neuer Kollegen – von der Ausschreibung über Vorstellungsgespräche bis zur Gehaltseinstufung. Dafür müssen sie natürlich wissen, was die Organisation den Bewerbern bezahlen kann. Das Team-Recruiting ist Teil der Selbstorganisation: Bisherige Aufgaben von Führungskräften oder HR-Experten wandern in die Teams. Zu viele Fachleute schaden laut Jos de Blok Organisationen nur: »Fachexperten schaffen immer neue Richtlinien und Vorgaben, die den eigentlichen Zweck der Organisation behindern. Wenn das Team selbst entscheidet, etwa wen und wie es rekrutiert, wird alles viel einfacher.«

Team-Recruiting: Passung geht vor
Bei Sander Pflege hatte das Team-Recruiting einen weiteren Effekt: Es wurde passgenauer. »Früher war ich heilfroh, wenn ich überhaupt jemand einstellen konnte«, sagt Pflegeberater Udo. Ob die Person auch ins Team passte? Ein Luxusproblem. Doch nach wenigen Monaten offenbaren sich oft Probleme. Die Pflegekräfte meldeten ihm: »Der passt nicht zu uns. Warum hast Du den nur eingestellt?« Heute passiert das nicht

mehr, weil die Teams einstimmig entscheiden müssen. »Die Akzeptanz der neuen Kollegen ist dadurch sehr hoch.«

Die Teams haben auch schon Leute abgelehnt. »Die Bewerber interessieren sich aus verschiedenen Gründen für autonome Teams. Manche möchten mehr mitentscheiden, andere mehr Geld verdienen oder neue Erfahrungen sammeln. Wir achten vor allem darauf, dass für sie der Patient im Vordergrund steht«, betont Mark. Zu ehrgeizige Leute, die durch die Tour »preschten«, könne man ebenso wenig brauchen wie zu dominante Kollegen. Der Altenpfleger erinnert sich an das Bewerbungsgespräch mit einer ehemaligen Führungskraft: »Das hat nicht gepasst, weil die Person eigentlich vom Auftreten her noch immer eine Führungskraft war. Wir brauchen Leute, die mitschwimmen und die Verantwortung nicht an sich reißen. Da selektieren wir schon ordentlich aus.«

Startschwierigkeiten: Wer macht mit?
Die Buurtzorg-Idee begeisterte aber nicht alle Pflegekräfte auf Anhieb, trotz besserer Bezahlung und mehr Verantwortung. Zunächst war es sehr schwierig, Mitarbeiter zu finden, die mitmachen wollten, berichtet Buurtzorg Projektleiter Udo Janning. Ursprünglich war sein Plan, komplett neue Teams aufzubauen, so wie das Buurtzorg seinerzeit in den Niederlanden gemacht hatte. »Ich dachte, da kommen ganz viele, die mit den Arbeitsbedingungen bisher unzufrieden sind. Aber da war eine große Unsicherheit.« Die meisten waren fasziniert von der Idee, doch kaum jemand wollte den ersten Schritt wagen. »Viele blieben lieber in ihrem sicheren Korridor, um von dort zu beäugen, wie das in der Praxis funktioniert.«

Seine Anfangseuphorie schlug um in Ernüchterung. Entstanden war das Ganze schlicht aus der Annahme, mit der neuen Arbeitsweise mehr Mitarbeiter zu finden. Doch er gab nicht auf und fragte kurzerhand kleinere, bestehende Teams von vier bis fünf Leuten, ob sie den Schritt wagen wollten. »Sie haben sich beraten und dann fast alle ja gesagt.« Nun sind die eigenen »Buurtzorg-Teams« in Hörstel und Lotte schon bis zu einer Stärke von zehn Kollegen angewachsen – und alle neuen Mitarbeiter haben sie eigens rekrutiert.

Selbstorganisation neu lernen
Die Selbstorganisation mussten sie sich dennoch Schritt für Schritt erarbeiten. »Unsere beruflichen Erfahrungen sind meist von hierarchischen Systemen geprägt. Auch die Pflegemitarbeiter lernen normalerweise nicht, Dinge selbst zu entscheiden«, hat Gunnar Sander beobachtet. Wenn Probleme oder Konflikte auftauchen, übernimmt für gewöhnlich eine höhere Instanz. So liegen viele Kompetenzen der Beschäftigten brach. »Wir haben viele Fähigkeiten, die wir beruflich nicht einsetzen. Oft sehen wir aber, dass unsere Leute im Sportverein oder in der Schule ihrer Kinder wie selbstverständlich Verantwortung übernehmen. Anders ist das bei Buurtzorg auch nicht«, so der Geschäftsführer.

Doch wo fängt man an, ein Team aufzubauen, in dem auch die ungelernte Pflegekraft das gleiche Mitspracherecht hat? »Wir haben die Teams kontinuierlich herangeführt, uns ganz oft getroffen in verschiedenen Zusammensetzungen«, erzählt Projektleiter Udo. Die niederländischen Coachs kamen vorbei und bestärkten die Buurtzorg-Anfänger in ihrem Entwicklungsweg. In der Übergangs- und Experimentierphase gab es viel Gesprächsbedarf. Zunächst musste das bestehende System für den Kundenstamm weiterlaufen und parallel das neue Pflegesystem anlaufen. Eine Doppelbelastung. Hinzu kamen viele offene Fragen: Welche Formulare und Arbeitsnachweise müssen wann gemeldet werden? Wer darf tatsächlich welche Aufgaben übernehmen? Wie sieht der Plan für die weitere Entwicklung aus? Und wie intergiert man das alles in die tägliche Dienstplanung?

Heute hat sich der Ablauf eingespielt. Morgens kurz vor 6 Uhr trifft sich etwa das Team Hörstel im Büro. Dann wird der Einsatz des Tages besprochen: Was gibt es Neues von der Spätschicht, welche Arztkontakte stehen an. Drei Touren fahren die Mitarbeiter pro Tag, morgens, mittags und abends. Wenn eine Tour zu voll ist, schieben die Mitarbeiter die Patienten in eine andere. »Früher hat man die Tour einfach noch ein bisschen voller gestopft. Nun kennen die Mitarbeiter die Einsatzzahlen und können selbst entscheiden, ob sie einen Patienten aufnehmen möchten«, so Gunnar Sander.

> *Wir haben weniger Zeitdruck und können auch mal trösten.*
> Mark Adolph, Altenpfleger bei Sander Pflege

Für jeden Pflegebedürftigen ist eine bestimmte Zeit reserviert, die die Pflegemitarbeiter flexibel nutzen können. »Wir haben weniger Zeitdruck und können auch mal trösten,« so Mark. Wenn Frau Müller geduscht werden soll und sie gerade traurig wirkt, besteht die Möglichkeit, nachzufragen, was los ist. »Vielleicht ist ja ihr Mann genau vor einem Jahr verstorben und sie trauert verständlicherweise. Da können wir kurz das Fotoalbum hervorholen in der Zeit, in der wir sonst gepflegt hätten. Das hilft manchmal wesentlich mehr, als die Leute wieder ganz schick hinzusetzen«, meint Udo.

Dennoch wird der Einsatz immer genau dokumentiert. Alle Mitarbeiter haben ihre Tablets dabei und notieren die erbrachten Leistungen. Zwischen den Touren treffen sich die Kollegen im Büro und erledigen alles, was sonst noch so anfällt, Medikamentenbestellung, Neuaufnahmen im System eingeben, Touren- und Dienstplanung. Wenn eine Bewerbung eintrifft, vereinbaren sie Termine und schauen, wer beim Vorstellungsgespräch dabei sein kann. Dazu tauschen sie sich im Team aus, persönlich oder telefonisch. Früher durfte nur der Pflegedienstleiter die Erstgespräche mit Patienten machen – jetzt fahren zwei Teammitglieder allein hin. »Wir lernen jedes Mal dazu. Wenn man einmal etwas zu fragen vergessen hat, dann merkt man sich das für das nächste Mal. So werden wir immer routinierter.«

Die Dienstpläne bereiten den Mitarbeitern weniger Probleme. Sie kennen die Touren besser als die Pflegedienstleistung. Schwieriger wird es mit den Büroarbeiten. Doch nicht alle müssen alles können. Die Mitarbeiter haben die Aufgaben von Bewerbung über Verwaltung bis hin zu Qualitätsmanagement unter sich aufgeteilt. Außerdem stehen die niederländischen Partnerteams aus Hengelo und Enschede dabei mit Rat und Tat zur Seite. Dort konnten die deutschen Mitarbeiter nicht nur hospitieren und die Arbeitsweise bei Buurtzorg live kennenlernen. Inzwischen verfügen auch alle über Tablet und Handys und greifen damit auf das spezielle Pflegeprogramm der Niederländer zu, das sogenannte OMAHA System – und zwar in einer angepassten und übersetzten Version. Handschriftliche Dokumentationsarbeit ist damit kaum noch nötig, das hilft beim Bürokratieabbau. Und falls nötig, stellt Udo Janning weitere Kontakte zu Experten her, die Neulinge schulen können. »Ich biete immer meine Hilfe an, frage aber auch, braucht ihr mich überhaupt. Ich schaue so lange über die Schulter, bis der Mitarbeiter mir sagt, das kriege ich alleine hin.« Bei den ersten Vorstellungsgesprächen war er beispielsweise dabei, dann übergab er das Ruder peu à peu an die Teams.

Entwicklung in verschiedenen Geschwindigkeiten
Entscheidungen gemeinsam fällen und auf Kollegen vertrauen, statt Anweisungen vom Chef entgegenzunehmen – Udo Janning beobachtet dabei unterschiedliche Entwicklungen in den Teams. Während etwa die Mitarbeiter in Lotte vorsichtiger an die Veränderung herangehen und sich langsam in die Selbstorganisation vortasten, sind die Kolleginnen und Kollegen im Team Hörstel forscher unterwegs. Fürs Recruiting etwa schalteten sie in Eigenregie Anzeigen und stellten sich als Personalmarketingmaßnahme auf den Wochenmarkt. Bei Unsicherheiten wendeten sie sich auch direkt an die Teams in den Niederlanden und fragten nach: »Wie macht Ihr das?«

»Wir haben recht mutige Mitarbeiter«, bestätigt Mark Adolph. »Bei uns sagt keiner, das mache ich nicht. Wenn alle wollen, geht es eher darum, jemanden für eine Aufgabe auszuwählen, statt jemand zu bestimmen.« Den jungen Altenpfleger motiviert gerade das: dass er ständig neue Dinge dazulernt. Auch seinen Kolleginnen und Kollegen gehe es da nicht viel anders. Die Entscheidungsfindung klappe inzwischen gut. Dabei helfe die Dokumentation und Evaluation. Wenn beispielsweise der Dienstplan nicht aufgehe, gelte es Dinge zu ändern oder jemand anderes den Plan schreiben zu lassen. Mark gibt aber auch zu, dass die Arbeitsweise viel Übung und mehr Kommunikation bedarf. »Es ist nicht leicht, Kritik offen anzusprechen. Aber wir werden immer besser darin.«

Verantwortung im Gleichgewicht – ein Lernprozess
Udo Janning schaut auch darauf, dass die Mitarbeiter Gleichberechtigung und Hierarchiefreiheit wirklich leben. Immer wieder kann es passieren, dass sich eine Art informelle Führung einschleicht. Manche Mitarbeiter neigen dazu, aus Verantwortungsgefühl bestimmte Aufgaben zu stark an sich ziehen. »Da muss man gegensteuern«,

betont der Pflegeberater. Gerade langjährige Mitarbeiter, die schon Führungs- und Beratungserfahrung mitbrächten, neigten dazu, Teams in Sachen Verantwortung unbewusst aus dem Gleichgewicht zu bringen. »Es gilt, sich immer auf einer Ebene zu bewegen. Manche müssen hochkrabbeln und andere ein bisschen runterkommen«, so Udo. Wichtig sei es vor allem, zu erkennen, wenn eine Person zu sehr in den Lead gehe und sie als Team bremse. Der Gang zur Pflegeleitung ist da nicht mehr das Mittel der Wahl. Nun heißt es, selbst die Kollegen in die Schranken zu weisen.

In einem Team ist eine ehemalige Pflegedienstleiterin dabei, berichtet Udo. Sie wollte gern Verantwortung loslassen, rutschte aber immer wieder versehentlich in ihre alte Rolle. Das ist bequem: Wenn jemand Tätigkeiten schon oft ausgeführt hat, gehen sie leichter von der Hand. Bei Neulingen dauert es länger und man muss das Ergebnis prüfen. Da ist die Versuchung groß, alles gleich selbst zu machen. Und auch unter Teammitgliedern, die nun neue Aufgaben übernehmen sollen, ist der Rückfall in alte Verhaltensmuster an der Tagesordnung. »Da kam oft diese automatische Frage an die erfahrene Kollegin: ›Kannst Du das nicht schnell machen?‹«, so Udo. Nach einem etwa einjährigen Lernprozess funktionierte das Zusammenspiel gut. Erfahrene Kollegen zeigten den Neuen, wie etwas geht statt es selbst zu tun.

Von der Führungskraft zum Coach
Auch Udo Janning selbst musste den Switch von der Führungskraft zum Coach meistern. Schon immer war er der Typ Kollege, der ein paar Unterschriften machen musste, weil die anderen das nicht durften. Das spielte ihm bei seiner neuen Rolle in die Karten. »Es ging mir nicht schlecht dabei, aber anfangs musste ich mich immer wieder bremsen«, erinnert er sich. Er hat sich dabei erwischt, wie er die Formblätter selbst ausfüllen wollte, merkte aber schnell, dass er über Fragen, die Teams mehr einbeziehen konnte. Er bietet seine Hilfe an, akzeptiert aber auch, wenn die Entscheidungen der Teams seinem Rat zuwiderlaufen. »Es ist okay, wenn die Teams Dinge anders tun, als ich es vorgeschlagen habe. Auch wenn sie Fehler machen, ist das für alle ein riesen Lerneffekt«.

So hatte sich das Team Hörstel beispielsweise entschieden, Aushilfen stundenweise mit ins Team zu nehmen – trotz Abraten ihres ehemaligen Pflegedienstleiters. Zwei- bis dreimal pro Monat halfen sie ein bisschen aus. »Mit der Zeit merkten wir, das macht den Dienstplan sehr kompliziert und jemand mit einem größeren Arbeitsumfang bringt uns mehr. Wir hätten auf Udo hören sollen, aber es war auch wichtig, dass wir diese Erfahrung selbst gemacht haben«, sagt Mark Adolph.

Beide motiviert die neue Zusammenarbeit – die Teams, die immer ein offenes Ohr finden und ihr Coach, der entdeckt, dass er mit seiner Arbeit dem Team wirklich weiterhilft. »Mit Udo und uns – das ist eine Symbiose«, lobt der junge Altenpfleger Mark die Kollaboration. »Ich kann mich jetzt mehr darauf konzentrieren, was die Teams an der

Ausübung ihres Berufes hindert: Die ganzen bürokratischen Hürden abbauen, die mit Pflege nichts zu tun haben«, freut sich Udo. Die Möglichkeit, etwas Neues zu schaffen und den Mitarbeitern den Rücken freizuhalten, motiviere ihn mehr als seine vorherige Leitungsaufgabe.

»Ein Chef ist dazu da, den Arbeitsrahmen für die Mitarbeiter zu schaffen, Entscheidungsgrundlagen zur Verfügung zu stellen und dafür zu sorgen, dass die Mitarbeiter sich das nötige Wissen für ihre Arbeit aneignen«, ist Gunnar überzeugt. Auch er selbst hat durch den Kontakt mit der Buurtzorg-Idee seinen Führungsstil angepasst, sagt er. Die Erfahrung färbe auf seine Haltung als Firmenchef und die Gesamtorganisation ab. Er baut nun eine neue Struktur auf, eine Art Regionalprinzip. Entscheidungen sollen stärker vor Ort fallen und er sieht seine Aufgabe im Standort-Coaching. »Wenn man Abteilungsleiter, Geschäftsführer oder Berater ist, denkt man immer, dass sich alles um einen selbst dreht, aber das findet im Grunde jeder Mensch.«

Innovationsprozess umdrehen

Das hört sich auch bei Jos de Blok ähnlich an: Er vertraut seinen Mitarbeitern und glaubt, dass sie die wahren Experten sind. »Selbstorganisierte Teams ohne Manager funktionieren, wenn man einfach keinen Druck ausübt und die Leute ihre Arbeit erledigen lässt.« Jegliche störende Distanz zwischen Organisation und den Patienten versucht er abzubauen. Dazu gehören für ihn auch Kontroll- und Planungszyklen sowie Strategie- und Innovationsprozesse. »Die Bedürfnisse in der Pflege haben sich in den letzten 20 Jahre nicht viel verändert. Nicht Innovation ist unser Ziel, sondern die Betreuung der Patienten«, so der Buurtzorg-Gründer.

Der Niederländer dreht mithilfe der Selbstorganisation den Prozess der Strategiebildung einfach um: Statt eine Vision samt Aktionsplan mit dem Management zu definieren, hört er auf die Impulse der Mitarbeiter. Wenn Jos de Blok wahrnimmt, dass viele Teams über ähnliche Erfahrungen oder Herausforderungen berichten, kommt es zu den seltenen Fällen, dass er ein Meeting mit Beschäftigten von verschiedenen Standorten einberuft. Dann fragt er alle, ob er etwas tun kann oder mit dem Ministerium sprechen muss. »Die Teams sind sehr sensibel für die Netzwerke, in denen sie arbeiten. Sie erhalten viele Informationen und Ideen darüber, wie wir unsere Arbeit verbessern können.«

> *Wir müssen wieder zu einer Solidargemeinschaft werden,*
> *in der alle gemeinsam anpacken.*
> Udo Janning, Pflegeberater bei Sander Pflege

Die Netzwerke, die die Mitarbeiter rund um die Patienten aufbauen, sollen jedoch vor allem die Qualität der Pflege verbessern – oder vielerorts die Pflege insgesamt sichern. Das Hauptargument, um Partner zu gewinnen: Im ländlichen Bereich gibt es Gegenden, die von der ambulanten Pflege absolut nicht mehr zu versorgen sind. Pflege-dienste müssen Anfragen von Patienten ablehnen, die pflegebedürftig aus dem Kran-kenhaus entlassen werden, weil sie zu wenig Personal haben. »Wir müssen wieder zu einer Solidargemeinschaft werden, in der alle gemeinsam anpacken – so wie bis Ende der 70er Jahre rund um die Gemeindeschwestern«, fordert Udo Janning. Derartige Aussagen sind derzeit auch in der Politik beliebt. Während sich dabei häufig der Ver-dacht aufdrängt, jemand möchte die Verantwortung des Staates leugnen, spricht hier einer, der die schwierige Versorgungssituation in der Pflege von innen kennt.

> **!**
>
> **Geschichtlicher Exkurs: Von den Diakonissen-Schwesternschaften bis zum heutigen Pflege-system**
>
> Zu Beginn der Industrialisierung ab Mitte des 19. Jahrhunderts verlängerten sich die Arbeitszeiten vieler Menschen, so dass sie kaum noch Zeit für die Pflege Angehöriger hatten. Pflegebedürftige lebten deshalb in teilweise katastrophalen Verhältnissen. Die Diakonissen-Schwesternschaften sollten Abhilfe schaffen: Die Gemeinden entsandten Diakonissen, die gleichzeitig Krankenpflegevereine ins Leben riefen.
>
> Gemeindeschwestern waren in ihrer Gegend bekannt und vermittelten verschiedene Dienst-leistungen. Sie folgten einem christlichen Menschenbild, bei dem Leib- und Seelsorge zu-sammengehören. Ihre Arbeit war für sie praktizierte Nächstenliebe. Doch das Konzept starb in den 80er Jahren des 20. Jahrhunderts aus: Die Zahl der Diakonissen war damals rückläufig und so verschwand mit ihnen ein lange gewachsenes Sozialsystem.
>
> Es folgte das Subsidiaritätsprinzip der Kranken- und später der Pflegekassen. Mit der Ein-führung der Pflegeversicherung 1997 gingen viele Krankenpflegevereine in private Pflege-dienste über und machten den diakonischen Diensten Konkurrenz. Pflege war spätestens dann im freien Markt angekommen – und brachte eine Fragmentierung mit sich, wie sie heute vielerorts üblich ist.

»Um den Patienten jenseits der ganzen Verordnungen ganzheitlich zu helfen, brau-chen wir nicht nur Pflegekräfte, Ärzte und Apotheken, sondern von Nachbarn bis zum Lieferanten alle im Netz«, betont der Pflegeberater. Es sei wichtig, Ehrenamtler zu gewinnen. In Westfalen gibt es viele ehemalige Bergmänner, die mit 50 bereits in Rente seien. Viele könnten sich um Instanthaltung von Haus und Garten kümmern. Auf dem Land sind zudem noch viele Vereine aktiv, die in der Betreuung der Pflegebedürf-tigen, etwa bei Einkäufen oder einem Kirchgang zur Seite stehen. Auch kirchliche Player gelte es ins Boot zu holen, meint Udo. »Wir müssen mit allen zusammen ein Paket schnüren. Nur wenn möglichst viele mitspielen, kann es klappen.«

Pflege läuft in Deutschland nach einem Automatismus ab: Jemand muss Tabletten einnehmen und schafft das nicht mehr alleine. Dann kommt der Pflegedienst ins Spiel – egal ob das sinnvoll ist oder nicht. »Wir beginnen dennoch immer so, dass wir die vorgesehenen Leistungen erfüllen. So machen wir uns ein Bild vom Patienten und überlegen, was die Leute noch selbst machen können und was man in die Hände von Angehörigen, Freunden und Nachbarn abgeben könnte«, erklärt Udo. So wie die Führungskräfte zum Coach der Teams, werden die Teams zum Coach der Patienten und ihrer Angehörigen: Sie können nur Vorschläge machen, dürfen aber nie zu sehr pushen und Druck aufbauen. »Wir hinterfragen, ob etwas nötig ist, aber machen auf Wunsch alles, was das System vorsieht. Es gibt Menschen, die wollen betüddelt werden und nicht aktiv mitmachen – und das ist ihr gutes Recht.«

Das Konzept von Buurtzorg fänden viele Angehörige und Freunde gut. Wenn sie Aufgaben übernehmen sollen, kommt dann jedoch trotzdem oft ein Rückzieher. »Natürlich sind die Angehörigen zu Recht skeptisch und hinterfragen, warum sie etwas tun sollten, wofür wir das Geld verdienen. Aber oft sehen sie ein, dass wir einfach anders nicht mehr alle Menschen in der Region gut versorgen können,« ergänzt der Projektleiter.

Manchmal helfen schon Kleinigkeiten. Fährt der Pflegedienst etwa jeden Abend über zehn Kilometer, um jemandem eine Tablette zu bringen, und trifft regelmäßig die Tochter an, die zum gemeinsamen Abendbrot mit am Tisch sitzt, versuchen die Teams diese zu überzeugen, dass sie abends die Medikamentengabe übernimmt. So sparen die Mitarbeiter jeden Tag 10 Minuten und pro Woche 70 Minuten, die sie anderweitig einsetzen können – beispielsweise für einen Kirchgang. Manche Familien sind sogar froh, wenn sie am Sonntag ausschlafen können, weil der Pflegedienst nicht kommt. Dabei bleiben die Absprachen flexibel: Wenn sich etwas ändert, steht der Pflegedienst auf Anruf bereit. »Eigentlich sollte der Pflegedienst ja nur da sein, wenn es nicht anders geht,« meint Mark.

Mittlerweile erlebt Sander Pflege die ersten Erfolge. »Mit dem neuen Modell ist es einfacher, Menschen mit einer leichten Demenz zu Hause zu pflegen. Natürlich müssen sie vielleicht irgendwann ins Heim. Aber der Zeitpunkt ist oft schade«, so Udo Janning. Er berichtet von einer Patientin, die nachts manchmal den Weg zur Toilette nicht mehr findet. Da die Angehörigen weit weg wohnen, bemühte sich der erfahrene Pflegeberater um eine andere Lösung: Er fand zwei Medizinstudenten, die kostenfrei bei ihr wohnen und dafür abwechselnd den nächtlichen Toilettengang übernehmen. »Man muss nicht so kompliziert denken. Manchmal liegen die Lösungen ganz nah.«

Versuchsballon und wie geht es weiter?
Viel Geduld ist dennoch nötig. Zwar sprechen immer mehr Leute den Pflegedienst aktiv auf Buurtzorg an – darunter auch andere Pflegeeinrichtungen. Viele machen im Kleinen schon etwas Ähnliches wie Buurtzorg. Doch die Probleme mit Arbeitssystematiken und Abrechnungsschemata sind gleichwohl noch nicht vom Tisch, sondern derzeit in Sonderregelungen und Workarounds umgemünzt. »Nach Stundeneinheit als einzigem Abrechnungsschema zu bezahlen – davon sind wir noch weit entfernt«, gesteht Gunnar Sander. Die Kassen schreiben vor, dass es eine verantwortliche Pflegekraft oder Pflegeleitung geben muss. »Wenn wir ein neues Team starten, müssen wir

dafür jemand präsentieren – zumindest formal«, so der Geschäftsführer. Bisher ist das Buurtzorg-Modell auch nur für die Soziale Pflegeversicherung (SGB XI) denkbar und nicht wie in den Niederlanden auch für die gesetzliche Krankenversicherung (SGB V).

Sander Pflegedienst ist zudem bezüglich Qualitätsthemen mit dem Medizinischen Dienst der Krankenkassen (MDK) im Gespräch. Nach der Idee von Buurtzorg gibt es kein zentrales Qualitätsmanagement mehr. Jeder darf visitieren und die nötigen Leistungen bei Patienten prüfen. Es gilt, neue Lösungen zu erarbeiten und Kompromisse zu schließen. »Da fühlen wir uns bei den Entscheidern gut wahrgenommen«, sagt der Buurtzorg-Initiator Gunnar Sander.

Neben den Teams in Hörstel und Lotte läuft nach einer zwischenzeitlichen Pause in Emsdetten beim Kooperationspartner Impulse Pflegedienst auch wieder die »Buurtzorg-Testphase« weiter. In Münster kam das vierte Team in einer Wohngemeinschaft mit betreutem Wohnen hinzu. Hier sollte nun endlich ein ganz neues Team entstehen, doch es kam anders: Ein Pflegedienst hat den Geschäftsführer in den Ruhestand verabschiedet. Nun existiert die Firma ohne Chef weiter: eine neue Chance für Selbstorganisation und die Ausweitung der Buurtzorg-Erfahrungen. Gunnar Sander hält es für möglich, dass sich Buurtzorg auch auf Pflegeheime ausweiten lässt. In den Niederlanden hat er einige Einrichtungen besucht, die schon auf Selbstorganisation umgestellt haben. »Viele Prinzipien, wie die Zusammenlegung von Hauswirtschaft, Pflege und Betreuung, können wir auch in Pflegeheimen übernehmen«, ist er überzeugt.

Der Buurtzorg-Projektleiter Udo träumt derweil davon, dass der Funke auch auf andere bestehende Teams überspringt. »Es wäre toll, wenn sich andere melden und auch mitmachen wollen.« Er versucht insbesondere den Pflegedienstleitern zu vermitteln, dass sie trotzdem noch gebraucht würden. »Die Erfahrung der Pflegedienstleitung ist wichtig, um die Teams zu coachen – auch wenn das vielleicht nicht alle wollen.« Aktiv in Gespräche mit den anderen Teams geht er allerdings noch nicht. Zunächst möchte er weitere Erkenntnisse abwarten. Nur das neue Gehaltsmodell wird auf jeden Fall auch für alle anderen kommen.

> *Buurtzorg-Prinzipien, wie die Zusammenlegung von Hauswirtschaft, Pflege und Betreuung, können wir auch in Pflegeheimen übernehmen.*
> Gunnar Sander, Geschäftsführer von Sander Pflege GmbH

Noch ist der Feldversuch nicht kostendeckend. Doch der Blick über die Grenze macht Mut: In den Niederlanden hat es auch drei Jahre gedauert, bis aus Experimenten ein stabiles Modell wurde. Sander Pflege richtet Informationsveranstaltungen aus, um das neue Arbeitsmodell noch bekannter zu machen. Im Dezember 2018 fand bei Sander Pflege der erste ganztägige Buurtzorg-Workshop statt. Immer mehr Leute sprechen den Pflegedienst aktiv auf Buurtzorg an – darunter auch andere Pflegeeinrichtungen. Viele machen im Kleinen schon etwas Ähnliches wie Buurtzorg, jedoch ohne Sondergenehmigung der Kassen, nach Zeit statt Leistung abzurechnen. Doch auch bei Sander Pflege warten sie noch auf die Zusage für ein drei Jahre andauerndes Pilotprojekt, das von den Fachhochschulen Münster und Osnabrück wissenschaftlich begleitet werden soll.

Mit dem neuen Team in Münster ist jetzt wieder eine neue Krankenkasse zuständig – und alle hängen erneut in der Warteschleife. Der Geschäftsführer gibt sich dennoch zuversichtlich: »Die Kassen stecken in ihren Strukturen, Rahmenbedingungen und Entscheidungsprozessen. Soweit ihnen das möglich ist, bewegen sie sich aber.«

> *Unser Beruf bekommt mit Buurtzorg Wert und Sinn zurück.*
> Udo Janning, Pflegeberater bei Sander Pflege

Rückenwind bekommt Sander Pflege durch kernige Aussagen der Politik. »Wenn jemand jeden Tag mit Menschen arbeitet, warum sollte derjenige oder diejenige dann nicht genauso gut verdienen oder etwas mehr wie jemand, der in einer Bank oder an einer Maschine arbeitet,« formulierte Kanzlerin Angela Merkel laut Tagesschau im Juli 2018 beim Besuch eines Altenheims in Paderborn die passende rhetorische Frage.

Um sich die Wertigkeit eines Berufs vor Augen zu führen, empfiehlt der junge niederländische Philosoph und Historiker Rutger Bregman in seinem Buch »Utopien für Realisten« Gedankenspiele von landesweiten Streiks.[141] Man stelle sich vor: Was wäre, wenn sämtliche Altenpfleger in Deutschland gleichzeitig die Arbeit niederlegen würden? Ein erschreckendes Szenario. Pflegedienste leisten eine wertvolle Arbeit für die Gesellschaft. Doch die Lücke zwischen Verantwortung und Gehalt bleibt. Bisher ist der Beruf für den wichtigen Dienst, den er für uns alle leistet, zu schlecht bezahlt.

Für ein Allheilmittel hält Udo Janning die neue Arbeitsweise auch deshalb nicht. »Doch unser Beruf bekommt mit Buurtzorg Wert und Sinn zurück.« Er hofft, dass immer mehr Altenpfleger erkennen, dass sie damit wieder ihre Arbeit gestalten könnten. Es brauche eine Mischung aus erfahrenen Fachleuten und Nachwuchskräften – beide könnten sich mit Buurtzorg neu für den Beruf begeistern. »Wir werden auf dem Weg zu einer neuen Arbeitsweise sicherlich noch ganz viele Täler durchschreiten. Wir haben nur einen großen Vorteil: Die Holländer haben uns bewiesen, dass es geht.«

---

141 Rutger Bregman: Utopien für Realisten. Rowohlt 2017.

Die Interviewpartner von Vollmer & Scheffczyk GmbH

Benno Löffler, Geschäftsführer von Vollmer & Scheffczyk GmbH

Martin Mittendorf, Partner bei Vollmer & Scheffczyk GmbH

Fabian Schünke, Senior Consultant bei Vollmer & Scheffczyk GmbH

7.10   Die Konsultativen Tüftler – freie Gehaltswahl bei Vollmer & Scheffczyk GmbH

Freie Gehaltswahl ist nicht romantisch … Ich habe noch nie so hart in der Sache gestritten, war aber auch den Kollegen menschlich noch nie so nah.
Fabian Schünke, Senior Consultant bei Vollmer & Scheffczyk GmbH

Wenn Fabian Schünke sich bei Workshops vorstellt, blickt er in erstaunte Gesichter. Die Teilnehmer hören ihm scheinbar gar nicht mehr zu, denn sie sind zu sehr damit beschäftigt nachzurechnen: zehn Jahre Führungserfahrung als Projekt-, Vertriebs- und Bereichsleiter bei der Schleifring GmbH, davor eine Lehre als Industriemechaniker, ein Mechatronikstudium und noch einen MBA oben drauf, Auslandserfahrung in den USA und in Asien – und er sieht doch noch so jung aus. 36 Jahre ist er alt (Jahrgang 1983). Die steile Karriere ist nicht die einzige Besonderheit in seinem Lebensweg. Vor knapp einem Jahr hat er sich entschieden, die Führungskarriere erst einmal an den Nagel zu hängen und bei der Vollmer & Scheffczyk GmbH (kurz V&S) anzuheuern, die etwas andere Unternehmensberatung im Maschinenbau, die eine Art freie Gehaltswahl praktiziert. Dort startete er für deutlich weniger Gehalt als vorher und als er es sich selbst gewünscht hatte.

Warum tut jemand sowas? Was macht V&S für einen Vertreter der Generation Y, der in seiner Karriere scheinbar schon fast alles erreicht hat, so attraktiv? Und wie frei ist die Gehaltswahl, wenn man dabei auch mal unter seinen eigenen Gehaltswünschen bleibt?

V&S hat ein Büro in Hannover und in Stuttgart, dort sitzen allerdings ausschließlich zwei Backoffice-Kolleginnen. Die Berater sind ständig unterwegs, beim Kunden. Bisher wollten sie die Büros behalten, könnte ja sein, dass die Kunden sich dort mit ihnen treffen wollen. Doch Meetings und Events lassen sich auch anderswo organisieren und Coworking gibt es überall. So denken die Berater gerade darüber nach, ihr Office ganz aufzugeben. Was man da an Infrastruktur spart, könnte ins Gehalt fließen. Viel wird das wohl nicht sein, aber zur Not stünde er als Empfänger bereit, meint Fabian und lacht.

Geld ist nicht die Hauptmotivationsquelle von Fabian Schünke, soviel ist schnell klar. Denn wer richtig Kohle machen möchte und einen Lebenslauf wie er hat, geht als Führungskraft in die Industrie oder macht IT-Beratung. Als er zu V&S wechselte, war klar, worauf er sich einlässt. Er hatte bereits vor seinem Eintritt drei Jahre mit seinen künftigen Kollegen zusammengearbeitet – damals auf der Seite der Auftraggeber. Sein damaliger Chef musste ihn zu der Zusammenarbeit überreden – er selbst war eigentlich dagegen, Berater zu engagieren. Fabian war überzeugt, »da kommen zuerst die Senior-Leute und die Partner und machen eine geile Show und dann folgen die im

Kommunionsanzug mit Portfolioanalyse und Excellisten«. Dass er selbst einmal Berater werden könnte, daran hat er damals keinen Gedanken verschwendet. Umso mehr hat ihn die Andersartigkeit von V&S gepackt. Schon vorher hatte er oft an einen Wechsel gedacht, um sich beruflich weiterzuentwickeln. Nun konnte ihn keiner mehr halten.

> *Freiheit gibt es nicht umsonst. Es ist ein ständiges Ringen,*
> *Reden, Kämpfen und Sich-Engagieren.*
> Fabian Schünke, Senior Consultant bei Vollmer & Scheffczyk GmbH

»Viele reiten die New-Work-Schiene, überlegen sich aber nicht richtig, warum sie das machen. Man ist jetzt agil und selbstorganisiert, trägt Sneaker und war im Silicon Valley. Doch manche Firmen fragen sich nicht ernsthaft, welches Problem sie damit in den Griff bekommen wollen«, findet Fabian. Bei V&S sei das anders: Flache Hierarchien und selbstverantwortliche Entscheidungswege ja. Aber nichts sei in Stein gemeißelt, alles immer im Fluss. Es wird viel gerungen, hart in der Sache gestritten. »Kognitives Basteln« nennt das sein neuer Kollege Martin Mittendorf, der seit 2013 als Partner an Bord ist. »Viele von uns haben schon Erfahrungen des Scheiterns gemacht, aber gleichzeitig gedacht, das kann doch nicht sein, dass wir gegen die klassischen Schemata immer wieder anrennen und nicht weiterkommen. Das muss besser gehen.« V&S erprobt deshalb laufend Neues, wenn den Mitarbeitern etwas aufstößt. Und da wäge man verschiedene Seiten ab, im gemeinsamen Disput, den Martin als eine Art Kräftemessen mit Argumenten sieht. »Freiheit gibt es nicht umsonst. Es ist ein ständiges Ringen, Reden, Kämpfen und Sich-Engagieren. Wenn du in ein hierarchisches System gehst, ist das definitiv bequemer«, sagt Fabian Schünke.

Für viele Themen und Situationen hat V&S ein Repertoire an Vorgehensweisen zur Lösungs- und Entscheidungsfindung entwickelt. Wer Entscheidungen in einer Gruppe trifft, neigt automatisch dazu, einen Konsens anzustreben: Alle sollen sich einig sein. Das geht nur, wenn man ähnlich tickt. Doch im unsicheren Umfeld mit vielen Optionen funktioniert der Konsens oft nicht mehr. Dann soll es die demokratische Abstimmung richten. Der Nachteil: Die Mehrheit gewinnt und das ist nicht immer die beste Option. An dem Punkt steigt V&S mit alternativen Modellen ein. Wenn ein Vorschlag im Raum steht, fragen die Berater nicht unbedingt nach Zustimmung, sondern auch nach Ablehnung. Sie erarbeiten bis zu fünf Vorschläge und bewerten diese auf einer Skala von 0 bis 5. So ist erkennbar, welcher Weg die geringste Ablehnung erfährt. Beim sogenannten Konsent wird zudem alles, was gegen ein Thema spricht, Teil des Lösungsvorschlags. Daneben praktiziert V&S auch den konsultativen Einzelentscheid: Eine Entscheidung und die damit verbundene Verantwortung wird an eine Einzelperson oder Gruppe delegiert. Um eine gute Entscheidung treffen zu können, haben die »Entscheider« unterschiedliche Meinungen, Informationen und Positionen einzuholen und ihre Entscheidung dann auch zu begründen.

Der konsultative Einzelentscheid kommt bei V&S in einer ähnlichen Form auch zum Tragen, wenn es ums Gehalt geht. Die »freie Gehaltswahl« funktioniert folgendermaßen:

Schritt 1: Alle Mitarbeiter erhalten Einblick in die Umsatzzahlen, Kostenstrukturen und die Gehaltsliste aller Kollegen – inklusive einiger Eckdaten zur Erfahrung, um den Beitrag für das Unternehmen einschätzen zu können.

Schritt 2: Jeder beantwortet die nachfolgenden Fragen für alle Kollegen:
... Untergrenze: Was sollte die Kollegin oder der Kollege mindestens verdienen? Was ist mindestens angemessen in Hinblick auf Ausbildung, Erfahrung und Beitrag für das Unternehmen?
... Obergrenze: Ab welchem Gehalt sollte die Person das Unternehmen besser verlassen? Ab welcher Grenze würde ich mich ungerecht behandelt fühlen?

Schritt 3: Jeder beantwortet nun die Fragen von Schritt 2 für sich selbst:
... Untergrenze: Was will ich mindestens verdienen? Ab welcher Grenze würde ich den Job nicht machen, weil ich das meiner Selbstachtung schuldig bin, nicht für so wenig Geld zu arbeiten? Was kann ich mir denn zutrauen und wie kann ich argumentieren?
... Obergrenze: Bei welcher Angebotssumme von extern würde ich das Unternehmen wieder verlassen?

Schritt 4: Alle Grenzwerte für die Selbst- und Fremdeinschätzung werden auf einer Punktewolke dargestellt und im Unternehmen veröffentlicht.

Schritt 5: Wer sein Gehalt verändern möchte, geht in die Gehaltskonsultation: Die Person sucht sich mindestens zwei Kollegen, mit denen sie Gedanken, Bedenken, Überlegungen, Argumente, aber auch Gefühle teilt.

Schritt 6: E-Mail mit Entgeltsumme verfassen, die Entscheidung auf Yammer (interne Social-Media-Plattform) bekanntgeben und E-Mail ans Backoffice zur Abrechnung senden.

Heute erhebt V&S ein- bis zweimal im Jahr standardmäßig die Zahlen und erstellt die Feedbackwolke. Jeder kann für sich entscheiden, ob er in die Gehaltskonsultation gehen möchte oder nicht. Auf expliziten Wunsch entsteht auch zwischendurch ein individuelles Feedback.

> *Wir haben immer mehr Zweifel daran bekommen, ob das Bonussystem*
> *nicht nur wirkungslos, sondern gar schädlich ist.*
> Benno Löffler, Geschäftsführer von Vollmer & Scheffczyk GmbH

Wie genau kam es zu dieser Lösung? V&S glaubt an die Engpasstheorie: Die Berater priorisieren Themen, die in einer aktuellen Situation oder in einem Projekt die größte Wirkung zu bringen versprechen. Ausgangspunkt ist oft eine Herausforderung, auf die es eine richtige Antwort zu finden gilt. Auch beim Entlohnungsmodell fing alles mit einem Problem an, eines, das viel mit der Entstehungsgeschichte von V&S zu tun hat: Die Unternehmensberatung wurde im Jahr 2000 gegründet. Bis 2005 war V&S eine Drei-Mann-Combo, wuchs dann aber recht schnell. 2008 waren schon über 20 Leute dabei. Die ersten Strukturen mussten her, auch beim Gehalt. Wer viel beim Kunden ist und Vertrieb macht, sollte auch entsprechend vergütet werden. Die Unternehmensberatung versuchte es mit einem Bonusmodell, das allerdings über die Jahre immer komplizierter wurde. Es ließ sich neuen Mitarbeitern kaum noch erklären. »Wenn Ingenieure ein Bonusmodell machen, dann finden da viele Dinge Berücksichtigung und alles Mögliche wird progressiv mit reingerechnet«, erinnert sich der heutige Geschäftsführer Benno Löffler.

»Wir haben immer mehr Zweifel daran bekommen, ob das Bonussystem nicht nur wirkungslos, sondern gar schädlich ist. Nun stand die Frage im Raum, woher kommt eigentlich Motivation?«, so Benno. Sein Schlüsselerlebnis dazu hatte er mit einem ehemaligen Mitarbeiter. Er sagte sinngemäß: »Ich bin in einem Dilemma: Entweder schreibe ich jetzt einen Artikel für unser Buchreview und kriege dafür einen Punkt im Bonusmodell oder ich bereite den Kundenworkshop für Montag anständig vor, gehe aber leer aus.« Wie bei V&S üblich, begann man zu diskutieren und sich zu fragen, ob man bald auch Bonuspunkte fürs Atmen verteilen müsse. Theorien rund um Daniel Pink[142] und das Y-Menschenbild nach McGregor[143] beeinflussten die Berater. Die Verantwortung sollte mehr in die Hände der Mitarbeiter übergehen – auch dafür, wie es der Firma wirtschaftlich geht und was jeder verdient. In einem Workshop wollten alle an einem Wochenende gemeinsam darüber entscheiden, wie sie künftig das Gehaltsmodell gestalten würden und wie sie das alte Bonusmodell loswerden. Jeder hatte ein Veto-Recht, für alle Fälle. Der Ausgang: völlig offen. Schon nach einem halben Tag Open-Space, mit Gesprächen in Kleingruppen, die Vorschläge erarbeiteten und sich Feedback von der großen Runde holten, kristallisierte sich das Modell »freie Gehaltswahl« heraus.

Da gab es allerdings noch ein Lager, das dieses Modell ohne volle Transparenz einführen wollte. Beim Umsatz war man sich einig, dass die Zahlen wichtig sind, um einschätzen zu können, was die Organisation sich wirklich leisten kann. Doch offensichtlich war die Angst vor der Entlarvung der eigenen Über- oder Unterbezahlung groß. Es sollte lieber keiner wissen, wenn jemand sein Gehalt erhöht. Das Tabu Gehaltsgeheim-

---

142 Daniel Pink: Drive: Was Sie wirklich motiviert. Ecowin Verlag, Salzburg 2010.
143 McGregor, Douglas: The Human Side of Enterprise. McGraw-Hill, New York 1960.

nis wollten viele nicht anpacken, ganz nach dem Motto, was geht es die anderen an, was ich verdiene. »Da habe ich Angst bekommen«, erinnert sich Benno Löffler. Gehaltstransparenz hat laut dem Geschäftsführer zwar den Nachteil, dass ein höheres Gehalt von Kollegen schnell zu Neid und empfundener Ungerechtigkeit führen kann. Doch für ihn überwiegen die Gegenargumente: »Anstand entsteht auch durch Transparenz. Soziale Dichte und das Wissen übereinander erzeugen soziale Normen.« Wer sich beobachtet fühle, sei einfach weniger in Gefahr, sich nicht an die Regeln zu halten. Andernfalls könnten Gerüchte gedeihen, eine dysfunktionale Stimmung erzeugen und Vertrauen verloren gehen.

Beim Gehalt heißt das, man fängt an, übereinander zu reden und hinter vorgehaltener Hand zu tuscheln. Im Flurfunk wird darüber spekuliert, was die anderen verdienen. »Da habe ich mein Veto eingelegt und als Geschäftsführer gefordert, wir machen freie Gehaltswahl nur mit voller Transparenz und dem unterziehe ich mich selbstverständlich auch.«

> *Unter Gleichrangigen ist es wahnsinnig schwer, harte Position zu beziehen,*
> *wenn es um persönliche Belange eines anderen geht.*
> Benno Löffler, Geschäftsführer von Vollmer & Scheffczyk GmbH

Reibungsfrei ging es also auch in den Anfangstagen des neuen Gehaltmodells nicht zu. Die neue Methode war nicht unumstritten, aber so legte V&S erst einmal los. Das Vorgehen über einen konsultativen Einzelentscheid brachte allerdings ein weiteres Problem mit sich: Obwohl einzelne Mitarbeiter vier oder fünf Kollegen in die Entscheidung einbezogen hatten, kam es zu Überraschungen. Das Gehalt fiel deutlich höher aus als die vermeintlichen Empfehlungen der Kollegen. »Wenn jemand sagt, 70.000 Euro ist aber ganz schön viel, dann meint der eine, das geht gar nicht und der andere, da kann ich ja auch noch etwas höher gehen. Mir ist klar geworden: Unter Gleichrangigen ist es wahnsinnig schwer, harte Position zu beziehen, wenn es um persönliche Belange eines anderen geht«, erklärt Benno.

Allein das Gespräch und Feedback untereinander reichte offensichtlich nicht aus. Bei der Lösung dieser Herausforderung kam der Unternehmensberatung ein glücklicher Einfall eines Jobaspiranten zu Hilfe. Er machte den Vorschlag, einige künftige Kollegen nach ihrer Einschätzung zu fragen, ab welcher Untergrenze er nicht zu V&S käme und ab welcher Obergrenze er für das Unternehmen zu teuer wäre. Diese Zahlen sollten sie anonym einreichen. Der Mittelwert würde dann Orientierung bieten und dieses demokratische Gefüge als Feedback dienen. »Das fand ich eine geile Idee und sagte, komm lass uns das doch gleich für alle probieren«, so der Geschäftsführer.

Beim standardmäßigen Gehaltsprozedere gibt es nun immer diesen einen Moment, wenn alle Punktewolken an die Wand projiziert werden. Der Vorteil liegt auf der Hand:

Man kann gemeinsam diskutieren, wo es krasse Abweichungen in der Wahrnehmung gibt und wer sich für über- oder unterbezahlt hält. »Die Punktewolke visualisiert deine Wahrnehmung durch die Organisation. Das zu sehen, ist aber sicherlich nicht immer ein komfortabler Moment. Dann weiß man, ist man eher am oberen oder unteren Rand«, sagt Partner Martin Mittendorf. In den anschließenden Gesprächen gilt es dann, offen zu seiner Bewertung zu stehen und ohne Beschönigungen die eigene Haltung den Kollegen gegenüber zu vertreten. Diese kommunikative Offenheit fällt auch bei V&S nicht leicht. »Wir müssen das immer wieder neu einüben. Es gibt eben auch bei uns diese Tendenz, das Positive lieber zu sagen. Es fällt schwerer, das minder Nette auszusprechen, weil wir das selten von Kindesbeinen an lernen.« Als Geschäftsführer greift dann Benno Löffler ein, hält der Mannschaft den Spiegel vor und spricht aus, dass sie mal wieder zu »flauschig« miteinander umgehen.

Auch für Fabian war die erste Gehaltskonsultation, die mit den Gehaltsverhandlungen für seinen neuen Job zusammenfiel, nicht ganz so wie erwartet. Die Organisation wollte ihm monetär 15 Prozent weniger bieten, als er sich vorgestellt hatte. Während sich normalerweise die Mitarbeiter einige wenige Kollegen aussuchen, um das visualisierte Bild der Gehaltskonstellation zu besprechen, ging Fabian als Neuer zu allen Mitarbeitern – sieben feste Berater, zwei Personen im Backoffice und einige Freelancer aus dem Netzwerk. In den Konsultationen werden noch einmal alle Leistungen, die man aufbieten kann, in die Waagschale geworfen, argumentiert, was man für die Firma leisten kann, aber auch nicht ausgespart, wo Entwicklungsbedarf besteht. »Ich habe die Sicht der Organisation deshalb als gerecht empfunden, weil ich gesehen habe, was die anderen verdienen, wie lange sie dabei sind und wie gut sie das Beratungshandwerk beherrschen. Von daher hat Fremd- und Selbstbild in dem ganzen Gefüge schon zusammengepasst«, meint Fabian. Um zu zeigen, dass er wirklich motiviert war und den neuen Job unbedingt machen wollte, ging er sogar noch einmal einen symbolischen Wert darunter. »Es war keine Sekunde so, dass ich wegen des Geldes überlegt hätte, nicht zu wechseln. Und auch mein Lebensstandard hat sich nicht unbedingt verschlechtert. Das war wirklich verschmerzbar.«

Es hat allerdings auch bei V&S immer mal wieder Mitarbeiter gegeben, die mit dem Prozedere nicht glücklich waren und gar nicht wissen wollten, wie die Kollegen ihren Wertbeitrag für das Unternehmen beurteilen. Eine Ausnahme gibt es bis heute: eine Kollegin aus dem Backoffice, die nur mit ihrem Chef Benno Löffler über ihr Gehalt reden will. »Das nervt mich zwar, aber ich weiß, das fällt ihr einfach schwer. Wir wollen sie nicht verlieren, weil sie wertvoll für uns ist«, so Benno. Das harte Feedback setze ihr emotional so zu, dass es hier eine Art Hybrid-Lösung gibt. Denn letztlich steht die Frage im Raum: Wie viel würde es kosten, jemanden am Markt zu finden, der ihre Aufgaben übernimmt? »Das würde Jahre dauern, bis das wieder so gut funktioniert wie jetzt und vielleicht finden wir auch gar niemand.«

*Wer mit seinem Chef das Gehalt verhandelt, geht viel aggressiver ran als in der
freien Gehaltswahl mit transparenten Finanzen und Feedback der Kollegen.
Statt Selbstbedienung hat das Mäßigung zur Folge.*
Benno Löffler, Geschäftsführer von Vollmer & Scheffczyk GmbH

Die übrigen Mitarbeiter stellen die freie Gehaltswahl mit Gehaltstransparenz nicht
mehr in Frage – im Gegenteil. Inzwischen sind sie überzeugt, dass ihr Gehaltsmodell
ohne Transparenz nicht funktionieren würde. Natürlich gehören auch die Finanzzah-
len der Firma dazu, denn nur so lässt sich bewerten, welchen Nutzen die Organisation
für die Kunden stiftet. »Transparenz ist ein hohes Gut, denn nur auf dem Weg passiert
wirkliches Feedback«, fasst Martin Mittendorf seine Erfahrung zusammen. Allerdings
hat Gehaltstransparenz auch bei V&S seine Grenzen: Nach außen legt die Unternehmensberatung das Gehalt nicht offen. Martin findet, das wäre kein Transparenz-
Niveau auf Augenhöhe. »Wenn wir intern die Gehälter transparent machen, lassen alle
gleichzeitig auf Kommando die Hosen runter. Würden wir das nach außen offenbaren,
bekämen wir im Gegenzug nichts dafür und wären sogar noch verwundbarer, weil wir
unsere Kostenstrukturen bloßlegen.« Auch Benno Löffler sieht für eine solche Art der
Transparenz keinen Nutzen. Transparenz als symbolischer Akt oder gar als dogmati-
sches Glaubensbekenntnis – nichts liegt ihm ferner als das. Beim Skatspielen führe
man ja auch nicht Transparenz ein, denn dann würde das ganze Spiel kollabieren, das
schließlich von Intransparenz lebt. »Wir wollen mit unseren Kunden über die Gestaltung ihrer Firma reden und nicht darüber, ob wir als Berater zu viel oder zu wenig verdienen.« Ganz vermeiden lässt es sich allerdings nicht, dass die Kunden auf das
Gehaltsmodell bei V&S zu sprechen kommen. So manch einer hat schon die Vermu-
tung geäußert, dass die freie Gehaltswahl die Honorare erhöhe.

Zu Anfang gab es viele Unkenrufe und Befürchtungen, dass die Leute sich einfach
bedienen würden. Doch das Vertrauen in das Augenmaß der Mitarbeiter hat sich für
V&S ausgezahlt: Das Gehaltsniveau ist nicht explodiert. »Wer mit seinem Chef verhandelt, geht viel aggressiver ran als in dieser Konstellation, wenn man die Zahlen sieht
und das Feedback der Kollegen erhält. Statt Selbstbedienung hat das Mäßigung zur
Folge«, so Benno. Es ist ja ein Vertrauensvorsprung der Organisation dem Einzelnen
gegenüber, der Glaube daran, dass jeder eine vernünftige Entscheidung treffen kann.
Und es gibt immer Leute, die sowas ausnutzen. So hat sich V&S im Laufe der Jahre von
einigen wenigen Mitarbeitern getrennt. Und trotzdem ging es mit dem Gehaltsmodell
weiter – nach dem Motto, jetzt erst recht.

Nicht immer das Schlechteste von den Arbeitnehmern zu erwarten – diese Haltung ist
selten unter Führungskräften, findet Fabian. Er selbst verfolgte zu Beginn seiner Karriere eine andere Führungsphilosophie: Ingenieurslaufbahn, MBA, »Cash in der Täsch«.
Jemand performt nicht, dann versucht man ihn loszuwerden, nachdem auch das Ent-
wicklungsgespräch und die Persönlichkeitsprägungsanalyse nichts genützt haben. »Ich

bin früher gar nicht auf die Idee gekommen, danach zu fragen, in welchem Kontext ein vermeintlicher ›Low Performer‹ steht und ob die Gründe dafür nicht vielleicht auch im System Unternehmen zu suchen sind. Das war zwar alles nicht so bewusst, aber immer im Hinterkopf.« Dass manche Führungskräfte, obwohl sie auch schon schlechte Erfahrungen gemacht haben, diesem Automatismus nicht folgen, hat ihn beeindruckt. Heute sieht er das als wichtigen Ursprung für den Erfolg von Unternehmen. »In herausragenden Organisationen gab oder gibt es immer jemanden mit Macht oder mit Ansehen, der ein untrübbar positives Menschenbild in sich trägt«, hat er beobachtet. So eine prägende Kraft sieht er in Benno Löffler, der trotz einzelner Ausreißer an seinem Unternehmenskurs und dem vertrauensvollen Gehaltsmodell festhält.

Mit Gutmenschentum hat dies allerdings nichts zu tun. Der Geschäftsführer hat für das Wohlergehen der Organisation immer auch den Profit im Sinn und sein Unternehmen profitierte von dem Gehaltsfindungsprozess, zum Beispiel wenn es Krisen zu überwinden galt. 2008 umschifften die Berater die Finanzkrise und 2013 ein Auftragsloch. Benno Löffler musste den Mitarbeitern erklären, dass da die nächsten Monate ein finanzieller Engpass kommt. Eine Option wäre gewesen, das Gehalt aller Mitarbeiter eine Zeitlang um einen gewissen Betrag zu reduzieren. Stattdessen setzte der Unternehmer auf freiwilligen Gehaltsverzicht. Es hieß, »hier ist der Topf in der Mitte und wer kann etwas reinwerfen?«. »Ich habe angefangen und gesagt, ich gebe den Batzen hier – ich kann das gerade«, so Benno. Freudensprünge hat niemand gemacht, doch letztlich ging es ohne Entlassungen und böses Blut aus.

> *Gehaltstransparenz und eine kollegiale Einschätzung von Gehaltsbändern*
> *wären vermutlich ein riesen Vorteil für Frauen. Denn da wird sichtbar,*
> *wenn Organisationen Frauen mehr Gehalt zusprechen würden als der Chef.*
> Benno Löffler, Geschäftsführer von Vollmer & Scheffczyk GmbH

Dass auch Fabian als »Neuling« am Anfang Verzicht üben musste, ist allen sehr wohl bewusst. Immer wieder wird das thematisiert. Die Kollegen sprechen ihn darauf an, fragen, ob es ihm gut damit geht und was er weiter vorhat. In der Tat möchte er vielleicht bald erneut eine Gehaltskonsultation starten. Bisher sind die Stimmen in diesen informellen Gesprächen noch gespalten und reichen von »könnte ich sehr gut verstehen, wenn Du jetzt wieder konsultierst – das habe ich erwartet« bis hin zu »ist doch okay, was Du jetzt verdienst, Du bist ja auch noch in der Anlernphase. Mehr Gehalt – das sehe ich gerade noch nicht«. »Wenn andere, die sich noch nicht mit V&S beschäftigt haben, hören, wie wir arbeiten und dass es hier freie Gehaltswahl gibt, dann denken sie an Hippies, gebatikte T-Shirts und Hopserlauf. Das ist aber gar nicht romantisch. Die anderen sagen es mir ins Gesicht, wenn sie mir etwas nicht zutrauen und ich mich noch weiterentwickeln muss.«

Doch dass sich sein Gehalt weiter positiv verändern wird, scheint so gut wie sicher. Denn ein weiterer Effekt stellt sich mit dem neuen Gehaltsmodell ein: Selbst die Kollegen, die nicht aktiv eine Erhöhung einfordern, werden bisweilen von den anderen darauf angesprochen. Durch die Punktewolke ist sofort klar, wer wo steht und mit einem Zuschlag an der Reihe wäre. In klassischen Unternehmen haben Mitarbeiter, die etwas zurückhaltend sind und nicht lautstark ihre Gehaltsansprüche geltend machen, auch keine Verbesserungen im Gehaltsniveau zu erwarten – teilweise über viele Jahre. Kündigungen aus Enttäuschung, weil man nicht auch mal was vom Chef angeboten kriegt, gibt es bei V&S nicht. »Die Organisation traut manchen Mitarbeitern mehr zu als sie sich selbst. Das gilt insbesondere für Frauen«, hat Benno beobachtet. Seine Hypothese: Frauen sind nicht so aggressiv sozialisiert wie Männer. Jungs lernen von klein auf, um ihre Rechte zu kämpfen und die Ellenbogen auszufahren. Der aktuelle Gender-Pay-Gap könnte zu einem großen Teil darauf zurückzuführen sein. »Gehaltstransparenz und eine kollegiale Einschätzung von Gehaltsbändern wären vermutlich ein riesen Vorteil für Frauen, weil sie oft zu sanft fragen. Durch transparentes Feedback wird das obsolet. Denn da wird für alle sichtbar, wenn Organisationen Mitarbeitern mehr Gehalt zusprechen würden als der Chef«, so Benno.

Aller Überzeugung zum Trotz, dass das Gehaltsmodell für V&S aktuell genau das Richtige ist, eine Befürchtung hat der Geschäftsführer doch: Was passiert, wenn jemand anfängt aufgrund der guten Konjunktur und der Unternehmenszahlen sein Gehalt anzupassen – und zwar nicht um drei oder vier, sondern um zwölf Prozent. Angesichts der aktuellen Lage nicht ungerechtfertigt. Solange dies nur eine Person macht, stellt das noch kein Problem dar. Nur wenn plötzlich alle sagen, ich müsste jetzt auch mal wieder das Gehalt hochfahren, was dann? Könnte da nicht eine Lawine anrollen? »Aus Unternehmersicht würde ich sagen, lass uns doch lieber etwas auf die hohe Kante legen. Da grummelt es mir im Bauch«, so Benno. Deshalb haben wir das gemeinsam diskutiert und gesagt, wir machen einfach mal eine generelle moderate Erhöhung, von der alle etwas haben.

Ob das Gehaltsmodell von V&S auf anderen Unternehmen übertragbar ist, mag Benno Löffler nicht beurteilen. »Wir sind ja eine ganz kleine, fast schon freundschaftlich verbundene Clique. Da geht das mit so einem Gehaltsmodell natürlich sehr einfach«, gibt er zu. Und ob die freie Gehaltswahl in der Form langfristig ein Erfolg für V&S bleibt, wagt er ebenso wenig vorherzusagen. »Ich habe neulich mit einem Geschäftsführer gesprochen, der gerade eine neue Arbeitsweise in seinem Unternehmen erprobt. Aufgrund seiner Erfahrungen in der DDR wollte er noch nicht abschätzen, ob er damit Erfolg hat. Er sagte, ›wie bei gesellschaftlichen oder politischen Veränderungen gibt es auch in Unternehmen Frühfolgen, mittelfristige Folgen und Spätfolgen. Erst wenn man nach 20 bis 30 Jahren die Spätfolgen beobachten kann, sollte man ein Fazit ziehen.‹ Das fand ich ziemlich weise.«

Die Interviewpartner der Wigwam eG

Eugen Friesen, Vorstand & Strategische Beratung von der Wigwam eG

Gitanjali Wolf, Vorstand von der Wigwam eG (bis Oktober 2018)

7.11   Die Solidargemeinschaft – Wunschgehalt bei der Wigwam eG

Wenn wir Gerechtigkeit anstreben, versuchen wir oft für andere
oder gar für ein ganzes System zu entscheiden,
was gerecht ist. Doch irgendwer fällt dabei immer raus.
Gitanjali Wolf, Vorstand von der Wigwam eG

Wer das Team der Wigwam eG besuchen will, muss tief in den Berliner Wedding vordringen. Der Kiez hat einen zweifelhaften Ruf – zu Unrecht. Das Leben hier ist so quirlig wie fast nirgendwo sonst in der Stadt. In dem ehemaligen Arbeiterbezirk haben Menschen aus der ganzen Welt ein Zuhause gefunden. In den Straßen begegnet uns ein sehr lebendiger Mix aus europäischen, arabischen, afrikanischen und asiatischen Kulturen, die der Berliner Schnoddrigkeit eine ganz besondere Note verleihen. Der Wedding hat in den letzten Jahren viele Künstler, Kreative und Start-ups angezogen, die sich durch diese bunte Vielfalt inspirieren lassen.

Eines dieser Unternehmen ist die Kommunikationsagentur Wigwam. Gegründet 2009 widmete sie sich in den ersten Jahren der Social-Media-Beratung von NGOs. Ihrem Kundenfokus ist sie treu geblieben, aber ihr Dienstleistungsspektrum entwickelte sich in den vergangenen Jahren kontinuierlich weiter. Heute versteht sich das Berliner Unternehmen als Kampagnenagentur, Designstudio und Organisationberatung. Die Erfahrungen und Kompetenzen, die Wigwam durch agile Arbeitsweisen und einer auf Gemeinschaft und Solidarität ausgelegten Kultur in den vergangenen Jahren gesammelt hat, geben sie mit Herzblut und Überzeugung weiter.

Wer den Wandel will, muss immer wieder bei sich selbst anfangen.
Wigwam eG

Ihr Anspruch an Projekte und an die Kunden ist hoch. Gut, fair, gerecht oder gemeinwohlorientiert sollen die Themen sein, für die sich Wigwam einbringt und engagiert. Die »Agentur« möchte an gesellschaftlich relevanten Themen arbeiten, die ihnen und anderen Menschen Hoffnung auf eine bessere Zukunft machen und sie gleichzeitig als Menschen wachsen lassen.

»Kommunikation für das Gute« liest man auf der Unternehmenswebsite in großen Lettern. Dort umreißt Wigwam verschiedene Projektbeispiele der vergangenen Jahre wie etwa die erfolgreichen Wahlkämpfe der Landesverbände von Bündnis 90/Die Grünen in Baden-Württemberg, Nordrhein-Westfalen, Niedersachsen und Bayern. Für die Kindernothilfe erarbeitete Wigwam eine Digitalstrategie und unterstützte sie bei der internen Umsetzung. Nicht zuletzt der Relaunch der EKD-Webseite oder die Entwicklung der deutsch-türkischen Selbsthilfeplattform Kendimiz für die Bundesvereini-

gung Lebenshilfe passt zum Projekt- und Kundenspektrum der Kommunikationsagentur wie die Faust aufs Auge.

Wer schon öfter in Berlin unterwegs war, weiß: Die spannendsten Orte findet man in
Hinterhöfen. Das Büro der Wigwam eG liegt hinter der wuseligen Straße. Wir passieren
den Innenhof durch ein großes Tor. Angekommen im 3. Obergeschoss des Hinterhauses
betreten wir »das Wigwam«, wie das Unternehmen sein Büro selbst zu nennen pflegt.

»Wer den Wandel will, muss immer wieder bei sich selbst anfangen. Daher ist das Wigwam mehr als nur ein Ort, an dem Menschen zusammenarbeiten. Es ist auch ein eigenes soziales Labor, in dem das Team gemeinsam träumt, experimentiert und die
eigene Arbeitswelt gestaltet, wie es ihm gefällt«, schreibt die Agentur in ihrem
»JA!Buch«, dem obligatorischen Genossenschaftsbericht für 2017.[144]

Zum Interview werden wir von Gitanjali Wolf und Eugen Friesen sehr herzlich begrüßt.
Ihre Kolleginnen und Kollegen, die gerade aus der Mittagspause zurück ins Wigwam
kommen, nicken uns ebenfalls freundlich zu. Hier fühlt man sich sofort willkommen.
Der Besprechungsraum, der für unser Interview reserviert ist, ist an diesem Tag nicht
mit Tisch und Stühlen bestückt, sondern mit Kissen und Matten auf dem Boden, auf
denen wir es uns bequem machen.

Gitanjali kam 2015 zu Wigwam. Hier fand sie die Schnittmenge aus Kommunikation
und Politik, die sie beruflich gesucht hatte. Bei Wigwam entwickelte sich ihr Tätig-
keitsfeld kontinuierlich weiter. Sie ist nicht nur eine von sechs Vorständen der Genossenschaft. Sie stemmt Kundenprojekte, lanciert Kommunikationskampagnen und
begleitet vor allem Transformationsprozesse bei ihren Kunden, zum Beispiel in Richtung Selbstorganisation.

Eugen ist Vollblut-Kommunikator und Vorstand der Genossenschaft. Zu Wigwam kam er
2014 nach einer Station im Marketing bei einem Berliner Start-up. Dort hatte ihm zuletzt
Substanz und die Anbindung an gesellschaftlich relevante Themen gefehlt, die er dann
bei Wigwam und deren politischen Kommunikation fand. Hier kann er sein journalisti-
sches Geschick einbringen, vor allem für die Arbeit an Kampagnen mit seinen Kunden.
Auch er hat neben seinen originären Aufgaben bei Wigwam interne Rollen übernommen.

Eine Genossenschaft entsteht

Wigwam war nicht immer eine Genossenschaft. Die Unternehmung startete 2009 als
GmbH. Was als Drei-Personen-Company begann, entwickelte sich über die Jahre zu

---

144 Wigwam (2018), Ja!Buch, online verfügbar unter: https://wigwam.im/wp-content/uploads/2018/04/Wig-
      wam-JaBuch2017.pdf, letzter Zugriff 17.3.2019.

einem Team von rund 20 Leuten. Drei von ihnen waren zuletzt Gesellschafter und bildeten die Geschäftsführung. Die Zusammenarbeit war von Anfang an sehr basisdemokratisch geprägt. Als 2016 zwei der drei Geschäftsführer das Unternehmen aus privaten Gründen verlassen wollten, musste das Team überlegen, wie es weitergehen soll – auch rechtlich.

»Es gab eine Schieflage bei uns. Einerseits hatten wir eine GmbH-Struktur, in der einige wenige haften, und andererseits eine Kultur, bei der alle mitbestimmen«, so Gitanjali Wolf. In der Rechtsform der Genossenschaft sah das Team die Möglichkeit, dieses Ungleichgewicht auszugleichen.

Tu das, worin du gut bist, worauf du Lust hast und dort, wo du gebraucht wirst.
Wigwam eG

Doch Genossenschaft ist nicht gleich Genossenschaft. Dem Team war es beispielsweise besonders wichtig, die organisatorische Arbeit auf möglichst viele Schultern zu verteilen. Von den rund zwanzig Genossenschaftsmitgliedern sind sechs im Vorstand und zwei im Aufsichtsrat. Die Gremien werden alle zwei Jahre neu gewählt. »Es ist uns wichtig, dass wir viele Menschen in diesen Ämtern haben und dass die Ämter rotieren«, erklärt Gitanjali das Prinzip der Genossenschaftsgremien. »Wir haben die Aufgaben ganz bewusst sehr breit verteilt.«

Hier kommt die besondere Bedeutung der Selbstorganisation bei Wigwam zum Tragen: Sie dient nicht nur der Arbeit an Kundenprojekten, sondern umfasst die Entwicklung der gesamten Organisation. Und so lautet ein Credo bei Wigwam: »Tu das, worin du gut bist, worauf du Lust hast und dort, wo du gebraucht wirst.«

Doch Selbstorganisation braucht Struktur, Rollen und Zuständigkeiten. Für interne Aufgaben hat Wigwam deshalb sechs Kreise mit festen Themen, Rollen und Aufgaben geschaffen, in denen die Teammitglieder mitarbeiten: Personal, Teamentwicklung, Kommunikation, Kundenbetreuung und Akquise, Finanzen und Controlling sowie Büromanagement und Team-Support. In diesen sechs Kreisen beteiligen sich all diejenigen, die Lust auf ein Thema haben, sowie jeweils zwei Mitglieder des Vorstands. Die Vorstandsmitglieder bündeln dann die Themen aus den Kreisen und bringen sie in ein Gesamtbild. Strategien, Visionen oder anstehende Entscheidungen bereitet der Vorstand vor, bevor die Teams sie zur Entscheidung weiterentwickeln. Durch diese Herangehensweise löst Wigwam die klassische Hierarchie auf und fördert Mitwirkung und Entscheidung aller Mitarbeiter.

Indem jeweils zwei Vorstände pro Kreis an Bord sind, setzt Wigwam auf das Tandemprinzip, das ebenfalls in Kundenprojekten greift. »Durch eine Doppelbesetzung bei großen Projekten und auch durch die Vorstandstandems in unseren sechs internen

Kreisen stellen wir sicher, dass die verantwortlichen Personen sich gegenseitig vertreten können, Wissen austauschen und eine Kultur der gemeinsamen Entscheidungsfindung fördern.«

Diese partizipative Struktur bildet sich auch im Aufsichtsrat der Genossenschaft ab. Das zweiköpfige Gremium hat zum einen im Sinne der rechtlichen Vorgaben die Aufgabe, den Vorstand zu kontrollieren und damit die Arbeit von Wigwam abzusichern. Die Aufsichtsräte begleiten bei Wigwam jedoch auch interne Prozesse moderierend. Sie stoßen Entscheidungen an und halten diese konsequent nach.

> *Wir wollen erstens konsequente Transparenz und zweitens ein Modell,*
> *das unseren Kernwert Solidarität widerspiegelt.*
> Gitanjali Wolf, Vorstand von der Wigwam eG

Wer ein Unternehmen auf diese Art und Weise ausrichtet und strukturiert, steht früher oder später vor der Frage: »Was bedeutet unsere Form der Zusammenarbeit für das Gehaltsmodell?« Und so war die Gründung der Genossenschaft bei Wigwam auch der Anlass, über ein neues Vergütungsmodell nachzudenken.

Wigwam hatte bereits als GmbH ein recht transparentes Gehaltsmodell. Es umfasste drei Entwicklungsstufen, die sich an der Position und Berufserfahrung orientierten: Junior- und Senior-Level sowie Geschäftsführung. Für alle Festangestellten gab es darüber hinaus eine Zehn-Prozent-Regel: Sie konnten bis zu zehn Prozent des Grundgehalts der jeweiligen Stufe als Bonus on top mit den Geschäftsführern verhandeln. »Doch was dies für einzelne Gehälter und Kollegen bedeutete, war nicht für alle transparent«, erklärt Gitanjali Wolf.

Als die Genossenschaftsgründung im Raum stand, war das Team mit dem bisherigen Modell und Vorgehen nicht mehr zufrieden. »Wir wollten nicht mehr diese pauschalen Einstufungen haben, sondern erstens konsequente Transparenz und zweitens ein Modell, das unseren Kernwert Solidarität widerspiegelt«, so Gitanjali weiter.

Gleichzeitig änderte die Genossenschaft den rechtlichen Rahmen auch bezüglich der Haftung. »In der Genossenschaft verdienen wir gemeinsam das Geld, geben es gemeinsam aus und tragen gleichzeitig die gemeinsame Verantwortung – jeder Einzelne ist somit Arbeitgeber und Arbeitnehmer in Personalunion«, so Eugen Friesen. »Und da die Gehälter bei uns neunzig Prozent unserer Ausgaben ausmachen, ist die Transparenz hier von besonderer wirtschaftlicher Bedeutung.« Deshalb gehört heute neben der Selbstorganisation und dem Tandemprinzip auch das transparente Gehältermodell zum Herzstück der Organisation.

Auf dem Weg zum »gerechten« Gehaltsmodell

Das Projekt »Neues Gehaltsmodell für die Genossenschaft« ging Wigwam wie jede andere strategische Herausforderung an: »Wenn sich ein größeres Thema bei uns anbahnt, dann setzt sich eine Gruppe damit auseinander, entwickelt Vorschläge, holt sich Feedback von Kollegen ein und bereitet Entscheidungsvorlagen für das Gesamtteam vor«, erklärt Eugen Friesen die Vorgehens- und Arbeitsweise bei der Berliner Kommunikationsagentur.

Es gab einige Foren auf den gemeinsamen Strategietagen im Berliner Umland, die sich die Agentur zwei bis drei Mal im Jahr leistet. Das gesamte Team diskutierte intensiv über die Vorschläge des Arbeitskreises und bearbeitete diese weiter. Im Mittelpunkt stand dabei immer wieder die Frage, was ein gerechtes Gehalt ausmacht und wie man es bestimmen kann. »Uns war wichtig, dass wir uns an Prinzipien orientieren, die die Art von Gerechtigkeit widerspiegeln, die wir als Genossenschaft leben wollen«, betont Gitanjali Wolf.

> *Wir hatten uns Prinzipien überlegt, die ein Gehaltsmodell für uns erfüllen muss.*
> *Es sollte einfach sein und eine möglichst große Zufriedenheit ermöglichen.*
> Eugen Friesen, Vorstand & Strategische Beratung von der Wigwam eG

Vorab identifizierten die Teammitglieder drei Ansätze, die ihnen hilfreich erschienen, ein gerechtes Gehalt zu bestimmen. »Man kann das Gehalt am Bedarf ausrichten, auf Leistung auslegen oder ein modulares Verfahrenssystem entwickeln, das sich nach bestimmten Kategorien wie beispielsweise Ausbildung, Marktwert und Berufserfahrung richtet«, beschreibt Eugen Friesen diesen Weg. Oder sollten alle vielleicht einfach dasselbe verdienen? Auch diese Idee wurde diskutiert.

»Wir hatten uns vor der ganzen Diskussion Prinzipien überlegt, die ein Gehaltsmodell für uns erfüllen muss. Es sollte einfach sein und eine möglichst große Zufriedenheit ermöglichen«, ergänzt Eugen Friesen. Wenn man alleine das Thema »Kinder« herausgreift, sieht man jedoch, wie kompliziert es werden kann. Wie verhalten sich Kinderzuschläge beispielsweise bei einem volljährigen oder schulpflichtigen Kind? Wie sieht es mit einem Pflegekind oder den Kindern in der Patchworkfamilie aus? Sprich: Sollen zum Beispiel Mitarbeitende mit Kindern einen Zuschlag erhalten, weil aus Sicht des Unternehmens Kinder die Zukunft der Gesellschaft sind? Gilt für alle das Gleiche oder macht man Unterschiede – und wenn ja, nach welchen Kriterien entscheidet man wiederum?

Am Ende herrschte diesbezüglich jedoch eine große Einigkeit: Wigwam versteht sich als Gemeinschaft, die nicht für und über den Einzelnen bestimmen möchte. Was unterstützenswert ist, muss jeder zunächst für sich selbst entscheiden.

Beim Thema Leistung hatte das Team ähnliche Gedanken, berichtet Gitanjali. »Es gibt hier Menschen, die arbeiten vielleicht nicht an den fetten Projekten und bringen auf diese Art und Weise das große Geld rein. Aber sie halten unsere Kultur zusammen, kümmern sich um die Finanzen und tragen entscheidend zu unserem guten Zusammenleben und -arbeiten bei.« Wie bewertet man diese sehr unterschiedlichen Beiträge zur Organisation? Für Wigwam war schnell klar, dass sie diese Aspekte nicht miteinander vergleichen oder gar gegeneinander konkurrieren lassen wollten.

Auf Basis all dieser Fragen, Gedanken und Prinzipien bildete das Team Arbeitsgruppen. Dabei stand immer die Frage im Raum, wie es gelingen kann, diese Ansätze so in ein Gleichgewicht zu bringen, dass am Ende ein stimmiges Modell für alle entsteht. Vor allem das modulare Verfahrenssystem brachte die Arbeitsgruppen an den Rand der Verzweiflung. Sie versuchten sich zunächst an gängigen Kategorien wie zum Beispiel Ausbildung, Studium und Berufserfahrung und sammelten darüber hinaus weitere mögliche Kriterien. »Man muss dann erstmal überall Grenzen abstecken. Da lag die Gefahr in der Luft, dass wir bereits für ›nur‹ zwanzig Leute ein System bauen, das sehr kompliziert wird. Und dann kommt am Ende doch immer noch eine Person um die Ecke, für die man noch keine Schublade parat hat«, so Eugen Friesen über den Erkenntnisprozess.

Denn das Team erkannte für sich recht schnell: »Es gibt diese Art von objektiven Maßstäben einfach nicht. Eine neue Person kommt, die dreißig Jahre als Architektin gearbeitet hat, wie es bei uns beispielsweise der Fall war. Dann steht man sofort vor der Frage, wie passt sie in dieses System, wie bewertet man die Erfahrung auf einem ganz anderen Gebiet und übersetzt das anschließend in ein Gehaltsmodell«, erläutert Eugen. »Und diese Frage hätten wir uns bei allen stellen können. Schlussendlich sind es ganz viele Einzelfälle.« Gerade die daraus resultierende notwendige Einzelfallentscheidung stieß der Arbeitsgruppe unangenehm auf. Eine kleine Gruppe, die jedes Mal von Neuem abwägt und über die Höhe des Gehalts entscheidet? Genau das wollte das Team nicht.

So wurde die Suche nach einem gerechten Gehalt zu einer hoch philosophischen Diskussion. »Gerade beim Thema Gerechtigkeit kann man eigentlich kaum auf einen gemeinsamen Nenner kommen«, ist sich Gitanjali Wolf sicher. »Wenn wir Gerechtigkeit anstreben, versuchen wir oft für andere oder gar ein ganzes System zu entscheiden, was gerecht ist. Doch irgendwer fällt dabei immer raus.« Diese Logik kristallisierte sich auch bezüglich der drei Prinzipien heraus, die das Team erarbeitet hatte. »Wenn man über Gerechtigkeit nachdenkt, landet man ganz schnell bei Zufriedenheit. Und Zufriedenheit kann nur jeder für sich selbst feststellen.«

»Ich kann mich noch genau daran erinnern, wie wir schließlich tagsüber draußen am Flipchart standen und dann entschieden haben, noch mal alles auf den Kopf zu stellen«, erzählt Eugen Friesen weiter. Basierend auf dieser entscheidenden Erkenntnis aus den langen und intensiven Diskussionen, schlug ein Kollege vor, wie bei der Planung eines Wahlkampfs vorzugehen: »Immer schön rückwärts vom Ergebnis her denken.« Jeder möchte sich mit Geld die Dinge leisten können, die ihm oder ihr wichtig sind. Am Ende wollten alle schlicht zufrieden mit ihrem Gehalt sein.

> *Wenn alle in sich gehen und sich die Frage stellen, was wünsche ich mir,*
> *um zufrieden zu sein, dann kommen wir vielleicht zu dem Punkt,*
> *dass wir uns gar nicht mehr miteinander vergleichen.*
> Gitanjali Wolf, Vorstand von der Wigwam eG

»Und so sind wir dann sehr schnell über diesen abstrakten, schwierigen Begriff von Gerechtigkeit zur Zufriedenheit gekommen. Dann war es nur noch ein kleiner Schritt zur Idee des Wunschgehalts.« Plötzlich stand die Idee im Raum, dass einfach mal jeder auf einen Zettel schreiben sollte, mit wie viel er oder sie zufrieden wäre.

»Das war total aufregend. Viele Ängste kamen auf, aber auch eine unheimliche Euphorie«, so Gitanjali. Jeder schrieb nun tatsächlich auf ein Post-it den gewünschten Betrag. Im Team war die Überraschung dann sehr groß, als die Summe der Wunschgehälter lediglich 15 Prozent über dem lag, was sich das Team zu diesem Zeitpunkt leisten konnte. Nachdem die intensiven Diskussionen zuvor das ganze Team bereits mürbe und müde gemacht hatten, war nun eine tragfähige und vor allem stimmige Lösung plötzlich wieder so nah. Der Gedanke kam auf: »Wow, es könnte vielleicht doch ganz einfach sein. Wenn alle in sich gehen und sich die Frage stellen, was wünsche ich mir, um zufrieden zu sein, dann kommen wir vielleicht zu dem Punkt, dass wir uns nicht mehr miteinander vergleichen«, so Gitanjali. Kategorien, nach denen sie das Gehalt bestimmten, waren somit hinfällig.

Vom Wunsch zur Wirklichkeit

Das Team erstellte eine Exceltabelle, in der alle ihr Wunschgehalt eintragen sollten. Doch damit war es nicht getan. Wie sollte der Übergang zum Wunschgehalt aussehen? Hier entschied sich Wigwam für ein Stufenmodell. Erlaubt es die wirtschaftliche Situation mehr Geld für Gehälter auszugeben, wird die nächste Stufe »freigeschaltet« und jedes Teammitglied nähert sich in gleichen Prozentschritten seinem oder ihrem individuellen Wunschgehalt. Auf jeder weiteren Stufe reduziert sich die Distanz zum Wunschgehalt um fünf Prozent. Wann es so weit ist, entscheidet das Team gemeinsam. »Wir stimmen immer darüber ab, wie wir mit Gewinn umgehen und haben eine bestimmte Verteilung für uns festgelegt. Neben Gehaltserhöhungen fließt ein Teil des Gewinns in Rücklagen, ein anderer als Spende in soziale Projekte«, erklärt Gitanjali.

*Wir wollen nicht, dass jemand aufgrund von Schüchternheit, Zurückhaltung
oder geringerem Verhandlungsgeschick zu wenig einfordert.*
Eugen Friesen, Vorstand & Strategische Beratung von der Wigwam eG

Zu klären war auch die Frage, wie oft die Mitarbeiter das eigene Wunschgehalt anpassen können. Hier entschied sich das Team für ein jährliches Prozedere. Dabei wird die Tabelle der Wunschgehälter für eine Woche geöffnet und jeder hat die Möglichkeit, einen neuen Betrag anzugeben. Als zusätzliches Element kam noch ein Basisgehalt für Festangestellte hinzu, das als Gehaltsuntergrenze fungiert. »Wir wollten nicht, dass jemand aufgrund von Schüchternheit, Zurückhaltung oder geringerem Verhandlungsgeschick zu wenig einfordert«, erinnert sich Eugen Friesen. Deshalb war dem Team die Grenze nach unten sehr wichtig.

Nach oben hat das Team keine Grenze gesetzt. »Natürlich werden wir immer wieder gefragt, was passiert, wenn sich jemand 100 Millionen Euro wünscht«, berichtet Gitanjali schmunzelnd. Hier setzt das Team zum einen auf eine starke gemeinsame Kultur und regelmäßigen Austausch. Zum anderen sorgen transparente Unternehmens- und Gehaltszahlen für Orientierung. Wer seinen Gehaltswunsch in die Liste einträgt oder anpasst, sieht, wie sich die Werte der Tabelle verändern. Es ist zu jedem Zeitpunkt offensichtlich, wie groß der Gesamttopf ist und wieviel Prozent jeder und jede davon erhält. »Wenn wir dennoch merken sollten, dass sich jemand etwas wünscht, was wir überhaupt nicht abbilden können, werden wir uns dem Thema stellen. Wir werden aber kein Regelwerk schaffen für Situationen, die noch gar nicht vorkamen.«

Das individuelle Wunschgehalt ist nie losgelöst, sondern steht immer im Kontext des Unternehmens, seiner Einnahmen- und Kostensituation und der Lage aller Beteiligten. Jedem ist bewusst: Wenn er oder sie das eigene Wunschgehalt erhöht, hat dies Auswirkungen auf alle anderen. Denn wenn die Gesamtsumme der Wunschgehälter größer wird, sind automatisch alle weiter von ihrem eigenen Wunschgehalt entfernt.

Bevor die Genossen das Wunschgehalt erstmals verbindlich festlegten, ließen sie sich viel Zeit. Eine erste Runde diente dazu, die Tabelle zu besprechen, Transparenz zu schaffen und ein Stimmungsbild zu erfassen. Es gab jedoch noch weitere fünf Runden, die eine Anpassung des eigenen Gehaltswunsches möglich machten. Am Ende lag die Summe der Wunschgehälter zwanzig Prozent über dem, was sich das Unternehmen leisten konnte.

Gitanjali und Eugen beschreiben diesen Weg als gemeinsamen Prozess des Teams, der überwiegend in Kleingruppen stattfand. Dort äußerten die Teammitglieder Ängste und Zweifel und diskutierten Vorteile und Chancen. »Es gab keine krassen Streitereien oder Kämpfe, aber ganz unterschiedliche Positionen, die alle nachvollziehbar waren. Das Thema Gehalt ist vielschichtig: Für fast alle Positionen gibt es gute Argumente und deshalb ist es schwierig, auf einen Nenner zu kommen. Vielleicht passt gerade deshalb das Wunschgehalt so gut zu uns, weil es all diese unterschiedlichen Perspektiven unterbringen kann.«

*Wir haben sehr viele Modelle gewälzt und bis ins Detail ausgearbeitet
und dann wieder verworfen. Rückblickend betrachtet
war das wirklich ein krasser Prozess.*
Gitanjali Wolf, Vorstand von der Wigwam eG

Der Weg von Wigwam zum neuen Gehaltsmodell war stringent, aber langwierig und verzwickt. »Wir haben sehr viele Modelle gewälzt und bis ins Detail ausgearbeitet und dann wieder verworfen. Rückblickend betrachtet, war das wirklich ein krasser Prozess«, so Gitanjali Wolf. Es gab große Ängste, Zweifel und auch Gegner eines neuen Gehaltsmodells. »Wir haben mehrere Teamausflüge damit verbracht und eine große schriftliche Umfrage durchgeführt. Das war sehr zeitintensiv. Wir haben das Wunschgehalt sogar probeweise in einer Testphase eingeführt und dann gemerkt, dass noch zu viele Zweifel da waren. Deshalb haben wir den Prozess nochmal geöffnet. Schlussendlich sind wir dann aber an den Punkt gekommen, dass das Wunschgehalt besser zu uns passt als all die anderen Modelle, die zur Debatte standen.«

Hilfreich war für das Team in dieser Phase vor allem die Erfahrung aus der kreativen Arbeit. »Dabei hat uns unser Mut geholfen, Dinge einfach mal auszuprobieren und Vorhaben als Test oder Experiment zu begreifen«, findet Gitanjali.

Auswirkungen des neuen Gehaltsmodells

Doch wie wirkte sich dieses neue Gehaltsmodell auf die Zusammenarbeit und die Organisation als Ganzes aus? Schließlich hatte die Kommunikationsagentur bereits zuvor sehr selbstorganisiert und mit hoher geteilter Verantwortung gearbeitet. Gitanjali ist sich sicher: »Wir wussten nun, dass wir gemeinsam unsere Gehaltswünsche erfüllen können, wenn wir mehr erwirtschaften. Es war dann schon etwas anderes, wenn wir sagten, ›Leute lasst uns jetzt richtig reinhauen, das Projekt akquirieren und uns eine Stufe hoch bewegen‹.« Dieser gemeinsame Drive spiegelte sich in den Geschäftszahlen wider. In ihrem ersten Genossenschaftsbericht berichtet die Wigwam eG stolz über ihr Rekordergebnis aus dem abgelaufenen Jahr. Für das Wunschgehalt hatte das ebenfalls positive Auswirkungen: Das Team ist seit der Einführung bereits zwei Stufen näher herangerückt an das Wunschgehalt.

Doch schafft es ein solches Gehaltsmodell, das auf subjektiver Einordnung und Zuordnung basiert, tradierte, gesellschaftliche Muster aufzulösen? Der Schluss liegt nahe, dass sich Menschen innerhalb eines sozialen Systems an bisherigen Bewertungsmustern orientieren. Im Wigwam haben sie jedoch andere Erfahrungen gemacht. »Wir haben die gängigen Muster komplett durchbrochen. Man kann nicht sagen, dass alle, die beispielsweise älter sind oder mehr Berufserfahrung mitbringen oder einen höheren Marktwert haben, tendenziell mehr Gehalt bekommen«, beschreibt Gitanjali Wolf das neue Gehaltsgefüge bei der Wigwam eG.

> *Wir haben mit dem Wunschgehalt die Möglichkeit, uns als Gemeinschaft in einer*
> *neuen Art und Weise auszugleichen oder aufzufangen.*
> Gitanjali Wolf, Vorstand von der Wigwam eG

Auch die Unterschiede der Gehälter zwischen Männern und Frauen weisen bei Wigwam keine Ungleichverteilungen auf. »Das war etwas, wonach wir als Erstes geschaut haben«, erzählt Gitanjali. Am Anfang hätten die Frauen sogar im Durchschnitt etwas mehr eingetragen als die männlichen Kollegen. Das legt den Schluss nahe, dass bei Wigwam ein gleichberechtigtes Miteinander von Frauen und Männern nicht nur ein Anspruch ist, sondern sich in der Realität abbildet. Auch in den Gremien wie Vorstand und Aufsichtsrat liegt der Frauenanteil bei mindestens einem Drittel. Hier hat sich das Genossenschaftsteam selbst eine Quote auferlegt.

Aber ist das System des Wunschgehalts wirklich solidarisch? Entspräche nicht viel eher ein Einheitsgehalt dem solidarischen Grundgedanken, den Wigwam verfolgt? Gitanjali Wolf erklärt: »Wir haben mit dem Wunschgehalt die Möglichkeit, uns als Gemeinschaft in einer neuen Art und Weise auszugleichen oder aufzufangen. Das wäre mit allen anderen Modellen schwierig.« Verdiene etwa jemand in einem Modell am meisten, das sich auf Qualifikation und Berufserfahrung ausrichtet, könne dies im aktuellen Wigwam-System ebenso sein. »Doch jeder kann sich dazu entscheiden, weniger zu nehmen und damit dem Rest der Gemeinschaft oder Kollegen, die sonst weniger bekommen würden, zu überlassen. Das ist eine einzigartige Gelegenheit, Solidarität und Vertrauen wirklich zu leben.«

Ein weiterer Aspekt des gegenseitigen Vertrauens: Jeder kann sein Wunschgehalt festlegen, ohne dies vor den anderen legitimieren oder rechtfertigen zu müssen. Ebenso sei das Wunschgehalt kein Bedarfsgehalt, bei dem man benennt, wie hoch die individuellen Fixkosten sind. Jeder entscheide selbst, was im eigenen Wunschgehalt drinsteckt. »Für manche ist es wichtig, dass sich im Gehalt die eigene Leistung abbildet. Für andere ist es wichtiger, dass das Gehalt den eigenen Bedarf abdeckt. Wieder andere haben den Anspruch, dass ihr Gehalt die Verantwortung honoriert, die sie in der Gemeinschaft übernehmen«, nennt Eugen Friesen ein paar Beispiele.

Ich und mein Wunschgehalt
Und wie kommt jeder einzelne zu seinem Wunschgehalt? So unterschiedlich die Gewichtungen beim Wunschgehalt ausfallen, so verschieden sind auch die individuellen Herangehensweisen bei diesem Thema. Manche hätten sich erst mal ganz strategisch an eine Kostenaufstellung gemacht und ihren Bedarf berechnet, um von dort

aus das eigene Wunschgehalt anzupeilen. Für andere sei klar gewesen, dass sie einen Wunsch formulieren, den sie schon länger gehabt hätten. Oder es sei auch vorgekommen, dass Mitarbeiter die Gehälter früherer Arbeitgeber und früherer Jobs als Maßstab genommen hätten.

»Ich bin strategisch rangegangen«, skizziert Gitanjali Wolf ihr persönliches Vorgehen. »Ich habe mich gefragt, was sind meine Fixkosten, wie viel brauche ich und wie viel wünsche ich mir darüber hinaus.« Aber auch ihre Rolle und Verantwortung bei Wigwam habe sie einbezogen. Sie blickte auf das kommende Jahr und überlegte: Stehen konkrete Veränderungen an – auch bei meiner persönlichen Situation? Damals war dies noch nicht in Sicht, so dass sie diesbezüglich keinen Anpassungsbedarf für ihr Wunschgehalt sah. »Ich ertappte mich allerdings bei dem Gedanken, einen Sicherheitspuffer miteinzuplanen. Am Ende entschied ich mich dagegen, denn mir war klar, dass ich spätestens in einem Jahr wieder mein Gehalt anpassen kann.« Es sei eine große Herausforderung, das eigene Gehalt selbstbestimmt festzulegen, aber fühle sich auch »total selbstwirksam« an.

Gleichzeitig trage bei ihr die Transparenz der Gehälter zur Entspannung bei: »Ich brauche mir keine Gedanken zu machen , was die anderen verdienen, ob es da mit rechten Dingen zugeht oder ob ich als Frau vielleicht weniger als die männlichen Kollegen verdiene.«

Die menschliche Seite des Wunschgehalts
Das zeigt: Das Gehalt bewegt die Menschen im Innersten. Wenn es ums Geld geht, wird es immer aufregend. »Beim Gehalt ist das ähnlich wie bei Diskussionen um Religion: Das geht stark an den Kern unserer Identität und unsere Erziehung«, meint Gitanjali.

Deshalb findet sie es richtig, viel Zeit für die Einführung eines neuen Gehaltsmodells einzuplanen und bei Bedarf auch ein paar extra Runden in der Diskussion und Entscheidungsfindung in Kauf zu nehmen. »Wir mussten uns alle langsam an das neue Modell herantasten.«

> *Es ist ja nicht nur das Gehaltsmodell, das bei uns anders ist, sondern die*
> *gesamte Kultur des Zusammenarbeitens. Da muss man erst mal reinkommen.*
> Gitanjali Wolf, Vorstand von der Wigwam eG

»Man braucht für das eigene Wunschgehalt eine radikale Ehrlichkeit sich selbst gegenüber«, so Gitanjali. Jeder müsse dafür Verantwortung für sich selbst übernehmen und sich und seinen Blickwinkel einbringen. Offenheit gegenüber alternativen Herangehensweisen und der Glauben an die Gemeinschaft seien dafür unabdingbar. Wichtig sei auch, das Bedürfnis der Menschen nach Wertschätzung und Anerkennung nicht nur monetär zu erfüllen.

Neuen Kollegen lassen die Mitarbeiter im Wigwam viel Zeit zum Ankommen, bevor er oder sie das eigene Wunschgehalt festlegt. »Es ist ja nicht nur das Gehaltsmodell, das bei uns anders ist, sondern die gesamte Kultur des Zusammenarbeitens. Da muss man erst mal reinkommen.« Aus diesem Grund steigen neue Teammitglieder mit dem Basisgehalt ein. Nach der sechsmonatigen Probezeit können sie erstmalig ihr eigenes Wunschgehalt benennen.

Nach wie vor gibt es Stimmen im Wigwam, die dem Wunschgehalt kritisch gegenüberstehen. »Es gibt Menschen, die sich mehr Struktur, Vergleichbarkeit und Leistungsberücksichtigung wünschen«, weiß Gitanjali. Es entspricht der üblichen Arbeitsweise der Wigwams, alle Prozesse regelmäßig dahingehend zu hinterfragen, ob sie weiterhin auf dem richtigen Weg sind. Deshalb evaluiert das Unternehmen alle sechs Monate das Gehaltsmodell neu. Mit neuen Kollegen kommen neuen Ideen und Ansichten ins Wigwam. Darum sagt Eugen Friesen: »Unser Gehaltssystem ist das beste, das wir bisher hatten. Aber es wird auch immer wieder mit allen im Team abgeglichen und weiterentwickelt, wenn zum Beispiel neue Mitstreiter dazukommen oder sich Bedürfnisse ändern. Wie bei einem Mobile gilt es dann, immer wieder eine neue gemeinsame Balance zu finden – und damit vielleicht auch ein anderes Gehaltsmodell.«

8 New Work – New Pay: Was ist rechtlich möglich?

Gastbeitrag von Dr. Kara Preedy und Holger Faust

In diesem Buch zum Thema »New Pay« finden sich eine Vielzahl von Modellen, die eine größere Flexibilität für Arbeitnehmer und Arbeitgeber ermöglichen. Damit möchten Unternehmen eine bessere (Zusammen-)Arbeit erreichen und ein höheres Engagement incentivieren. Rollenbezogene Gehaltsblöcke, Einheitsgehalt, Wahlrecht bei Gehaltsbestandteilen oder sogar die Erarbeitung eines Wunschgehalts sind Versuche, neue Antworten auf die Frage zu finden: Wann fühlen sich Mitarbeiter richtig bezahlt für das, was sie tun.

Wir gehen in diesem Kapitel der Frage nach: Passen derartige Ansätze von New Pay denn mit dem deutschen Arbeitsrecht zusammen? Wie viel Flexibilität besteht im Rahmen von Arbeitsverhältnissen?

Ob ein Arbeitsverhältnis vorliegt, ist eine vorgelagerte Frage, die sich bei Freelancer-Verträgen, Werk- oder Dienstverträgen, der Gig Economy, bei der kleinere Aufträge an Selbstständige vergeben werden, beim Crowdsourcing oder ähnlichen Formen der Kooperation als erstes stellt, die wir hier aber nicht näher betrachten.

8.1 Fixgehalt

Sichere Lebensgrundlage

In Arbeitsverhältnissen ist das Grund- oder Fixgehalt der Ausgangspunkt, also das Gehalt, das Arbeitgeber ihren Mitarbeitern – in der Regel monatlich – fest zusagen. Das ist das Gehalt, das den meisten Arbeitnehmern zur Kalkulation ihrer regelmäßigen Ausgaben dient und Lebensgrundlage ist. Früher war die Sittenwidrigkeit die einzige gesetzliche Grenze, die für die Höhe der Vergütung bestand. Seit dem 1. Januar 2015 liefert das Mindestlohngesetz genauere Vorgaben. In den meisten Fällen liegt das Grundgehalt allerdings höher als der Mindestlohn – entweder, weil der Arbeitsvertrag dies so regelt oder weil ein Tariflohn gilt, der darüber hinausgeht. Betriebsvereinbarungen hingegen sind für die Höhe des Grundgehalts irrelevant. Das Gesetz sieht vor, dass Betriebsvereinbarungen keine Regelungen treffen dürfen, die in Tarifverträgen bereits abschließend geregelt sind oder üblicherweise dort geregelt werden[145].

---

145 Tarifvorbehalt, § 77 Abs. 3 Betriebsverfassungsgesetz – BetrVg.

Fixgehalt – immer fix?

Das Fixgehalt soll Mitarbeitern eine Sicherheit geben, damit sie ihr Leben planen und entsprechend ausrichten können. Bedeutet das, dass das Fixgehalt unveränderbar ist? Erstmal ja. Allerdings gilt auch: einvernehmliche Änderungen gehen immer. Erhöhungen sind damit jederzeit möglich, wobei hier die Zustimmung der betroffenen Mitarbeiter unterstellt wird, auch wenn sie nicht antworten oder eine Änderungsvereinbarung unterschreiben. Es genügt bereits, wenn sie das Geld schweigend entgegennehmen.

Doch inwiefern ist es möglich, das Fixgehalt zu reduzieren? Auch dies ist mit Zustimmung der Mitarbeiter möglich, grundsätzlich auch ohne Schriftform, wobei sich diese unbedingt empfiehlt. Nun stimmen Mitarbeiter einer Reduzierung ihres Fixgehalts ungern zu, es sei denn, es reduziert sich zugleich die Arbeitszeit oder der Arbeitgeber kann überzeugend erklären, dass ansonsten der Arbeitsplatz ernsthaft gefährdet ist. Selbst die Aussicht auf eine höhere variable Vergütung und damit auch ein höheres Zielgehalt, sehen die meisten Mitarbeiter erfahrungsgemäß nicht als guten Tausch an.

Wie können Arbeitgeber dann eine rollenbasierte Bezahlung umsetzen, bei der sie für bestimmte Aufgaben oder Rollen einen festen Betrag zahlen, der entfällt, wenn die Aufgabe beendet ist oder Beschäftigte die Rolle abgeben? Können Arbeitgeber das Fixgehalt nur befristet erhöhen und so indirekt bei Bedarf reduzieren? Eine solche Befristung von Vergütungsbestandteilen hält die Rechtsprechung grundsätzlich für zulässig. Die Voraussetzungen des Teilzeit- und Befristungsgesetzes sind hierauf nicht unmittelbar anwendbar, allerdings muss die Befristung sachlich begründet sein. Davon gehen die Gerichte wiederum aus, wenn auch die Befristung des gesamten Arbeitsverhältnisses gerechtfertigt wäre. Typisch ist dafür zum Beispiel, dass Mitarbeiter eine Zusatzaufgabe während eines befristeten Projekts, die Vertretung einer Kollegin oder auch eine neue Aufgabe oder Rolle übernehmen.

Flexibilisierung der Arbeitszeit – Auswirkungen auf das Fixgehalt?

Üblicherweise steht die Arbeitszeit in einem bestimmten Verhältnis zur Vergütung. Das ist auch unabhängig davon, wann der Mitarbeiter arbeitet. Arbeitgeber können also eine regelmäßige tägliche, wöchentliche oder auch monatliche Arbeitszeit zu Grunde legen oder auch eine generelle Flexibilisierung vorsehen, zum Beispiel im Rahmen von Gleitzeit oder einem Jahresarbeitszeit-Modell. In diesen Fällen gilt: Arbeitet jemand in der Summe weniger, erhält er oder sie auch weniger Geld.

Das ist aber nicht zwingend so. Es ist rechtlich auch möglich, eine feste Vergütung zuzusagen, ohne hierfür eine bestimmte Arbeitszeit zu verlangen. Es ist auch denkbar, die Arbeitszeit zu reduzieren, die Vergütung aber nicht. Einige Unternehmen versuchen dies bereits erfolgreich. Sie zielen damit stärker auf Arbeitsergebnisse ab und nicht auf die hierfür notwendige Arbeitszeit. Allerdings darf dies nicht dazu führen, dass eine effizientere Mitarbeiterin dann weniger arbeitet als andere. Das Bundesarbeitsgericht sagt griffig: Der Arbeitnehmer muss tun, was er soll, und zwar so gut, wie er kann[146]. Ist jemand daher schneller, effizienter oder schlicht besser, ist er oder sie auch verpflichtet, diese – entsprechend bessere – Leistung zu erbringen und kann nicht darauf verweisen, dass er oder sie nur so gut arbeiten muss wie die Kollegen.

Ein anderes Modell besteht darin, unbegrenzt Urlaub zu gewähren. Auch derartige »Urlaubsflats« reduzieren faktisch die Arbeitszeit. Ob dies allerdings dazu führt, dass Mitarbeiter mehr Urlaub nehmen, ist eine Frage der Unternehmenskultur und des Verantwortungsgefühls der Mitarbeiter. Es kann auch das Gegenteil eintreten[147]. Nach neuerer Rechtsprechung sollte der Arbeitgeber im Übrigen darauf achten, dass die Mitarbeiter mindestens den gesetzlichen Urlaub tatsächlich nehmen, um Abgeltungsansprüche für nicht genommenen Urlaub zu vermeiden[148].

Ein umgekehrter Ansatz ist die sogenannte Arbeit auf Abruf. Diese ist in § 12 Teilzeit- und Befristungsgesetz (TzBfG) geregelt. Danach können die Parteien vereinbaren, dass der Arbeitnehmer seine Arbeitsleistung entsprechend des Arbeitsanfalls zu erbringen hat. Ist eine bestimmte Arbeitszeit nicht festgelegt, gilt eine Arbeitszeit von 20 Stunden wöchentlich bzw. 3 Stunden täglich als vereinbart. Der Arbeitgeber kann zudem einen Korridor von 25 Prozent mehr oder 20 Prozent weniger abrufen und bezahlt nur das, was der Mitarbeiter wirklich arbeitet. Dies gibt vor allem dem Arbeitgeber mehr Flexibilität – jedenfalls dann, wenn er Mitarbeiter findet, die dieses Modell akzeptieren. Diese Möglichkeit sei beim Thema Flexibilität der Vollständigkeit halber erwähnt, denn dieser Ansatz findet in der Praxis von New Pay eher keine Anwendung.

8.2   Variable Vergütung

Flexibilität ist auch im Rahmen der variablen Vergütung wesentlich. Das Arbeitsrecht lässt dabei mehr Spielraum zu, allerdings nicht grenzenlos. Wichtige rechtliche Grundsätze sind dabei Transparenz und die Tatsache, dass Arbeitgeber den Arbeitnehmern einmal Verdientes nicht wieder entziehen können.

Rechtliche Grundlagen
Variable Vergütung wird nur ausnahmsweise in Tarifverträgen geregelt. Damit ist der Weg weitgehend frei für innerbetriebliche Lösungen. Nach § 87 Abs. 1 Nr. 10 und 11 BetrVG hat der Betriebsrat ein echtes Mitbestimmungsrecht bei Vergütungsgrundsätzen. Dazu gehören Bonus- und Kommissionsvereinbarungen, aber auch sonstige

---

146 BAG v. 17.01.2008 – 2 AZR 536/06, juris, Rn. 15f.
147 vgl. The Guardian online, The ugly truth about unlimited holidays, André Spicer, 5. Juni 2018 oder Karriere-Spiegel, Der faule Trick mit dem unbegrenzten Urlaub, Kolumne von Klaus Werle, 6. Mai 2018.
148 siehe EuGH v. 6.11.2018, C-619/16, C-684/16.

variable Vergütungsbestandteile. Dabei gilt: Der Arbeitgeber kann einseitig das Volumen festlegen, das er für variable Vergütung zur Verfügung stellt, also den »Bonustopf«. Wie der Topf verteilt wird, darüber müssen sich Arbeitgeber und Betriebsrat einigen. Tun sie das nicht, entscheidet eine Einigungsstelle dann verbindlich.

Besteht kein Betriebsrat, können Arbeitgeber die variable Vergütung individuell mit jedem Mitarbeiter vereinbaren oder durch Gesamtzusage oder betriebliche Übung kollektiv verankern.

Ziele und Zielerreichung

In der Regel erfolgt die Zahlung einer variablen Vergütung nur, wenn Mitarbeiter bestimmte Ziele erreichen. Welche Ziele das sind, legt entweder der Arbeitgeber einseitig fest oder beide Seiten vereinbaren dies gemeinsam. Hier ist vieles möglich – individuelle »harte« Ziele mit messbaren Kennziffern oder »weiche« Ziele, deren Beurteilung eine Wertung voraussetzt, wie etwa Führungskompetenz, Kundenfreundlichkeit, kommunikative Fertigkeiten. Hierzu gehören auch Teamziele, Unternehmens- und Konzernziele, die im Rahmen von New Pay üblich sind. Entscheidend ist, was Arbeitgeber incentivieren möchten. Dazu müssen die Ziele klar und verständlich sein – und zu Beginn des Bemessungszeitraums bekannt sein. Das ist regelmäßig nicht der Fall: Oft beginnt das Bonusjahr im Januar und die Ziele werden erst Monate später besprochen. Doch für Zeiträume ohne Zielfestlegung gilt eine 100-prozentige Zielerreichung – jedenfalls dann, wenn der Arbeitgeber die Ziele vorwerfbar nicht festgelegt hat und nicht nachweisen kann, dass eine niedrigere Zielerreichung eingetreten wäre.

Auch bei der Frage der Zielerreichung ist der Arbeitgeber in einer weitgehenden Begründungspflicht. Er muss im Konfliktfall umfassend erklären, wie er die Zielerreichung ermittelt bzw. mit welchen Ergebnissen er sie festgestellt hat. Dabei ist es denkbar, Spielräume zu schaffen – sofern diese allen Beteiligten vorher klar sind. Das Arbeitsrecht erlaubt daher Modelle, in denen beispielsweise ein Team gemeinsam die Wertbeiträge aller Teammitglieder festlegt oder die Zielerreichung durch 360-Grad-Feedback ermittelt. Wichtig ist aber, dass alle vorher wissen, was am Ende für die Festlegung der variablen Vergütung entscheidend ist – und dass das Verfahren konsistent und nachvollziehbar ist.

Bonus ohne Ziele?

Spot-Boni: Für Bonuszahlungen müssen Arbeitgeber und Arbeitnehmer Ziele nicht vorab festgelegen. Zunehmend vergeben Unternehmen sogenannte Spot-Boni, wenn Mitarbeiter eine besonders gute Leistung erbringen oder wertbringende Projekte bzw. Meilensteile abschließen. Der Bonus wird »on the spot«, also »unmittelbar und direkt« vergeben. Dadurch möchten Arbeitgeber Wertschätzung auch spontan finanziell vermitteln. Rechtlich ist das problemlos möglich. Erfolgt dies allerdings regelmäßig und nicht nur sehr vereinzelt, kann der Betriebsrat ein Mitbestimmungsrecht geltend machen. Und auch eine betriebliche Übung – und damit ein Anspruch von Mitarbeitern – kann sich einschleichen, was die Spot-Boni ihres Sinns beraubt.

Ermessensboni: Ein anderer Ansatz sind Ermessensboni. Aus dem angloamerikanischen Raum kommt die Formulierung, Boni völlig »diskretionär« zu bestimmen. Damit hadern wir im deutschen Arbeitsrecht. Was allerdings das Bundesarbeitsgericht anerkennt, ist eine Bestimmung nach »billigem Ermessen«. Da das Gesetz in § 315 BGB billiges Ermessen regelt, geht das Bundesarbeitsgericht (mutig) davon aus, dass die Gerichte überprüfen können, ob billiges Ermessen vorliegt oder nicht. Am Ende bedeutet dies, dass der Arbeitgeber Argumente vorbringen muss, dass die Entscheidung über die Zahlung eines Bonus und dessen Höhe sachlich gerechtfertigt und in sich stimmig ist. Für Arbeitgeber eröffnet das einen recht weiten Spielraum, der größere Flexibilität gegenüber dem Modell mit vorab festgelegten Zielen zulässt. Im Gegenzug stellt sich allerdings die Frage, ob ohne die Festlegung konkreter Ziele eine Incentivierung noch gegeben ist. Dies hängt letztlich davon ab, ob man an die Wirkung einer Incentivierung durch Zielvorgaben und in Aussicht gestellte Boni überhaupt glaubt. Im Rahmen von New Pay kann aber die Übertragung des Ermessens an das Team ein sinnvoller Ansatz sein, der bei der Begründung der Entscheidung andere Parameter erlaubt.

Freiwillig oder widerruflich?
Klar ist jedenfalls, dass eine Gewährung von Boni nach Gutsherrenart problematisch ist. Die Vorgabe von Zielen oder konkreten Bonusbeträgen, gekoppelt mit dem Hinweis, dass die Zahlung eines Bonus allerdings freiwillig sei, passt nicht zusammen. Das hat das Bundesarbeitsgericht längst sehr deutlich entschieden[149]. Die Entscheidung ist sinnvoll, denn diese Art der Freiwilligkeit entspricht sonst auch nicht dem, was Arbeitgeber wirklich wollen: Kein Unternehmen möchte Ziele vorgeben, um dann bei Zielerreichung mitzuteilen, dass es trotzdem keinen Bonus zahlt. Das wäre ein frustrierendes Signal an die Mitarbeiter.

Arbeitgeber möchten in solchen Fällen eigentlich den Bonus an das Unternehmensergebnis koppeln: Geht es dem Unternehmen gut, zahlt es den Bonus, geht es dem Unternehmen nicht gut, soll kein Geld fließen, auch wenn Mitarbeiter ihre individuellen Ziele erreichen. Das kann ein legitimer Punkt sein, der sich auch ohne vermeintliche »Freiwilligkeit« rechtlich sauber abbilden lässt: So könnten Unternehmen eine wirtschaftliche Kennziffer festlegen. Wenn diese erreicht wird, fließt bei individueller Zielerreichung auch der individuelle Bonus. Alternativ kann eine wirtschaftliche Schieflage ein Grund sein, vereinbarte Bonusansprüche für die Zukunft zu widerrufen,

---

149   BAG v. 24.10.2007 – 10 AZR 825/06, NZA 2008, 40.

den Mitarbeiter nachvollziehen können. Auch das ist zulässig, sofern der Arbeitgeber die Widerrufsgründe vorher transparent gemacht hat.

Stichtagsregelungen

Oft möchten Unternehmen einen Bonus auch dann (doch) nicht zahlen, wenn die Mitarbeiter das Unternehmen verlassen. Dabei spielt der Gedanke eine Rolle, dass man von einer durch die Zahlung ausgelösten Motivation in der Zukunft nicht mehr profitiert. Daher sind sogenannte Stichtagsregelungen häufig anzutreffen. Ein Anspruch auf variable Vergütung soll dann nicht entstehen oder verfallen, wenn die Mitarbeiter vor einem bestimmten Stichtag kündigen oder das Unternehmen tatsächlich verlassen.

Das Bundesarbeitsgericht erkennt diese Regelungen nur an, wenn es für die versprochene Zahlung ausschließlich auf die Treue der Mitarbeiter ankommt[150]. Das ist selten der Fall. In der Regel geht es nicht darum, ob die Mitarbeiterin am Stichtag ein ungekündigtes Arbeitsverhältnis hat, sondern ob sie auch gearbeitet hat und zwar möglichst gut. Ist aber die Zielerreichung relevant, egal welcher Art, und damit ein Bezug zur Arbeitsleistung erkennbar, sind Stichtagsklauseln grundsätzlich unzulässig. Denn dann wurde eine Leistung erbracht, für die Unternehmen den Bonus auch zahlen sollen. Eine Kündigung kann dann die bereits erbrachte Arbeit nicht entwerten. Das gilt auch, wenn Beschäftigte während des Bonuszeitraumes ausscheiden; dann ist regelmäßig ein anteiliger Bonus zu zahlen.

8.3   Beteiligungsmodelle

Im Umfeld von New Work ist es ein großes Ziel vieler Arbeitgeber, ihre Mitarbeiter zu echten Entrepreneuren zu machen und ein unternehmerisches Handeln und Denken auf allen Ebenen zu fördern. Börsennotierte Unternehmen versuchen dies durch Mitarbeiteraktienprogramme oder indirekte, am Aktienwert ausgerichtete Programme, wie Virtual Shares.

Für andere, vor allem kleinere Unternehmen, bestehen dabei zwei Hürden: Zum einen müssen sie zur Berechnung eine Unternehmensbewertung vornehmen, die oft aufwändig ist und schnell streitig werden kann. Zum anderen erlangen Mitarbeiter bei einer echten Beteiligung die Stellung eines Gesellschafters. Endet das Arbeitsverhältnis, können die Interessen des Unternehmens und die des ehemaligen Mitarbeiters auseinanderfallen. Man stelle sich beispielsweise vor, der Mitarbeiter wechselt zum Wettbewerber und kann als Gesellschafter weiterhin alle relevanten Informationen seines ehemaligen Arbeitgebers erlangen. Auch bei Modellen wie Mitarbeiterbeteili-

---

150   BAG v. 18.01.2012 – 10 AZR 612/10, NZA 2012, 561.

gungsgesellschaften, Genossenschaften oder Genussscheinen besteht oft ein Missverhältnis zwischen Aufwand und Nutzen sowie gesellschaftsrechtliche Tücken. Damit verhindern diese Hürden die ernstgemeinten Bestrebungen nach mehr Mitarbeiterbeteiligung regelmäßig.

Eine einfachere Alternative ist daher die Gewinnbeteiligung. Dabei sind Mitarbeiter am Gewinn des Unternehmens direkt beteiligt. In der Regel verteilen Arbeitgeber einen bestimmten Prozentsatz des Gewinns nach bestimmten Kriterien unter den Mitarbeitern. Bei der Art der Verteilung haben sie viel Gestaltungsspielraum, vorausgesetzt, das System ist transparent und fair. Wer erhält wie viel vom Gewinntopf, wer legt dies fest – die Führungskraft, der Mitarbeiter selbst oder das Team? Und sind für eine Partizipation bestimmte Kriterien relevant und wenn ja, welche? Hier ist vieles denkbar und zulässig. Wichtig sind eine saubere Regelung und die genaue Definition der Parameter. Wie Unternehmen den Gewinn genau bestimmen, was passiert, wenn der Gewinn sich aufgrund unerwarteter Ereignisse deutlich erhöht oder reduziert, zum Beispiel durch Investitionen oder den Verkauf von Unternehmensteilen, sollten Arbeitgeber vorausschauend durchdenken und gut regeln.

Dann kann eine Gewinnbeteiligung ein sinnvoller Weg sein, ein Teamgefühl und eine höhere Identifikation der Mitarbeiter mit ihrem Unternehmen zu fördern.

8.4 Summary

Am Ende ist bei allen Vergütungsmodellen die Zielsetzung entscheidend: Für was möchte das Unternehmen die Mitarbeiter bezahlen? Was genau möchten sie incentivieren? Das können Arbeitgeber auch erst einmal ausprobieren: Befristungen erlauben es, Modelle zu testen und zu prüfen, ob der gewünschte Effekt eintritt oder andere Probleme auftauchen, die man vorher nicht gesehen hat.

Dabei fordert die Rechtsprechung als Grundsatz in Vergütungsfragen immer Transparenz und Konsistenz. Selbst wenn Mitarbeiter wissen oder jedenfalls ahnen, warum sie einen niedrigen Bonus bekommen, ein Gericht weiß es nicht und die Darlegungs- und Beweislast liegt zumeist beim Arbeitgeber. Kommunikation gegenüber den Mitarbeitern ist daher wichtig.

Ebenso wichtig ist es, den Betriebsrat einzubinden. Nicht nur, weil aufgrund der Mitbestimmungsrechte eine Einigung mit dem Betriebsrat über die Vergütungsgrundsätze notwendig ist. Auch weil der Betriebsrat Anregungen der Belegschaft aufnehmen kann, die die Arbeitgeberseite sonst vielleicht übersehen könnte. Gleichzeitig ist der Betriebsrat ein Sprachrohr zurück an die Mitarbeiter. Der Standpunkt vieler Betriebsräte, alle möglichst gleich zu vergüten, ist zwar selten vermittelbar, sollte aber aus Unternehmenssicht ein Ausgangspunkt für eine offene Diskussion über Wertbeiträge sein.

Am Ende gilt: Es geht rechtlich mehr, als man denkt. Das Recht zwingt aber, die Zielsetzungen und die Auswirkungen eines Vergütungsmodells genau zu durchdenken und transparent zu kommunizieren.

9 Prinzipien und »Entlohnungsmodelle« für New Pay

9.1 New-Pay-Dimensionen

Wo hört das Alte auf und fängt das Neue an? Über diese Frage lässt sich trefflich streiten – gerade beim Thema New Pay. Als Autoren haben wir uns auf die Suche nach konkreten Entwicklungsschritten gemacht, die Organisationen auf dem Weg hin zu New Pay durchlaufen. Allein: Keine Organisation ist wie die andere und ebenso sind Lösungen und Experimente mit New Pay immer einzigartig. Dennoch gibt es bestimmte Prinzipien, die viele der uns bisher bekannten New-Pay-Unternehmen berücksichtigen. Die Prinzipien bewegen sich rund um die Aspekte, die wir bereits in Kapitel 6 aus den Grundsätzen von New Work abgeleitet hatten. Wir sprechen dabei nun von Dimensionen, da diese Prinzipien je nach Kombination der Entlohnungsansätze verschieden stark ausgeprägt sind. In jeder Dimension gibt es eine große Bandbreite und zudem verschiedene Abstufungen – hundert Prozent durchgängig sind die Prinzipien meist nicht. Und die Dimensionen gleichen einem Idealbild, das eine Organisation anstrebt.

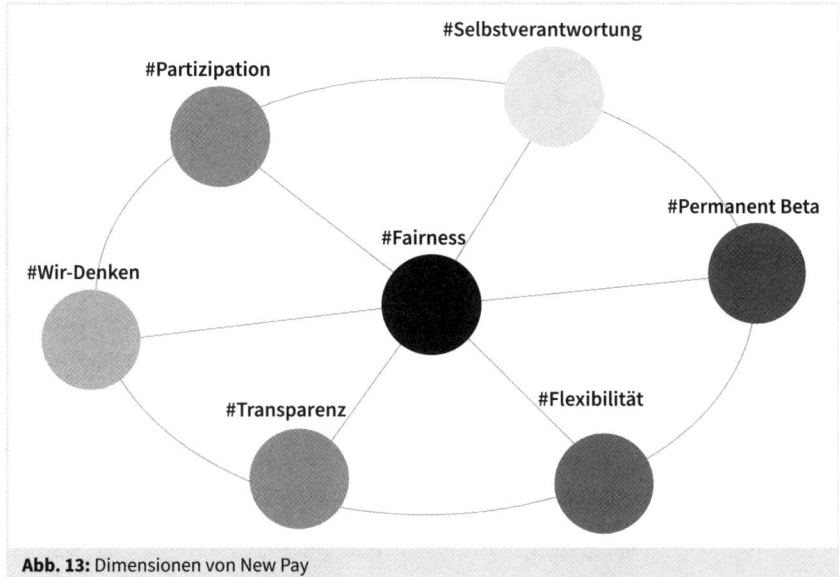

Abb. 13: Dimensionen von New Pay

Dimensionen von New Pay

1. Fairness
2. Transparenz
3. Selbstverantwortung

4. Partizipation
5. Flexibilität
6. Wir-Denken
7. Permanent Beta

Stephan Fischer, Professor für Personalmanagement und Organisationsberatung an der Hochschule Pforzheim, schreibt in seinem Beitrag zur Blogparade »New Pay«: »Reduzieren wir Vergütung auf das Wesentliche, geht es um eine Frage: Wie verteilen wir Geld unter den Mitarbeitenden so, dass wir eine möglichst große Steuerungswirkung erzielen? Dahinter stehen zwei Prinzipien der sozialen Gerechtigkeit. Die Verteilungsgerechtigkeit und die Verfahrensgerechtigkeit.«[151]

Stephan Fischer spricht damit zwei Dinge an, die auch wir beobachtet haben:

1.   Jegliche Veränderungen in Organisationen dienen im Optimalfall dazu, den Unternehmenszweck noch besser zu realisieren. Nach welchem System Mitarbeiter entlohnt werden, sagt viel darüber aus, welches Verhalten in der Organisation erwünscht ist und welches nicht. Mit herkömmlichen Gehaltsmodellen ist die Steuerungswirkung teilweise suboptimal – beispielsweise, wenn Unternehmen individuelle Boni bezahlen, jedoch Kollaboration für den gemeinsamen Unternehmenszweck erwarten.
2.   Die gefühlte soziale Gerechtigkeit in einem Unternehmen und seinem Marktumfeld ist auch für New Pay zentral: Ist sie nicht vorhanden, führt dies zu Unzufriedenheit in der Organisation und schwächt somit die Beiträge für den Unternehmenszweck. Gleichzeitig ist ein gewisser Grad an Unzufriedenheit ein ständiger Treiber für New Pay und die Weiterentwicklung der entsprechenden Gehaltsmodelle.

Fairness = Gefühlte Gerechtigkeit

Viele der New-Pay-Unternehmen finden ihre Gehaltsstrukturen gerecht – unter Berücksichtigung der realen Gestaltungsmöglichkeiten. Ein objektiv gerechter Lohn ist gleichwohl ein unerreichbares Ideal – und Gerechtigkeit liegt immer im Auge des Betrachters. Wir sprechen deshalb besser von gefühlter Gerechtigkeit oder Fairness: Den meisten New-Pay-Unternehmen ist dieser Umstand wohl bewusst. Dennoch erheben sie weiterhin den Anspruch, ein Mehr an Fairness zu erreichen. Dafür wandeln sie sich ständig – auch bedingt durch gesellschaftlichen Wandel. Wenn beispielsweise der Wunsch nach mehr zeitlicher Flexibilität und größerer Verantwortung wächst, fühlt sich eine Präsenzkultur oder ein starrer 9-to-5-Arbeitstag als Grundlage des Gehaltssystems weniger gerecht an. New Pay greift diese Entwicklung auf.

---

151 Fischer, S. (2017), New Work – New Pay – Old Justice?, online verfügbar unter: https://www.coplusx. de/2017-11-08-newwork-newpay-oldjustice/, letzter Zugriff 10.4.2019.

9.2 Verfahrens- und Verteilungsgerechtigkeit im Wechselspiel mit New Pay

9.2.1 Fairness

Fairness ist, wie oben beschrieben, eine zentrale Dimension von New Pay. Alle weiteren Dimensionen stehen ebenfalls miteinander in Relation, letztlich zahlen jedoch alle auf die »gefühlte Gerechtigkeit«, die Fairness, ein. In einer Arbeitswelt, in der Kollaboration und Kooperation die zentralen Pfeiler der Wertschöpfung bilden, wird Fairness zu einem erfolgskritischen Faktor. In einer Top-down-Kultur ist Ungleichbehandlung der elementare Kern des Systems. Ungleichheit können Beschäftigte zwar durchaus als gerecht empfinden, wenn es um Ungleiches geht. Doch angesichts der Komplexität einer digitalisierten Arbeitswelt stellen immer mehr Menschen die Wirksamkeit einer Pyramidenstruktur in Frage. Und wenn Hierarchien verflachen und zunehmend strukturelle Gleichheit entsteht dann stellt eine ungleiche Behandlung die Gerechtigkeit in Frage.

Um zu verstehen, wie sich die Ausprägungen von New Pay in den verschiedenen Dimensionen auf Verfahrens- und Verteilungsgerechtigkeit auswirken, helfen einige grundsätzliche Überlegungen zu den beiden Formen der sozialen Gerechtigkeit:

1. **Verfahrensgerechtigkeit**: Damit Beschäftigte das Verfahren der Verteilung von Gehalt in einer Organisation als möglichst gerecht empfinden, sollten
   a) Regeln konsistent angewendet werden,
   a) Personen bei Entscheidungen unvoreingenommen sein,
   b) fehlerhafte Entscheidungen korrigiert werden können,
   c) relevante Informationen genutzt und fehlerhafte Vorannahmen vermieden werden,
   d) ethische und moralische Standards erfüllt sein und
   b) die Interessen der Betroffenen einbezogen werden.[152]
   Für Fair Play in Sachen Gehalt müssen Unternehmen also den Rahmen, bestehend aus klaren Regeln für die Gehaltsfindung, festzurren. Diese Regeln gilt es im Sinne von New Pay nachvollziehbar, angemessen und konsistent zu gestalten.
2. **Verteilungsgerechtigkeit**: Bei der Verteilungsgerechtigkeit geht es um die Gehaltshöhe – also darum, wie wir den Kuchen (den Unternehmensgewinn) so unter den Beschäftigten einer Organisation verteilen, dass alle dies als möglichst gerecht empfinden. Zu diesem Verteilungsprozess gehört es, dass Unternehmen die Arbeitnehmer bezüglich verschiedener Kriterien untereinander vergleichen oder sie per se als gleichwertig definieren (Einheitsgehalt). Bei New Pay spielt es

---

152 Vgl. Fischer, S. (2017), New Work – New Pay – Old Justice?, online verfügbar unter: https://www.coplusx. de/2017-11-08-newwork-newpay-oldjustice/, letzter Zugriff 10.4.2019.

allerdings nicht immer die Hauptrolle, wer mehr oder weniger arbeitet oder wessen Arbeit wertiger ist als die eines anderen. Eine Verteilung wird vielmehr einfach dann als gerecht empfunden, wenn die Menschen in der Organisation sich darauf einigen, nach welchen Kriterien sie die Verteilung durchführen (Verfahrensgerechtigkeit). Verfahrens- und Verteilungsgerechtigkeit sind zwei Seiten ein und derselben Medaille. Der Vergleich mit anderen wird dabei nur dann zum Problem, wenn es nicht um nachvollziehbare Unterschiede, sondern um die unterschiedliche Bewertung oder Wertschätzung geht. Somit ist Verteilungsgerechtigkeit ganz besonders geprägt vom eigenen Wertesystem. Der Marktvergleich kann dabei als neutrale, ausgleichende Instanz dienen.

Letztlich schließt jedes Unternehmen einen Pakt: Es formuliert das eigene Verständnis von Gerechtigkeit und Fairness – auf Grundlage der Unternehmenswerte oder der individuellen Werte der Organisationsmitglieder. Ein Maß für die Fairness eines Gehaltsmodells ist die Zufriedenheit der Mitarbeiter mit ebendiesem. Dies lässt sich beispielsweise in einer Mitarbeiterbefragung evaluieren. Wer hierzu kein Feedback einholt, wird gern von Initiativen innerhalb der Organisation überrascht: Neben der Gerüchteküche sind uns auch Aktionen von Rebellenteams begegnet, die sich gegen die praktizierte Lösung auflehnen – etwa indem Mitarbeiter ihr Gehalt in Eigeninitiative transparent machen oder Diskussionen mit Kollegen anfachen. Auch für New-Pay-Unternehmen heißt es also: Ständig das Erreichte reflektieren und in der Retrospektive kritisch prüfen, ob das eigene Modell (noch) passend und in sich stimmig ist oder nicht.

9.2.2 Transparenz

Verfahrensgerechtigkeit: Transparenz ist ein grundlegender Aspekt von Verfahrensgerechtigkeit. Dies belegt die LINOS-2-Studie der Universität Bielefeld aus dem Jahr 2017, die auf einer repräsentativen Befragung von 2.417 sozialversicherungspflichtig beschäftigten Personen beruht. Demnach gilt: Wenn die Lohnfindung nachvollziehbar und transparent ist, sind die Menschen eher geneigt, das Gehalt als gerecht zu bewerten[153]. Dieses Ergebnis widerspricht – scheinbar – den Aussagen von Wirtschaftspsychologen wie Florian Becker von der Wirtschaftspsychologischen Gesellschaft in München. Demnach kann Gehaltstransparenz zu Unzufriedenheit führen, das Selbstwert- und Gerechtigkeitsgefühl empfindlich stören und Kündigungsphantasien oder Rachegelüste auslösen. Gedanken ans Gehalt vergifteten die Atmosphäre. Wer an Geld denke, sei weniger hilfsbereit und es hemme die kollegiale Zusammenarbeit[154]. Laut der genann-

---

153 Telefoninterview mit Stefan Liebig vom 5. März 2019.
154 Joho, K. (2018), Warum Sie mit Kollegen nicht übers Gehalt reden sollten, online verfügbar unter: https://www.wiwo.de/erfolg/beruf/lohntransparenz-warum-sie-mit-kollegen-nicht-uebers-gehalt-reden-sollten/20852070.html, letzter Zugriff 10.4.2019.

ten LINOS-2-Studie ist diese Aussage jedoch in ihrer Allgemeinheit falsch. Die Wirkungen von Transparenz hängen stark davon ab, wie Unternehmen mit dem Thema umgehen: Ist es erlaubt, offen über das eigene Gehalt zu sprechen oder ist es nicht erlaubt? Erläutert ein Unternehmen das eigene Verfahren zur Gehaltsfindung oder sind Mitarbeiter auf Spekulationen angewiesen?

Für LINOS-2 wurden sowohl Personen aus Unternehmen befragt, in denen die Gehälter tabu waren, als auch aus solchen, in denen die Beschäftigten über das eigene Einkommen sprechen konnten. Das Ergebnis: »Menschen finden das gleiche Gehalt in einem transparenten Unternehmen gerechter als in einem nicht transparenten«, erklärt Stefan Liebig, Professor für Soziologie an der der Universität Bielefeld, der zu sozialer Ungleichheit und Gerechtigkeitseinstellungen forscht. »Wenn ein Unternehmen das eigene Gehaltsgefüge nicht richtig begründen kann, wirkt sich das negativ auf unser Gerechtigkeitsempfinden aus. In dem Moment, in dem sich Unternehmen aus einem Tarifsystem herausbewegen, müssen sie die dort vorhandenen Definitionen und klaren Regeln selbst liefern.«[155]

Eine notwendige Voraussetzung für Transparenz besteht also darin, das Gehaltsgefüge nachvollziehbar zu gestalten. Individuelles Verhandlungsgeschick oder das Wissen, das ein Kollege über einen persönlichen Draht zum Vorgesetzten verfügt, sind hingegen kontraproduktiv. Ist das Gehaltsgefüge nachvollziehbar gestaltet, müssen Unternehmen keine Angst vor Gehaltstransparenz haben – im Gegenteil: Sie steigern mittels der Transparenz das Gerechtigkeitsempfinden.

Für gefühlte Verfahrensgerechtigkeit reicht oft schon minimale Transparenz, indem man beispielsweise das Verfahren nach unternehmensintern (nicht unbedingt nach außen) sichtbar macht. Dazu müssen nicht die genauen Gehaltshöhen der einzelnen Mitarbeiter genannt werden. Der Grad der Transparenz ist gleichwohl nach oben bzw. außen offen. Möchten Unternehmen nach außen Transparenz zeigen, dann hat das allerdings nicht mehr unbedingt mit Fairness zu tun, sondern mit der Darstellung als attraktiver Arbeitgeber. Hier folgen wir der Auffassung von Davids Cummins, Geschäftsführer der in diesem Buch vorgestellten Ministry Group GmbH (siehe Kapitel 7.5), der uns in einem der Interviews sagte: »Transparenz ist kein Selbstzweck, Transparenz ist ein Werkzeug.« Und für den Einsatz jedes Werkszeugs macht es Sinn, sich vorab zu überlegen, welche Wirkung man erzielen möchte.

Verteilungsgerechtigkeit: Bislang herrscht noch vielfach die Meinung vor, Transparenz der Gehaltshöhe führe zu ständigen Vergleichen: Je transparenter die Vergütung und je direkter der Vergleich, desto eher sorgten sich Beschäftigte um ihren Anteil. Wir

---

155   Telefoninterview mit Stefan Liebig vom 5. März 2019.

haben jedoch eher ein anderes Phänomen beobachtet: Mitarbeiter neigen dann dazu, sich zu vergleichen, wenn sie sowieso schon unzufrieden sind mit ihrem Arbeitsplatz. Ein weiterer Faktor: Wenn die Gehälter in der Vergangenheit rein nach Nasenfaktor oder Gutdünken der Führungskräfte bestimmt wurden und daher selbst bei vergleichbaren Tätigkeiten ein großes Gefälle besteht, ist in der Tat Transparenz als erster Schritt nicht ratsam. Bringt man in einem solchen Stadium Transparenz in die Organisation hinein, kann die Hölle losbrechen. Wenn jedoch die gemeinsame Basis und ein klares Verfahren vorhanden ist, dann ist auch Transparenz kein Problem. Denn der Vergleich ist dann keine Spekulation mehr. Manche New-Pay-Modelle erfordern einen hohen Grad an Selbstreflexion der Mitarbeiter. Etwa beim Wunschgehalt muss sich jeder selbst fragen: Was empfinde ich als gerecht und wieso? Die Antwort erfordert Transparenz nach innen jenseits von Selbstbetrug. Es geht um eine Selbstreflexion, die das Gesamtsystem mitdenkt. Derartige Lösungen für das eigene Gehaltsmodell benötigen einen hohen Grad an persönlicher und organisationaler Reife.

9.2.3   Selbstverantwortung

Verfahrensgerechtigkeit: Eine zentrale Frage bei jedem Gehaltsmodell: Wer ist die bewertende Instanz – Vorgesetzte, HR, die Tarifpartner, das Team oder jeder einzelne selbst? Wenn Beschäftigte in einem Umfeld von New Work stärker mitentscheiden sollen, geraten Unternehmen mit einem traditionellen Gehaltsmodell schnell ins Ungleichgewicht. Wer eine hohe Selbstverantwortung trägt und damit zum Unternehmenserfolg beiträgt, erwartet auch ein Mitspracherecht beim Gehalt – sonst passt das nicht zusammen. Entscheiden die Mitarbeiter über das eigene Gehalt mit, müssen sie persönliche und unternehmerische Interessen abwägen. Auch das verlangt die bereits in der Dimension Transparenz erwähnte Selbstreflexion und einen hohen persönlichen Reifegrad.

Verteilungsgerechtigkeit: Eine höhere Selbstverantwortung der Mitarbeiter geht in der Regel mit Hierarchieabbau einher, zumindest aber mit einer Neuverteilung der Führungsrollen in der Organisation. Unternehmen stehen damit vor der Frage: Was ist Führung wert? Und wer führt wann und wieviel? Gemeinhin gilt der gesellschaftliche Konsens: Führen ist mehr wert als Folgen. Lediglich im Vertrieb greifen diesbezüglich oft eigene Regeln. Organisationen mit hoher Selbstverantwortung aller Beschäftigten kommen nicht um eine Neudefinition der Gehaltsverteilung für Entscheidungs- und Führungsverantwortung herum.

9.2.4 Partizipation

Verfahrensgerechtigkeit: In New-Work-Unternehmen beobachten wir einen hohen Grad an Partizipation bei der Entstehung des Gehaltsmodells oder zumindest beim Aushandeln der Gehälter. Das Verfahren zur Gehaltsfindung empfinden Mitarbeiter als gerechter, wenn sie es selbst mitbestimmen können.

Verteilungsgerechtigkeit: Wer beim Verfahren der Gehaltsfindung mitsprechen kann, neigt nicht nur dazu, das Verfahren selbst eher zu akzeptieren. Auch die daraus resultierende Verteilung und Gehaltshöhe stehen damit seltener in Frage. Jeder kennt die Gesamtkonstellation und die Argumente der anderen – so erscheint die Verteilung meist als gar nicht so verkehrt. Teilhabe schafft Akzeptanz.

9.2.5 Flexibilität

Verfahrensgerechtigkeit: Arbeitgeber im New-Pay-Umfeld räumen ihren Beschäftigten häufig eine hohe Wahlfreiheit ein. Ein Beispiel ist die Wahl zwischen Zeit oder Geld. Diese Dimension von New Pay wird stark durch gesellschaftliche Veränderung beeinflusst. Früher haben viele Menschen auch die Entscheidungen und Verfahren, die Gewerkschaften aushandelten, als verfahrensgerecht empfunden. Heute hinterfragen viel mehr Arbeitnehmer die Verfahrenshoheit von Betriebsrat oder Gewerkschaft. Wer selbst entscheiden kann, zweifelt weniger an der Gerechtigkeit. Auch individuelle Möglichkeiten, das Gehalt durch die eigene Arbeit zu beeinflussen, wirken sich positiv auf gefühlte Gerechtigkeit aus – zum Beispiel, wenn mehr Verantwortung oder neue Aufgaben zu einem höheren Entgelt führen.

Verteilungsgerechtigkeit: Mehr Freizeit/Urlaub oder mehr Gehalt – je nach Lebensphase oder individueller Lebenssituation dürfte die Entscheidung anders ausfallen. Beschäftigte denken dabei darüber nach, was ihnen zum Zeitpunkt der Entscheidung am meisten nutzt und können ihre Entscheidung in einem gewissen Turnus revidieren. So steigt die Passung für jeden einzelnen und damit die gefühlte Gerechtigkeit. Unternehmen holen so mehr aus dem zu verteilenden Kuchen (Gewinn) heraus und erzielen gleichzeitig eine persönliche Nutzenmaximierung.

9.2.6 Wir-Denken

Verfahrensgerechtigkeit: Individuelle Leistungsmessung ist aufwändig – und in vielen Fällen auch fragwürdig in Bezug auf den tatsächlichen Wertbeitrag eines Mitarbeiters zum Unternehmenserfolg. Meist entwickeln sich Boni zu einem Ersatz für Gehaltserhöhungen. Besitzstandswahrung führt dazu, dass Mitarbeiter die Boni dann gerecht finden, wenn sie diese in der vollen Höhe bekommen. New-Pay-Unternehmen akzeptieren, dass eine Leistungsmessung in der heutigen Arbeitswelt kaum möglich ist – zumindest ist diese ständigen Schwankungen unterworfen, die größtenteils nicht den Rhythmen der Leistungsmessung entsprechen. Leistungsgerechtigkeit gibt es nicht. Mitarbeiterbeteiligung oder Wir-Prämien erfüllen somit eher die Ansprüche an Verfahrensgerechtigkeit: Die Leistung entsteht durch die Zusammenarbeit und entsprechend partnerschaftlich gestaltet sich bei Wir-Prämien das Verfahren zur Verteilung des »Gesamtkuchens«.

Verteilungsgerechtigkeit: Es gibt verschiedene Möglichkeiten, Wir-Prämien auf die Mitarbeiter zu verteilen: Entlang der Grundgehälter oder für jeden gleich. Was als gerechter empfunden wird, hängt stark vom Konsens über das Gehaltsmodell im Unternehmen zusammen. Denn häufig ist die Wir-Prämie (außer bei einem Einheitsgehalt) ein Zusatzelement im Gehaltsmodell. Eine besondere Form der Wir-Prämie ist die Sinnhaftigkeit der eigenen Arbeit: Können Mitarbeiter in einer Organisation für die Kunden oder die Gesellschaft wirksam sein, beeinflusst dies stark deren Einschätzung von Gerechtigkeit. Hierbei kommt aber auch eine gesellschaftliche Verteilungsfrage ins Spiel: Ist es gerecht, dass Erzieher, Krankenpfleger oder Hebammen weniger verdienen als Manager? Die Antwort auf diese Frage liegt aber meist nicht im direkten Einflussbereich der Organisation.

9.2.7 Permanent Beta

Verfahrensgerechtigkeit: Das Gehaltsmodell entwickeln New-Pay-Unternehmen je nach Bedarf ständig weiter. Die Organisationen sind offen für Veränderung und geben nicht gleich bei den ersten Schwierigkeiten auf. Wer die Organisation verändert, das Gehalt jedoch belässt, erzeugt irgendwann eine starke Dissonanz. Wenn das Gehaltsmodell und die Bedürfnisse der Organisation nicht mehr zusammenpassen, beeinträchtig das die gefühlte Verfahrensgerechtigkeit. Da sich Organisationen immer schneller verändern, steigt die Gefahr eines Gaps, die erwünschte Steuerungswirkung geht verloren oder entwickelt sich sogar in die falsche Richtung. Für eine möglichst gute Verfahrensgerechtigkeit sollten Unternehmen die Entwicklung im Auge behalten: Wo kippt die Steuerwirkung hinüber in eine Störwirkung? Passen Gehaltssystem und Unternehmenskultur nicht mehr zusammen, nimmt die Dringlichkeit zur Veränderung zu: So entsteht ein permanentes sich Ausrichten auf das Selbstverständnis, die eigene Unternehmenskultur und die von außen kommenden Anforderungen.

Verteilungsgerechtigkeit: Permanent Beta bedeutet auch die Einsicht, dass die Verteilung der Gehälter im Unternehmen nur punktuell gerecht sein kann. Nicht nur die Unternehmenskultur ändert sich, sondern auch die Zusammensetzung der Organisation, die Marktlage des Unternehmens und die Situation am Arbeitsmarkt.

9.3   Dimensionen von New Pay – plus X

Die beschriebenen Dimensionen von New Pay beinhalten nicht alle Prinzipien, die bei Gehaltsmodellen in Unternehmen denkbar sind. Um dies zu veranschaulichen nennen wir beispielhaft drei weitere Prinzipien, die bei New Pay eine Rolle spielen können, aber nicht müssen (ohne Anspruch auf Vollständigkeit): Wir zählen sie nicht zu den New-Pay-Dimensionen, da diese Prinzipien entweder ebenso in klassischen Vergütungssystemen auftreten oder bei New Pay eher die Ausnahme darstellen.

9.3.1   Leistungsorientierung

Jenseits von Fließbandarbeit ist die Leistung von Mitarbeitern nur schwer zu ermitteln – oder zumindest verbunden mit einem hohen Aufwand. Wenn die Einschätzung nur vom subjektiven Eindruck des Vorgesetzen abhängt, der womöglich gar keinen Einblick in den Arbeitsalltag des Mitarbeiters hat, empfinden Beschäftigte das Gehalt mit hoher Wahrscheinlichkeit als ungerecht. Viele New-Pay-Unternehmen bewegen sich entsprechend von der Vorstellung weg, dass sich die Leistung der Mitarbeiter messen lässt. Sie verstehen Leistung als gemeinschaftlichen Wertschöpfungsprozess. Der Beitrag zum Unternehmenserfolg entsteht demnach gerade in der Kollaboration – insbesondere bei Aufgaben, die Kreativität oder Problemlösungskompetenz bedürfen. Gleichzeitig möchten Unternehmen so die Beschäftigten stärker auf die Arbeit für einen gemeinsamen Unternehmenszweck ausrichten. Gleichwohl wäre es falsch zu glauben, dass sich schon alle Unternehmen, die mit New Pay experimentieren, vom Leistungsgedanken gelöst hätten. Das Vertrauen in die Mitarbeiter, dass sie ohne eine monetäre Differenzierung immer die maximale Leistung bringen, ist nicht durchgängig vorhanden. Entscheidend ist dabei: Unternehmen sollten sich bewusst sein, dass ein Missverhältnis von Vergütung und Leistung eine Gefahr für die Organisation darstellt. Dies gilt insbesondere bei exorbitanten Managergehältern. »Hohe Managergehälter ohne entsprechende Leistung sind eine Verletzung des Leistungsprinzips«, erklärt Stefan Liebig vom DIW-Berlin, der auch Professor für Soziologie an der Universität Bielefeld ist. Das könne die Einsatzbereitschaft der Mitarbeiter drosseln. »Wenn sich wenige bereichern können, weil das Leistungsprinzip für sie nicht gilt, dann führt das dazu, dass sich Mitarbeiter weniger anstrengen.«

9.3.2   Gleichheit

Gleiches Geld für gleiche Arbeit – das hört sich für die meisten Menschen fair an. Das Problem dabei: Welche Arbeit ist wirklich vergleichbar? Stefan Liebig, Professor für Soziologie und wissenschaftliches Vorstandsmitglied des Deutschen Instituts für Wirtschaftsforschung (DIW) in Berlin, spricht in diesem Zusammenhang von einer »gerechten Ungleichheit« (im Vergleich zur »ungerechten Ungleichheit«). Wenn Mitarbeiter mit unterschiedlichen Kompetenzen, Geschlecht oder Erfahrung gleich verdienen, erleben das nicht alle Menschen als gerecht. Tendenziell ist eher das Gegenteil der Fall. Sollten also Berufe mit verschiedenen Anforderungen und Belastungen unterschiedlich honoriert werden? Das entspricht zumindest noch immer einem breiten gesellschaftlichen Konsens, den auch die New-Pay-Vorreiter nicht durchweg hinterfragen.

Ungleichheiten sind nicht per se gerecht oder ungerecht. Bisherige Forschungsergebnisse kommen zu dem Schluss: Eine Bandbreite an Gehältern kann sogar dazu führen, dass sich die Menschen gerechter entlohnt fühlen. Denn darin sehen sie Potentiale der Entwicklung. Vielleicht fehlen hier noch passende Utopien oder Alternativen, wie eine Karriereentwicklung sich jenseits des Gehalts manifestieren kann.

Es gibt zwar New-Pay-Lösungen wie das Einheitsgehalt, die von dem Grundsatz der Gleichheit aller Menschen ausgehen. Kritiker bemängeln jedoch, dass dabei wichtige Aspekte unter den Tisch fallen – beispielsweise höhere Belastungen von Mitarbeitern in ihrer Familie (Kinder, Pflege). Somit ist Fairness über Gleichheit auch dann kaum zu erreichen, wenn man sich vom Prinzip der Leistungsorientierung abwendet. Wer sich am Prinzip der Gleichheit orientiert, sollte dies jedenfalls bedenken. Auch Ungleichheiten sind nicht per se gerecht oder ungerecht.

9.3.3   Einfachheit

Auch ein Gehaltsmodell im Sinne von »Old Pay« kann das Prinzip der Einfachheit erfüllen: Der Mitarbeiter muss gut verhandeln und Argumente einbringen, um ein gutes Gehalt zu erzielen. Gehaltsanpassungen passieren nicht automatisch in einem jährlichen Turnus, sondern je nach Mut der Beschäftigten, sich in eine erneute Verhandlungssituation mit dem Vorgesetzten zu begeben. Bei New Pay tritt dieses Prinzip ebenfalls nicht zwangsläufig auf. Es gibt Gegenbeispiele wie komplizierte Gehaltsformeln oder Abstimmungsprozesse über Peer-Einschätzung. Andererseits gibt es Gehaltsmodelle, die den hohen Aufwand einer zweifelhaften Leistungsmessung durch ein einfaches System, das Zeit spart, ersetzen. Dies ist zum Beispiel beim Einheitsgehalt oder beim Wunschgehalt der Fall.

9.4   Entlohnungsmodelle für New Pay

Unternehmen begeben sich aus unterschiedlichen Motiven auf die Reise hin zu New Pay. Dementsprechend sind auch die Ansätze, die Unternehmen dafür wählen, verschieden. Sie reichen vom Einheitsgehalt über eine Gehaltsformel bis zum Wunschgehalt. Und Ansätze wie die der Gemeinwohlökonomie gehen sogar über das eigene Unternehmen hinaus.

Indem Unternehmen verschiedene New-Pay-Elemente je nach den Bedürfnissen in ihrer Organisation miteinander kombinieren, können sie negative Effekte einzelner Ansätze gegebenenfalls kompensieren. Denn jedes Gehaltssystem hat Vor- und Nachteile. Ihre Wirkung ergibt sich dabei stets aus dem jeweiligen Unternehmenskontext und der Unternehmens- und Führungskultur.

Für die folgenden 18 Entlohnungsmodelle geben wir Hinweise zur Umsetzung – die positiven Effekte – und zeigen auch, auf welche Schwierigkeiten – Stolperfallen – Unternehmen gefasst sein sollten. Durch die Kombination verschiedener Vergütungsansätze lassen sich die Stolperfallen ausgleichen. Ein Beispiel: Das österreichische Unternehmen A-Commerce führte mit der Gründung den Einheitslohn ein. Doch das Jungunternehmen hat beobachtet, dass sich manche Mitarbeiter mehr reinhängen als andere – das sorgte für Diskussionsstoff. Deshalb gibt es in dem Unternehmen ein zweites Gehaltselement, das leistungsabhängig ist: Am Ende des Jahres setzen sich die A-Commerce-Mitarbeiter zusammen und verhandeln darüber, wem welcher Anteil des Gewinns zusteht. Der Geschäftsführer ist nicht bei der Verhandlung dabei und holt sich am Ende nur die Ergebnisse ab. So reguliert das Team das Gehalt gemäß der eigenen Leistungswahrnehmung selbst – und gleicht durch die Peer-Entlohnung einen Nachteil des Einheitsgehalts aus.[156]

Noch ein Hinweis: Dass wir von »Entlohnungsmodellen« sprechen, kann vielleicht zu einem Missverständnis führen. Wir meinen damit nicht, dass Arbeitgeber die Modelle, die wir im Folgenden skizzieren, in genau einer bestimmten Form umsetzen müssen. Es handelt sich hier um Modelle, die in der Umsetzung unterschiedliche Ausprägungen haben können – und auch dürfen!

Wer mehr zu den Entlohnungsmodellen und zu Unternehmen, die diese anwenden, erfahren möchte, findet dazu auf dem New-Pay-Blog weitere Informationen: www. new-pay.org

9.4.1   Einheitsgehalt

Alle Mitarbeiter erhalten den gleichen Lohn, auch bei unterschiedlichen Tätigkeiten.

---

156 Hornung, Stefanie / Franke, Sven / Nobile, Nadine: Neuland »New Pay«. Wie Unternehmen New Work beim Gehalt umsetzen. In: personal manager – Zeitschrift für Human Resources, Ausgabe 5/2018.

Positive Effekte

... Gleiche Wertschätzung für alle! Organisationen drücken damit aus: Wir brauchen alle Mitarbeiter in gleichem Maße. Klares Statement nach innen und außen (insbesondere Bewerber).

... Einheitsgehalt wirkt prägend für die Kultur. Kultur und Wir-Gefühl pitchen gegen Geld.

... Zeitgewinn: Man muss sich nicht mit Leistungsmessung und Gehaltsgesprächen beschäftigen (bis auf die Festlegung der Gehaltshöhe).

... Aufwand für Gehaltsverhandlungen und Gehaltanpassungen entfällt.

... Das Einheitsgehalt umgeht die selten lösbare Herausforderung, Leistung messbar zu machen.

... Organisationen können Verluste ausgleichen, indem sie in schlechten Jahren das Einheitsniveau senken. Sind die Gründe transparent, zeigen sich Beschäftigte meist dazu bereit.

Stolperfallen

... Gefühlte individuelle Ungerechtigkeit, wenn jemand die eigene Leistung höher bewertet als die der anderen.

... Für am Markt gesuchte Beschäftigte, die über Spezialkenntnisse zum Beispiel im MINT-Bereich verfügen, kann der Einheitslohn Gehaltseinbußen bedeuten.

... Beschäftigte, die mehr verdienen als am Markt üblich, bleiben möglicherweise allein wegen des Gehalts, nicht wegen der Kultur oder Arbeitsmotivation.

9.4.2   Mitarbeiterbeteiligung

Hierzu gehört nicht nur die Beteiligung der Mitarbeiter in Form von Aktien, sondern auch durch eine Form der Wir-Prämie: Der Gewinn des Unternehmens wird zu gleichen Teilen oder nach (gemeinsam) festgelegten Kriterien (zum Beispiel im Verhältnis der Grundgehälter) an alle verteilt.

Positive Effekte

... Gefühlte Mitunternehmerschaft, Mitarbeiter fühlen sich stärker verbunden und gleichzeitig (mit-)verantwortlich für das Unternehmen.

... Organisationen können Verluste ausgleichen, indem sie in schlechten Jahren auf eine Ausschüttung verzichten.

Stolperfallen

... Größeres Risiko durch eine geringere Investment-Streuung.

... Mitarbeiter ist beteiligt, kann aber nicht unbedingt (zumindest bei Großunternehmen, Aktienpaket) mitentscheiden. Dies kann zu Dissonanzen führen.

9.4.3   Wunschgehalt

Die Mitarbeiter legen selbst fest, was sie gern verdienen würden und alle arbeiten gemeinsam im Unternehmen daran, das Wunschgehalt zu erreichen.

Positive Effekte

... Jeder wird zum Beteiligten des Wachstums. Durch die Zielsetzung geschieht eine Ausrichtung auf die Zukunft.

... Die Organisation dient den Bedürfnissen der Mitarbeiter. Jeder erhält so viel, wie er oder sie sich aus dem gemeinsam »Gehaltstopf« zugesteht.

... Hohe Eigenverantwortung sowie Verantwortung für die Organisation.

Stolperfallen

... Das Wunschgehalt erfordert die Bereitschaft zur Selbstreflexion und solidarischem Denken – und somit eine hohe Reife der Mitarbeiter.

... Es können sich unterschiedliche Wertesysteme offenbaren und zu Konflikten führen. Ein hoher Reflexionsgrad der Gesamtorganisation ist erforderlich.

9.4.4   Selbstgewähltes Gehalt

Die Beschäftigten legen ihr Gehalt selbst fest, meist mittels Selbst- und Fremdeinschätzung. Kostenstrukturen und Geldflüsse müssen dafür transparent, verständlich und einordbar sein.

Positive Effekte

... Hohe Eigenverantwortung sowie Verantwortung für die Organisation.

... Transparenz der eigenen Leistung: Offene Feedbackkultur und Klarheit, was man für eine Gehaltssteigerung leisten muss.

Stolperfallen

... Hohe Erwartungshaltung: Druck auf die Einzelnen, die eigene Einschätzung auch einzuhalten und zu performen.

... Wettbewerb mit den Kollegen, offene Feedbackkultur kann zu Diskussionen führen.

9.4.5   Bezahlung nach Rollen und Kompetenzen

Nicht feste Position oder Leistung bestimmen das Gehalt, sondern die tatsächliche Entwicklung und das Aufgabenfeld eines Mitarbeiters.

Positive Effekte

… Agile Vergütung: Sie verändert sich je nach Rolle.

… Die Vergütung spiegelt die Flexibilität der Organisation, zum Beispiel im Projektgeschäft.

… Klares System, das, wenn es einmal steht, Besitzstandswahrung entgegenwirkt.

Stolperfallen

… Es bleiben die Fragen: Wie definiert man, was eine Rolle und was Führung wert ist? Wie gewichtet man ggf. verbleibende disziplinarische Aufgaben?

… Wenn neue Rollen entstehen oder Rollen sich verändern, müssen Organisationen das komplette System neu bewerten – Zeitaufwand.

9.4.6 Gehaltsformeln und Gehaltsrechner

Mitarbeiter – und teilweise auch Bewerber – können direkt anhand bestimmter Kriterien errechnen, was sie verdienen.

Positive Effekte

… Durch die Auswahl, Kombination und Gewichtung der Kriterien sendet die Organisation eine klare Botschaft für Beschäftigte und Bewerber, was sie be- und entlohnt.

… Unternehmen können Veränderungen in ihrer unternehmerischen oder kulturellen Ausrichtung in der Formel verankern und damit glaubhaft kommunizieren.

… Keine Gehaltsgespräche und Gehaltsverhandlungen.

Stolperfallen

… Wer zu viele Faktoren kombiniert, erkennt kaum noch, welche Faktoren motivierend wirken können.

… Welche Steuerungswirkung Organisationen konkret erzielen, erkennen sie erst im Verlauf.

… Wenn die Organisation das Modell anpasst, kann es zu deutlichen Gehaltssprüngen oder auch Fehlanreizen kommen.

9.4.7 Gewählte Gehaltsvertreter

Das Unternehmen (Gesellschafter, Geschäftsführung oder Führungskräfte) legt ein Budget für Gehaltserhöhungen fest und die Mitarbeiter bestimmen Vertreter, die das Budget verteilen. Das Modell ist uns in der Ausprägung begegnet, dass es keinen jährlichen Standardprozess gibt, sondern Mitarbeiter eine Konsultation einfordern.

Positive Effekte

... Gehalt wird aus der Organisation heraus entschieden, nicht von einer Führungskraft oder Personalabteilung, die die konkrete Leistung eines Mitarbeiters nicht so gut einschätzen kann. Jeder ist beteiligt.

... Beschäftigte berücksichtigen die wirtschaftliche Machbarkeit und übernehmen Verantwortung.

... Delegation und Ressourcenschonung, weil sich nicht alle Beschäftigte einer Organisation mit dem Thema beschäftigen. Das Prozedere wird nicht unnötig in die Länge gezogen.

Stolperfallen

... Jeder muss selbst Verantwortung übernehmen, um eine Gehaltserhöhung zu bekommen.

... Herausforderung, dass manche Menschen nicht über Geld sprechen möchten. Die Stillen können durchrutschen, wenn sie nicht direkt eine Gehaltserhöhung fordern und die Prozesse nicht moderiert werden.

9.4.8   New Pay durch Partizipation

Geschäftsführung und HR entwickeln gemeinsam mit den Mitarbeitern auf Augenhöhe ein neues Gehaltsmodell.

Positive Effekte

... Hohe Akzeptanz unter den Mitarbeitern, weil sie selbst an der Gestaltung des Gehaltsprozesses beteiligt waren.

... Neue Form der Zusammenarbeit, die Vertrauen im Unternehmen schafft und eine Grundlage für weitere kollaborative Projekte bilden kann.

Stolperfallen

... Gefahr, sich im Prozess zu verlieren und nicht mehr agil auf das Umfeld zu reagieren. Gerade wer erstmals Mitarbeiter in die Entscheidungsprozesse einbezieht, braucht ein klares Ziel.

... Es könnten andere Themen oder Konflikte hochkommen, wenn die Organisation keinen Rahmen vorgibt und der Prozess nicht entsprechend moderiert wird. Dies gilt insbesondere für Initiativen, die nicht von der Führung kommen, sondern bottom-up, zum Beispiel von Organisationsrebellen.

... Kommunikation in die Breite hat einen besonderen Stellenwert: Ergebnisse und Zwischenschritte sollten Unternehmen rechtzeitig und regelmäßig kommunizieren, sonst entsteht schnell eine Spaltung in »wir« und die anderen.

9.4.9 Mitentscheidung bei der Gehaltshöhe

Erweitertes Gehaltsgespräch, bei dem nicht nur die direkte Führungskraft, sondern auch ausgewählte Peers und Unternehmensvertreter an Gehaltsverhandlungen teilnehmen.

Positive Effekte

... Erscheint fairer (gefühlte Gerechtigkeit), weil mehrere Personen über die eigenen Wertbeitrag zum Unternehmen entscheiden. Verteilung der Entscheidung auf mehrere Schultern.

... Mitarbeiter wählen selbst, wer sie am besten einschätzen kann.

Stolperfallen

... Kollegen einzuschätzen ist nicht leicht: Wie trennt man Leistung und Sympathie bzw. persönliche Beziehung? Setzt eine reife Arbeitsbeziehung voraus, so dass zwischen Rollen und persönlichen Emotionen getrennt werden kann.

... Damit Beschäftigte Kritikpunkte offen ansprechen, muss klar sein, an welchen Kriterien sich der Wertbeitrag festmacht.

9.4.10 Entlohnung mit Freizeit

Arbeitszeitverkürzung im Unternehmen auf bis zu 25 Stunden die Woche bei vollem Lohnausgleich.

Positive Effekte

... Hohe Arbeitgeberattraktivität und Freude an der Arbeit.

... Größere Produktivität in den verbleibenden Stunden: Basiert auf der Annahme, dass sich Menschen nur eine bestimmte Zeit voll konzentrieren können und dann nur noch Zeit absitzen. Dies gilt vor allem für Berufe, die eine hohe Konzentration oder Kreativität erfordern.

... Zeitverdichtung deckt ineffiziente Prozesse auf, vor allem an Schnittstellen oder es offenbart sich ein zu großer Workload bei einzelnen Beschäftigten.

... Mitarbeiter haben mehr Zeit, um sich weiterzubilden. Das ist gut für die eigene Entwicklung und die Zukunftsfähigkeit des Unternehmens: Beschäftigte können sich leichter mit neuen Trends und Techniken auseinandersetzen.

Stolperfallen

... Kostenrisiko: Wenn es nicht gelingt, die gleiche Arbeit in weniger Zeit zu erledigen, leidet die Leistungsfähigkeit des Unternehmens.

... In manchen Berufen und Aufgabenfeldern werden Beschäftigte durch die Zeitreduktion nicht produktiver.

... Kultur- und Denkarbeit verschiebt sich auf die Randzeiten oder sogar Freizeit. Wer weniger Stunden am Arbeitsplatz verbringt, ist vielleicht trotzdem darüber hinaus produktiv für das Unternehmen. Das könnten Beschäftigte als Mogelpackung verstehen, obwohl dann zumindest eine höhere Flexibilität für Freizeit bleibt.

9.4.11 Entlohnung durch Flexibilität

Kann von Wahl zwischen Zeit und Geld (individualisierter Tarifvertrag) bis hin zu völliger Zeitsouveränität und »Urlaubsflat« reichen.

Positive Effekte

... Hohe Arbeitgeberattraktivität durch gute Vereinbarkeit von Beruf und Privatleben.

... Fokus liegt auf dem Wertbeitrag für das Unternehmen, nicht auf der Anwesenheit.

... Mitarbeiter planen ihre Auszeiten in Rücksprache mit Kollegen und wenn es für ihr Arbeitsaufkommen am besten passt.

Stolperfallen

... Bei Tarifvertrag: Risiko für höhere Personalkosten, wenn sich mehr Mitarbeiter für Freizeit satt Geld entscheiden und Arbeitgeber mehr Menschen beschäftigen müssen.

... Bei Zeitsouveränität und »Urlaubsflat« besteht die Gefahr, dass Mitarbeiter mehr arbeiten – und sich bis hin zum Burnout selbst ausbeuten. Setzt Selbstführung sowie Führungskräfte und Kollegen voraus, die fürsorglich miteinander umgehen.

9.4.12 Eingeschränkte Gehaltsspanne – gedeckeltes Chefgehalt

Das höchste Gehalt darf höchstens x-mal so viel (Definition eines maximalen Multiplikators) wie das niedrigste Gehalt betragen.

Positive Effekte

... Die Organisation definiert, wie groß der Wertbeitrag von Führung tatsächlich ist.

... Mitarbeiter akzeptieren Gehaltsunterschiede, wenn sie mit der Leistungswahrnehmung weitgehend korrespondiert: Die Leistungserwartung an Führung wird an ein realistisches Maß angepasst.

... Höhere Motivation der Mitarbeiter und mehr Bereitschaft zur Selbstverantwortung und Zusammenarbeit im Unternehmen.

Stolperfallen

... Schwierigkeit, wie man die Höhe des Chefgehalts bzw. die Gehaltsspanne festlegt. Es gilt, Kriterien für Angemessenheit zu finden, die auf Konsens stoßen.

... Unter Umständen müssen Unternehmen in der letzten Konsequenz Chefgehälter kürzen. Dann kann es gegebenenfalls schwierig werden, Menschen zu finden, die den Job machen möchten.

9.4.13 Mindestgehalt

Unternehmen leistet eine hohe Mindestvergütung, die locker zum Leben reicht und ab der die Zufriedenheit laut Studien nicht mehr signifikant steigt.

Positive Effekte

... Zufriedenheit und eine faire Lebensgrundlage für die Mitarbeiter.

... Gemeinsames Verständnis darüber, welche Basis man zum Leben braucht. Menschen arbeiten effektiver, wenn sie sich darüber keine Gedanken machen müssen.

Stolperfalle

... Finanzierbarkeit kann nicht immer gewährleistet sein.

... Schwierige Diskussion, wie hoch ein Mindestgehalt sein muss – es gibt individuelle und lokale Unterschiede. Auch unterschiedliche Lebens- und Wertvorstelllungen sind zu berücksichtigen.

... Offene Frage: Wo fängt die Lebensgrundlage an?

9.4.14 (Öffentlich) transparentes Gehalt

Unternehmen kommunizieren ihren Gehaltsprozess oder die Gehaltshöhe nach innen und/oder außen komplett transparent.

Positive Effekte

... Hohe Klarheit und wenig/kein Raum für Spekulationen, wer mehr oder weniger verdient als man selbst und ob es Ungleichheiten zwischen den Geschlechtern gibt.

... Entzieht Gerüchten den Boden – und spart somit Zeit, die in Beschäftigung mit dem Thema fließt.

... Wenn Unternehmen die Gehaltsfindung gut erklären, empfinden Mitarbeiter diese als gerechter.

Stolperfallen

... Wenn das Gehaltsgefüge nicht nachvollziehbar ist und keinen klaren Regeln folgt, kann Transparenz kontraproduktiv wirken. Unternehmen sollten Inkonsistenzen in ihrem System vor Transparenz lösen.

... Manche Menschen sind kulturell möglicherweise nicht auf Transparenz vorbereitet und möchten sich noch nicht damit auseinandersetzen. Transparenz benötigt eine sensible Kommunikation und inhaltliche Begleitung beim Übergang von einem intransparenten zu einem transparenten System.

9.4.15   Peer-Entlohnung

Mitarbeiter erhält ein Budget X (zum Beispiel 1.000 Euro), welches er nach Belieben an andere Mitarbeiter im Jahresverlauf anlassbezogen verteilen kann. Prinzip der Spot-Boni – vergeben von Kollegen.

Positive Effekte

... Zeitnahe Entlohnung für eine besondere Leistung verstärkt die Motivation, mehr davon zu erreichen.

... Die Entscheidung für diese Art der Spot-Boni fällen diejenigen, die am nächsten an den Mitarbeitern dran sind: ihre Kollegen.

... Belohnung ist nicht an bestimmte Ziele geknüpft.

Stolperfallen

... Kollegen unterscheiden nicht zwangsläufig nach Leistung, sondern unter Umständen auch nach Sympathie oder Antipathie. Deshalb sind klare Kriterien für die Vergabe hilfreich.

... Möglicher Druck auf die Spot-Boni-Empfänger, den Kollegen etwas zurückzugeben, die einen mit dem Bonus bedacht haben.

... Wirken wie andere Boni auch eher kurzfristig und funktionieren nur dann, wenn man eine gute Feedbackkultur hat.

9.4.16   Bezahlung nach Purpose (Unternehmenszweck)

Gehaltsbestandteil oder Peereinschätzung zur Passung der Leistung mit Firmeninteressen (zum Beispiel gemessen an Kundenzufriedenheit).

Positive Effekte

... Fördert die Motivation, nicht persönliche Interessen zu verfolgen, sondern sich am Unternehmenszweck auszurichten.

... Zahlt auf die Zukunftsfähigkeit des Unternehmens ein.

... Bezieht ggf. Feedback von außen/von den Kunden ein und man lernt, welche Prozesse hinderlich sind, gemeinsam im Team wirksam für den Kunden zu werden.

Stolperfallen

... Der Unternehmenssinn muss klar formuliert und jedem Mitarbeiter verständlich sein.

... Die Schwierigkeit besteht darin, wie man den Beitrag zum Unternehmenszweck (Purpose) messen kann.

... Wie sich eine Leistung auf den Unternehmenszweck auswirkt, kann sich manchmal erst nach Jahren zeigen.

... Die Peereinschätzung ist meist eher ein gefühlter Wert, getrieben von persönlicher Sympathie.

> **!** **Sonderform von Bezahlung nach Purpose: OKRs**
>
> OKR steht für »Objectives and Key Results«: Mitarbeiter setzen sich regelmäßig (etwa alle zwölf Wochen) ambitionierte Ziele (Objectives) mit messbaren Schlüsselereignissen (Key Results), die sich aus dem Unternehmenszweck und den Unternehmenszielen ableiten. Diese dienen als Maß für die eigenen Erfolge. Die Zeitintervalle für die Zielsetzung sind kürzer als beispielsweise bei Management by Objectives.
>
> Wichtig: OKRs sind nicht an einen Bonus gebunden. Motivation entsteht durch Verbindlichkeit – die Ziele sind optimalerweise für alle transparent – und durch hohen Anspruch gekennzeichnet. Denn die Ziele sollen möglichst fordernd und unbequem sein.
>
> OKRs sind nicht zwangsläufig Teil von New Pay und können auch in traditionellen Unternehmen zum Einsatz kommen.

9.4.17 Entlohnung durch Wirksamkeit oder Sinn

Nichtmonetäre Komponente des Gehalts: Wer seine Tätigkeit erfüllend findet, sie sinnvoll verrichten kann oder dadurch gewünschte Ziele erreichen kann, fühlt sich bereichert.

Positive Effekte
... Die Arbeit macht mehr Freude. Steigert das Gefühl, am Arbeitsplatz und in der Gesellschaft wirklich gebraucht zu werden.

... Hohe Bindung der Beschäftigten an ihren Arbeitgeber, stärkt Mitarbeitermotivation und Zufriedenheit mit dem Job.

Stolperfallen
... Kann zu Selbstausbeutung oder Verzweiflung am System führen, wenn die Rahmenbedingungen nicht passen, zum Beispiel bei mangelnder Fürsorge des Arbeitgebers, einschränkenden gesellschaftlichen Konventionen oder Gesetzeslagen.

... Sinn sollte nicht vom Unternehmen aufgezwungen werden, sondern von jedem Beschäftigten selbst kommen. Sonst besteht die Gefahr, aus Sinn heilige Kühe zu machen. Überzeugung kann zur Ideologie werden.

9.4.18   Gemeinwohl-Invest

Unternehmen investieren Überschüsse in alternative Wirtschaftsmodelle – etwa im Rahmen von Gemeinwohlökonomie nach den Kriterien Menschenwürde, Solidarität, ökologische Nachhaltigkeit, soziale Gerechtigkeit oder demokratische Mitbestimmung bzw. Partizipation.

Positive Effekte

... Unternehmen und deren Mitarbeiter übernehmen Verantwortung für die Gesellschaft.

... Arbeitgeber tragen die Gesamtkosten der eigenen Wertschöpfung und erzielen diese nicht zu Lasten der Gesellschaft.

Stolperfallen

... Der Grat zum »Greenwashing« ist schmal – Glaubwürdigkeit sollte gegeben sein und das Engagement zum Unternehmen passen.

... Definition von Gemeinwohl ist schwierig. Auch hier besteht die Gefahr der Ideologisierung.

10 New Pay Journey – der Weg zum neuen Gehaltssystem

10.1 Grundgedanken für ein neues Vergütungsmodell

Wer sich als Kind die Hände an der heißen Herdplatte verbrennt, lässt zeitlebens lieber die Finger davon. Auch bei New Work gibt es ein ähnliches Phänomen: Unternehmen schrauben halbherzig an einer Stelle der Organisation oder stülpen eine vermeintliche Patentlösung, die sie anderswo entdeckt haben, über das eigene Unternehmen. Damit werden sie der Komplexität in der eigenen Organisation jedoch nicht gerecht.

Selbstorganisation beispielsweise fällt vielen Unternehmen leichter, wenn sie mit klaren Regeln beginnen. Gleichzeitig ist es empfehlenswert, bei Veränderungen der Organisation nicht gleich zu viel zu wollen. Wer sich nicht genügend Zeit für den Entwicklungsprozess nimmt oder nicht genügend informiert und kommuniziert, landet leicht in der Sackgasse. Keine Frage: Fehler gehören zu New Work und auch zu New Pay mit dazu. Doch wenn Pilotprojekte oder Veränderungsversuche schief gehen, führt das oft zur Annahme, dass das Thema prinzipiell nicht wirkt oder entsprechende Ansätze nur für Sozialromantiker taugen.

Und dies gilt einmal mehr für das Gehalt – gerade, weil es noch vielfach ein Tabu darstellt: Über Geld spricht man nicht. Dieser Glaubenssatz ist immer noch tief im Denken vieler Menschen verwurzelt. Oft ist uns nicht bewusst, warum sich diese Haltung so hartnäckig hält, doch wir ahnen, in gewissen Konstellationen könnte New Pay große Sprengkraft entwickeln. Beim Geld hört schließlich der Spaß auf.

Die Vergütung ist jedoch ein extrem wichtiges Werkzeug für die Kulturarbeit und gleichzeitig ein Signal für die Mitarbeiter, was in einer Organisation belohnt wird und was nicht. Werden Querdenker und unternehmerisches Denken honoriert oder wird Dienst nach Vorschrift vergütet? Ein Vergütungsmodell und seine Umsetzung bilden den Rahmen für das konkrete Handeln der Mitarbeiter. Menschen können durch wirkungsvolle Formen der Zusammenarbeit Verantwortung für die Zukunft von Unternehmen tragen. Doch Organisationen sollten darauf achten, dass ihre Ziel- und Anreizsysteme diese Entwicklung nicht bremsen oder gar ganz verhindern.

Wer heute noch nicht damit beginnt, über das Gehaltsgefüge nachzudenken, hat womöglich in ein paar Jahren ein Problem – zumindest, wenn sich ein Unternehmen in einem engen Fachkräftemarkt bewegt. Für New Pay bedarf es zunächst eines positiven Menschenbildes. Voraussetzungen sind außerdem eine aufgeschlossene Grund-

haltung gegenüber der eigenen Belegschaft und die Offenheit für alternative Herangehensweisen. Sind diese Kulturelemente nicht schon anderswo in der Organisation
eingeübt, benötigen Unternehmen längere Vorlaufzeiten. Gleichwohl sind uns auch
Unternehmen begegnet, die keine expliziten New-Work-Aktivitäten pflegen und sich
dennoch erfolgreich auf den Weg zu New Pay begeben haben.

Wie wir in Kapitel 9 ausführen, spielt Transparenz eine große Rolle für die gefühlte
Gerechtigkeit. Ein Hemmnis für Transparenz sind jedoch vor allem offensichtliche
Ungerechtigkeiten der aktuellen Vergütungsstrukturen. Gefühlte Gerechtigkeit
bewegt sich in einem weiten Feld, doch wenn Mitarbeiter, die im Prinzip die gleiche
Arbeit verrichten, weniger verdienen, bleibt wenig Raum für Interpretationen: Das
empfindet niemand als gerecht. Bevor die Diskussion über New Pay wirklich beginnt,
empfiehlt es sich also, grobe Ungerechtigkeiten zu beseitigen, um Möglichkeitsräume
für Transparenz zu eröffnen.

New Pay sollte nicht zum Dogma werden. Wer feststellt, dass das aktuelle Vergütungssystem genau das bewirkt, was es soll, braucht kein New Pay. Entscheidet sich ein
Unternehmen jedoch dafür, benötigt es eine individuelle Lösung. Entgeltmodelle von
der Stange können selten alle Anforderungen im eigenen Betrieb erfüllen.

Fünf Faustregeln für New Pay
1. Vergütung bildet den Rahmen für das Handeln der Mitarbeiter
2. Blaupausen erhöhen die Gefahr des Scheiterns
3. New Pay braucht Regeln
4. Fairness kommt vor Transparenz
5. Erfahrung mit New Work kann New Pay erleichtern

10.2   Sieben Stationen auf dem Weg zum neuen Gehaltssystem

Der Weg zum neuen Gehaltssystem ist so individuell wie die Lösungen selbst. Doch
gibt es nach unserer Erfahrung auf der Reise zu New Pay Stationen, die einen Prozess
nachvollziehbar abbilden. Diese stellen wir im Folgenden vor.

Station 1: Anleitung zum »Out of the Box«-Denken
Um Denkräume zu eröffnen, benötigen wir alle zunächst eine gehörige Prise Selbstreflexion und Fantasie. An Station 1 der New Pay Journey sind wir angekommen, wenn
wir uns die Freiheit nehmen, scheinbar Unverrückbares in Frage zu stellen. Wenn Du
dabei am Anfang denkst, das ist unmöglich – dann bist Du auf der richtigen Spur. Hin-
terher wundern wir uns oft, wie leicht es ist, Dinge einmal anders anzugehen. Wichtig ist
es allerdings, andere Menschen für neue Denkmuster zu begeistern. Dabei helfen das

passende Wording und eine wirtschaftliche Argumentation. Wenn wir Undiskutierbares diskutierbar machen, können wir Beweglichkeit ins Arbeitsleben hineinbringen.

Station 2: Prinzipien festlegen

Das gewählte Gehaltsmodell sollte zur Unternehmenskultur und -struktur passen. Der Einheitslohn könnte einem hierarchisch organisierten Unternehmen leicht um die Ohren fliegen. Ein hochdifferenzierter Lohn ist bei flachen Hierarchien auch nicht empfehlenswert. Und wer die ganze Kraft auf neue innovative Produkte und Dienstleistungen verwenden möchte, braucht vermutlich ein möglichst einfaches Gehaltsmodell ohne lange Abstimmungsprozesse.

In Kapitel 9 haben wir die Dimensionen von New Pay aus unserer Sicht definiert und einige weitere Prinzipien genannt. Welche davon in welcher Ausprägung und in welchem Timing greifen sollten, ist Teil des eigenen Aushandlungsprozesses in der Organisation. Hier geht es noch gar nicht darum, die konkreten Regeln der Verteilung zu definieren, sondern sich gemeinsam über die Werte und Eckpfeiler klar zu werden.

Station 3: Fragen stellen

Wer New Pay in Betracht zieht, sollte sich mit einigen generellen Grundfragen beschäftigen, zum Beispiel mit diesen:

… Was fördert Motivation und Leistung? An welcher Stelle sorgen Anreiz- und Zielsysteme eher für Minderleistung – insbesondere aus Sicht der Kunden?

… Wie gut ist die Arbeit der Mitarbeiter planbar – dominiert Akkordarbeit oder agile, kreative Wissensarbeit? Sind leistungsbasierte Boni für das eigene Unternehmen vor diesem Hintergrund zielführend? Wie wichtig ist Wettbewerb und Einzelleistung im Vergleich zu Kollektivzielen?

… Wie gut lässt sich die Leistung der Mitarbeiter überhaupt messen – abhängig von ihrem konkreten Aufgabenspektrum? Lohnt sich der Aufwand der Messung und sind die Ergebnisse aussagekräftig genug?

… Inwiefern sollen die Beschäftigten in den Aufbau eines neuen Gehaltssystems mit eingebunden werden?

… Welche Vorstellung von Gerechtigkeit teilen die Beschäftigten? Was brauchen die Mitarbeiter, um ihren Lebensunterhalt zu finanzieren?

… Wie transparent sollen die Organisationsentwicklung und das eigene Gehaltssystem sein?

… Welche Rolle spielt Ausbildung, Erfahrung oder Lernhaltung für das Gehalt?

… Inwiefern sollen Mitarbeiter zu Mitunternehmern werden? Kommt eine Mitarbeiterbeteiligung oder gar die Unternehmensform der Genossenschaft in Frage?

Station 4: Lerne von anderen

Wir stellen in Kapitel 7 verschiedene Unternehmen vor, die Elemente von New Pay anwenden. Viele Pioniere kommen aus dem Berater- und Agenturumfeld. Die Gründe dafür liegen auf der Hand: Wer sich im Alltagsgeschäft ständig in Kunden hineinversetzen und kreative Lösungen für komplexe Probleme finden muss, entwickelt quasi nebenbei eine Art »New-Pay-Gen«. Wenn Du in einem größeren Unternehmen arbeitest, mag der Impuls naheliegen, zu sagen: »Bei uns geht doch sowas nicht.« Wir haben etwas anderes erlebt: Schon heute sehen wir erste Kooperationen von großen Organisationen mit diesen »kleinen Wilden«. Im Austausch kann etwas Neues passieren.

Station 5: Zeit für den Übergang

Neue Vergütungs- und Anreizsysteme entstehen nicht von heute auf morgen, sondern sind Teil eines größeren Kulturprozesses. Das nimmt Zeit in Anspruch, die Unternehmen von vorneherein einplanen sollten.

Station 6: Always Change a Running System

Wer die Organisation einschneidend verändert – und dies ist beim Thema Gehalt der Fall – findet nicht immer auf Anhieb die ideale Lösung. Das heißt nicht, dass man sofort wieder aufgeben sollte. Es ist vielmehr empfehlenswert, rechtzeitig die Veränderungen zu evaluieren und zu vermitteln: Nichts ist in Stein gemeißelt. Wenn man nicht sofort die gewünschten Effekte erzielt, bleibt die Veränderung weiter im Fluss. Permanent Beta!

Station 7: Laufend kommunizieren

Wie für alle Veränderungsprozesse gilt auch bei New Pay: Damit eingeschlagene Wege korrigierbar bleiben, sollte man kontinuierlich kommunizieren. So verhindern Unternehmen, dass es zu einer vergifteten Atmosphäre im Unternehmen kommen kann. Wenn man Veränderungen erklärt, sorgt dies für eine höhere gefühlte Gerechtigkeit. Oft erscheint denjenigen, die voll im Thema sind, die Veränderung völlig logisch und wenig erklärungsbedürftig. Es gilt, dennoch immer wieder das Angebot für begleitende Information zu machen.

Wichtig ist aber auch: Kommunikation ist keine Einbahnstraße. Die Offenheit für das Feedback von Mitarbeitern ist unverzichtbar. Sie sind der Seismograph, ob die Änderungen tatsächlich funktionieren. Vielleicht hat der eine oder die andere auch eine verrückte Idee, wie es noch besser gehen könnte. Hier helfen Formate wie Retrospektiven oder auch Befragungen. Wichtig erscheint uns ein strukturiertes und verbindliches Vorgehen, das Feedback aktiv einfordert. Aussagen wie »unsere Tür steht immer offen« sind oft reine Lippenbekenntnisse.

Wer diese Anregungen wahrnimmt und aufgreift, kann wieder an Station 1 ansetzen – oder an einem beliebigen anderen Punkt der New Pay Journey.

11 Ausblick: Wofür arbeiten wir eigentlich?

New Work dient häufig als Buzzword und Sammelbecken, das verschiedene Ansätze in der Organisationsentwicklung subsumiert.[157] Bei allem Vorbehalt gegenüber dem Begriff, ist für uns bei der Beschäftigung mit dem Thema Entlohnung klar geworden: **New Work braucht New Pay.**

New Pay ist elementar für

1. die Steuerungswirkung von Unternehmen,
2. die gefühlte Gerechtigkeit in Organisationen und in der Gesellschaft und
3. die individuelle Selbstreflexion über das Wofür von Arbeit.

11.1 Gefühlte Ungerechtigkeit führt zu Demotivation

Für dieses Praxisbuch haben wir viele Unternehmen besucht und mit ihnen über das Thema Vergütung gesprochen. Dabei hat sich der Eindruck gefestigt: Wir stehen mit New Pay noch am Anfang. Die porträtierten Unternehmen haben alle ein Störgefühl in der Organisation als Auslöser für New Pay erlebt. Wer die Formen der Zusammenarbeit verändert, wer Führung und Selbstverantwortung neu unter den Mitarbeitern verteilt, landet früher oder später bei der Frage: Passt unser Gehaltsgefüge noch zu der Art, wie wir arbeiten?

Es ist klug, sich mit dieser Frage intensiv auseinanderzusetzen, denn Fairness, also die gefühlte Gerechtigkeit, hat eine hohe Sprengkraft in Organisationen. Das untermauert ein Blick auf die Forschung. Demnach können sich beispielsweise Managergehälter zum Quell fehlender Fairness am Arbeitsplatz auswachsen: Menschen erleben es zwar meist noch als gerecht, wenn Manager deutlich mehr verdienen als Mitarbeiter am anderen Ende der Gehaltstabelle – zumindest, wenn die Manager gute Arbeit leisten und ihre Unternehmen voranbringen. Bei der aktuellen Verteilung – in manchen DAX-Unternehmen reicht die sogenannte »Manager to Worker Pay Ratio« bis hin zum

---

157 Der Begriff New Work ist schwammig und die Zuordnung, welche Unternehmen nun tatsächlich New Work betreiben und welche nicht, daher nicht einfach. Frithjof Bergmann spricht angesichts halbherziger Versuche oder für das Marketing aufgehübschter Initiativen gern von »Lohnarbeit im Minirock«. Organisationen, die sich allerdings wirklich auf den Weg zu radikalen Veränderungen gemacht haben und Prinzipien berücksichtigen, die wir im Einführungskapitel beschreiben, dürfte die Bezeichnung dafür ziemlich egal sein. Manche nennen es einfach »Augenhöhe«. Andere Begriffe wie New Management sind bisher weniger gebräuchlich. New Work verstehen wir deshalb als Hilfskonstrukt, solange wir kein besseres oder breiter anerkannteres Wort für die in den Unternehmen stattfindenden Veränderungsprozesse haben.

159-fachen – hört das Verständnis und Gerechtigkeitsempfinden der meisten Menschen jedoch auf.[158]

»Die Analyse zeigt, dass wahrgenommene Ungerechtigkeiten im oberen Bereich der Einkommensverteilung mit der Reduktion der eigenen Anstrengungen am Arbeitsplatz einhergehen.«[159] Beschäftigte versuchten also Aufwand und Ertrag wieder ins Lot zu bringen, indem sie sich am Arbeitsplatz weniger engagierten.

Diese Untersuchungen beziehen sich allerdings auf eine »alte Welt«, jenseits von New Pay[160]. Somit gilt es, eine weitere Entwicklung zu berücksichtigen, die in der Forschung bislang unter den Tisch fällt: Jenseits von New Work herrschen klassische Hierarchien vor. Menschen am unteren Ende der Pyramide ordnen sich ihren Vorgesetzten unter. Verschwinden diese Hierarchieleitern und übernehmen Mitarbeiter immer mehr Entscheidungsmacht und Verantwortung, so bewegen sich Beschäftige zunehmend auf Augenhöhe.

Auf gesellschaftlicher Ebene treiben zwei Megatrends eine ähnliche Entwicklung voran: die alternde Gesellschaft und die Digitalisierung. Künstliche Intelligenz, Roboter und Maschinen übernehmen immer mehr Aufgaben in der Arbeitswelt. Wohin mit den vielen Menschen, die künftig keine Arbeit mehr finden? Und Menschen werden immer älter. Welche sinnvollen Beschäftigungen werden Menschen in Rente künftig finden können? Nicht ohne Grund hat das Bedingungslose Grundeinkommen derzeit Konjunktur. Hinzu kommt: Führungskräfte allein werden in einer komplexen, digitalen Welt nicht mehr die Deutungs- und Entscheidungshoheit behalten können. Nur im Netzwerk von Fachexperten sind Unternehmen schnell und agil genug, intelligente neue Produkte und Dienstleistungen zu kreieren.

Diese Entwicklungen formen eine Situation, zu der die bestehenden Gehaltssysteme nicht mehr passen. Wir werden viel öfter neue Aushandlungsprozesse alla New Pay

---

158 In einer Pressemitteilung vom 5.7.2018 fasst die Hans-Böckler-Stiftung zentrale Ergebnisse ihrer Studie »Die Schere öffnet sich weiter« zusammen: »Vorstände von Dax-Unternehmen verdienen im Durchschnitt 71-mal so viel wie die durchschnittlichen Beschäftigten in ihrer Firma. Der Abstand hat sich zwischen 2014 und 2017 deutlich vergrößert und ist höher als in allen anderen zuvor untersuchten Jahren. Schaut man auf die einzelnen Unternehmen im Dax 30, reichte die Bandbreite der sogenannten Manager to Worker Pay Ratio 2017 vom 20-Fachen bis zum 159-Fachen – beides ebenfalls Höchststände. Die Vorstandsvorsitzenden im Dax haben im zurückliegenden Geschäftsjahr 2017 im Schnitt sogar das 97-Fache eines durchschnittlichen Beschäftigten in ihrem Unternehmen erhalten.« (online verfügbar unter: https://www. boeckler.de/14_114773.htm, letzter Zugriff 11.4.2019).

159 Adriaans, Jule / Liebig, Stefan: Ungleiche Einkommensverteilung in Deutschland grundsätzlich akzeptiert aber untere Einkommen werden als ungerecht wahrgenommen. In: DIW Wochenbericht, 2018, Nr. 37, S. 801-807.

160 Analysen zur Gerechtigkeit des eigenen Einkommens wie etwa das Sozio-oekonomische Panel (SOEP, eine jährlich am DIW Berlin durchgeführte repräsentative Wiederholungsbefragung privater Haushalte und Personen in Deutschland) berücksichtigen bisher nicht explizit New-Work-Unternehmen und ihre Beschäftigten.

benötigen – und zwar solche, die nicht nur top-down geführt werden. Zu Verfahrensgerechtigkeit gehört auch, dass alle partizipativ die Vergütungsstrukturen mitgestalten können. Der Aushandlungsprozess wird bedeutsamer und berücksichtigt mehr Details, wie etwa die individuelle Situation der Beschäftigten oder die gemeinsame Ausrichtung auf den Unternehmenszweck.

11.2 New Pay: Kit für den sozialen Zusammenhalt

Die Gerechtigkeitsforschung kommt zu dem Schluss, dass zu erwartende Folgen von gefühlten Ungerechtigkeiten wie Demotivation oder innere Kündigung ihren Ursprung nicht nur im eigenen Einkommen haben, sondern auch für wahrgenommene Ungerechtigkeiten in der gesellschaftlichen Einkommensverteilung gelten. Unternehmen sollten somit ein großes Interesse daran haben, auf eine gerechte Gesamtverteilung von Einkommen in unserer Gesellschaft hinzuwirken.

Noch gravierender als exorbitante Gehälter für Topmanager sind die Folgen von zu geringen Löhnen. Laut eines Berichts zur Einkommensgerechtigkeit von Jule Adriaans und Stefan Liebig im DIW Wochenbericht (37/2018) nimmt die große Mehrheit der Bevölkerung niedrige und mittlere Einkommen als zu gering und damit ungerecht wahr. Als niedriges Einkommen gilt ein durchschnittliches Bruttomonatseinkommen von 1.200 Euro.[161] Mittlere Einkommen liegen im Schnitt bei 2.700 Euro.[162] »Hat man den Eindruck, einen zu geringen Lohn für die erbrachte Arbeit zu erhalten, reduziert man die eigenen Anstrengungen im Beruf und passt diese an das niedrigere Belohnungsniveau an«, heißt es im Bericht. Doch die Folgen sind noch weitreichender: Empfundene Ungerechtigkeit am unteren Ende der Einkommensverteilung können zudem zu Politikverdrossenheit und zum Rückzug aus dem demokratischen Meinungsbildungsprozess führen.

Dass Menschen als Reaktion auf fehlende Gehaltsfairness sogar auf die politische Teilhabe verzichten, zeigt einmal mehr die große gesellschaftliche Bedeutung des Themas Vergütung. New Pay kann somit dafür sorgen, dass Menschen sich in die Gesellschaft einbringen – und zwar nicht nur im eigenen Unternehmen. Ungerechtigkeiten wiederum gefährden den sozialen Zusammenhalt.

Dabei gilt es zu bedenken: Ungleichheiten müssen nicht notwendigerweise unfair sein. Gerechtigkeitsforscher kommen diesbezüglich zu dem Schluss: Die Einkommen

---

161 Laut Adriaans und Liebig (DIW Wochenbericht Nr. 37, 2018) sind diese beispielsweise für Reinigungskräfte, Friseurinnen oder PaketbotInnen üblich.
162 Laut Adriaans und Liebig (DIW Wochenbericht Nr. 37, 2018) erhalten beispielsweise Pflegekräfte, BuchhalterInnen und ElektrikerInnen ein Gehalt in dieser Höhe.

in einer gerechten Welt wären nicht weniger ungleich verteilt. Dies ist allerdings nur der Fall, wenn das Maß an Ungleichheit in Einklang mit den in einer Gesellschaft anerkannten normativen Leitprinzipien steht. Was passiert jedoch, wenn wir wie beschrieben neue Leitplanken haben und alte Autoritäten und Machtstrukturen mit der Digitalisierung an Bedeutung verlieren?

Bisher besteht in Sachen Angleichung der Einkommen wenig Grund zu Euphorie, denn zuletzt klaffte die Einkommensschere wieder stärker auseinander: Der Anteil der Spitzeneinkommen in Deutschland ist seit Mitte der neunziger Jahre stark gewachsen. Dagegen hat sich der Anteil, den die Hälfte mit den geringsten Bruttoeinkommen erwirtschaftet, seitdem deutlich reduziert.[163] Es ist also höchste Zeit für eine Neuorientierung, wenn unsere Wirtschaft künftig konkurrenzfähig bleiben soll. In Europa pflegen wir eine demokratische Tradition. Dadurch werden Erfahrungen vermittelt, die auch Unternehmen künftig einen Wettbewerbsvorteil verschaffen könnten. Ansonsten ist die Frage: Was haben wir anderen Ländern und Regionen, was haben wir aufstrebenden Wirtschaftsmächten wie China entgegenzusetzen? Wir leben in einer Zeit des Umbruchs, die wir nutzen sollten, um das Arbeitsleben demokratischer und freizügiger zu gestalten. Warum beziehen Unternehmen nicht die gesamte Intelligenz in ihrer Organisation mit ein? Warum sollte alles beim Alten bleiben, wenn so Vieles dagegenspricht?

New Work klingt für manche Unternehmer vielleicht nach Gutmenschentum. Doch wenn sie merken, dass sich dadurch auch wirtschaftliche Vorteile verschaffen lassen, sollten sie aufhorchen. Aufwändige Prozesse zur Leistungsmessung fördern das Elite- und Konkurrenzdenken, aber bringen selten einen echten Wertbeitrag. Deshalb haben inzwischen schon rund 15 große deutsche Unternehmen, viele davon sind im DAX notiert, individuelle Boni zugunsten von Unternehmens- und Teamprämien abgeschafft – Tendenz steigend. Noch ist das ein Tropfen auf den heißen Stein und noch erreichen Veränderungen nicht wirklich den Niedriglohnsektor. Doch wenn wir das Gedankenspiel weitertreiben, heißt das: Wir müssen die Öffnung der Gehaltsschere verkleinern, so dass auch unterer Einkommensgruppen an der Unternehmensrendite angemessen teilhaben.

Lösungen wären nicht nur ein spürbar höherer Mindestlohn und ein Bedingungsloses Grundeinkommen, sondern eben auch New Pay. Mit den Überlegungen und Grund-

---

163 Das sind wesentliche Ergebnisse einer Untersuchung, die die DIW-Ökonomin Charlotte Bartels im Rahmen des World Inequality Reports für Deutschland auf Basis von Einkommensteuerdaten erstellt hat.

Quelle: Deutsches Institut für Wirtschaftsforschung e. V. (DIW Berlin) (2018), Pressemitteilung vom 16.1.2018: Einkommensverteilung in Deutschland: Spreizung der Bruttoeinkommen hat seit der Wiedervereinigung zugenommen, online verfügbar unter: https://www.diw.de/sixcms/detail. php?id=diw_01.c.575256.de, letzter Zugriff 11.4.2019.

gedanken von New Pay sagen wir: In einer gerechten Welt wären die Gehälter zwar vielleicht weiterhin in gewissem Maße ungleich verteilt, aber weniger ungleich als heute. Niedrige Einkommen würden steigen, Managergehälter sinken. Menschen würden insgesamt stärker an der Unternehmensrendite beteiligt, mehr Sinn in der Arbeit finden und am Arbeitsplatz Solidarität erleben. Die Alternative lautet: Menschen im Zustand der inneren Kündigung und Politikverdrossenheit. Diese Alternative ist allerdings keine wirkliche Option – weder für Arbeitgeber noch für Arbeitnehmer.

11.3 Auf der Suche nach dem Wofür

Wenn wir stärker in den Aushandlungsprozess über eine Neuverteilung von Einkommen gehen und daran immer mehr Menschen beteiligen, kommen wir nicht um einen Prozess der Selbstreflexion zum Thema Gehalt herum. New Pay heißt, über das eigene Gehalt sprechen und sich Gedanken darüber zu machen, was unsere Grundbedürfnisse sind und was wir zum Wohl einer Organisation beitragen können und wollen. Häufig gilt Vergütung in Unternehmen als Spezialistenthema, bei dem es nur darum geht, Gehaltsprozesse durchzuführen. Das dürfte sich einschneidend ändern, wenn Gehälter und die Verfahren zur Verteilung transparenter werden.

Mit Interesse beobachten wir, dass immer mehr Unternehmen in ihren Veränderungsprozessen im Zuge von New Work auf die individuelle Ebene, und somit auf den New-Work-Ursprungsgedanken von Frithjof Bergmann des Wirklich-Wirklich-Wollens, zurückkommen: Inner Work, Achtsamkeit, Selbstreflexion und der Umgang mit Gefühlen wird salonfähig. Welche Disziplin wäre besser für ein Nachdenken über die eigene Berufung und Sinngebung geeignet als New Pay? Wie Stephan Fischer in der Einleitung schreibt, kamen auch wir als AutorInnen von dieser Ausgangsfrage: Wofür arbeiten wir eigentlich?

Nachwort

Die Schwierigkeit ist nicht, neue Ideen zu finden,
sondern den alten zu entkommen.
John Maynard Keynes

Alles ist im Wandel und ständig in Veränderung. Und so sind auch die von uns vorgestellten Organisationen und Entlohnungsmodelle wie auch unsere eigenen Perspektiven ständig im Fluss. Was heute noch passend und stimmig erscheint, kann in naher oder ferner Zukunft zum Hemmschuh für Veränderung werden.

Wir sind deshalb davon überzeugt, dass jedes Denkmodell und jedes Vergütungssystem Tücken hat. Es gilt, sich ständig zu fragen: Liefert es für das Gesamtsystem einen Mehrwert? Steckt es für die Wertschöpfung den passenden Rahmen ab? Oder gibt es Herangehensweisen und Methoden, die in der aktuellen Situation zielführender sind? Dafür brauchen wir neue Denkräume und müssen uns manchmal auch von alten lösen.

Zu dieser kontinuierlichen Reflexion laden wir Dich ein. Teile Deine Erfahrungen und Erkenntnisse mit uns und anderen! Wir freuen uns über Geschichten aus der Praxis. Denn auf unserem Blog www.new-pay.org werden wir weiterhin über Experimente und Praxiserfahrungen berichten und die New Pay Journey fortsetzen.

Wir sagen Danke!

Dieses Buch ist das Ergebnis eines kooperativen und kollaborativen Prozesses. Wir haben es zu dritt geschrieben, doch beteiligt waren und sind viele weitere Menschen, die mit ihrem Input zur Entstehung dieses Buches beigetragen haben. Weitere Kontakte aus unserem Netzwerk, Familie und Freunde haben uns auf unserem Weg inspiriert, bestärkt oder in irgendeiner Form unterstützt. Der nachfolgende Dank schließt auch diejenigen ein, die wir nicht namentlich nennen.

Unser herzlicher Dank gilt allen voran unseren **Interviewpartnerinnen und -partnern** in den Unternehmen:

Gernot Pflüger und Anja Wiese von der CPP Studios GmbH, Norbert Christlbauer, Michael Hetzer und Iris Strobel von der elobau GmbH & Co. KG, Regina Rusch-Ziemba von der Eisenbahn- und Verkehrsgewerkschaft, Jana Burdach und Lasse Rheingans von Rheingans Digital Enabler, David Cummins, Kilian Schulz-Mons und Kristin Wallat von der Ministry Group GmbH, Karl Friedl, Martin Kaltenbrunner und Sabine Zinke von der M.O.O.CON GmbH, Dr. Kai Rödiger, Joachim Seibert und Martin Seibert von der // SEIBERT/MEDIA GmbH, Mark Adolph, Udo Janning und Gunnar Sander von der Sander Pflege GmbH sowie Jos de Blok von Buurtzorg, Benno Löffler, Martin Mittendorf und Fabian Schünke von der Vollmer & Scheffczyk GmbH, Eugen Friesen und Gitanjali Wolf von der Wigwam eG.

Vielen Dank für Eure Zeit, vor allem auch die Offenheit, Eure Geschichte mit uns und der Welt zu teilen.

Bedanken möchten wir uns ebenfalls bei den **Autorinnen und Autoren** der Blogparade #NewPay:

Hermann Arnold, Manuela Bach, Martina Baehr, Guido Bosbach, Kimberly Breuer, E-Block-Team, Frank Eilers, Hendrik Epe, Tim Fahrendorff, Gaby Feile, Stephan Fischer, Eugen Friesen, Alexander Gerber, Marzena Gniep, Markus Gunnesch, Shiran Habekost, Joan Hinterauer, Mashanti Alina Hodzode, Inga Höltmann, Stephan Hütter, Ardalan Ibrahim, Gregor Ilg, Monika Jiang, Sabine Kluge, Lydia Krüger, Anna-Marie Kühne, Tobias Leisgang, Henryk Lüderitz, Pascal Machate, Marco de Micheli, Sebastian Pacher, Henrike von Platen, Niels Pflaeging, Britta Redmann, Matthias Riegel, Sven O. Rimmelspacher, Uwe Rotermund, Stefan Scheller, Fabian Schünke, Ute Schulze, Gunnar Sohn, Franz-Peter Staudt, Dagmar Terbeznik, Emily Thomey, Marc Wagner, Gitanjali Wolf und Daniel Wunderer.

Vielen Dank für all Eure Gedanken und Erfahrungen, die Ihr bei der Blogparade eingebracht habt. Wir haben beim Lesen Eurer Beiträge sehr viel dazu gelernt. Vor allem waren sie für uns Ansporn, das Thema New Pay weiter zu verfolgen und unser Buchprojekt in Angriff zu nehmen.

Besten Dank auch an unsere **Gastautoren**, die mit ihrem Blick auf New Pay dieses Buch bereichern:

Prof. Dr. Stephan Fischer von der Hochschule Pforzheim sowie Holger Faust und Dr. Kara Preedy vom GT Labor Lab – a Greenberg Traurig business.

Es ist uns eine Ehre, dass Ihr mit Eurer Fachexpertise unsere Ausführungen ergänzt habt.

Ein ganz besonderes Dankeschön gilt allen **Unterstützerinnen und Unterstützer**, die bei der Entstehung dieses Buch mitgewirkt haben – sei es durch Zuspruch in den besonders anstrengenden Phasen der Buchentstehung oder durch ihr tatkräftiges Mitwirken. Allen voran: Bernhard Landkammer, unserem Ansprechpartner bei Haufe-Lexware für seine Geduld und durchweg positive Einstellung uns und unserem Buchprojekt gegenüber, Prof. Dr. Armin Trost von der Hochschule Furtwangen für seine konstruktive und offene Kritik, Stefan Liebig vom DIW-Berlin für seine Inspiration zum Thema gefühlter Gerechtigkeit und Fairness, Anna-Marie Kühne und Jenny Vieler für ihre tatkräftige Unterstützung im Rahmen ihrer Mitarbeit bei CO:X. Darüber hinaus danken wir von Herzen folgenden Menschen aus unserem privaten Umfeld: Matzel Xander, Helga Franke, Siegfried Franke, Sonja Tangermann, Sara-Lena Eisermann und vielen weiteren mehr.

Ein Buch entsteht nie im Alleingang, aber selten tragen so viele Menschen dazu bei wie bei diesem Projekt. Für mögliche Unklarheiten, Fehlinterpretationen oder noch nicht genügend beleuchtete Aspekte sind wir jedoch ganz allein verantwortlich.

Die Autoren

Sven Franke

»Experimente wagen und Neuland erkunden«, nach dieser Maxime lebt und arbeitet Sven Franke. Er ist Organisationsbegleiter, Sparringspartner, Autor und Speaker. 2014 und 2015 initiierte er gemeinsam mit Weggefährten die Projekte »AUGENHÖHE – Film und Dialog« und »AUGENHÖHEwege – Film und Dialog«. Mit der neu gegründeten CO:X begleitet Sven Franke Unternehmen dabei, neue Wege in der Zusammenarbeit zu gehen. Im März 2017 wurde Sven Franke mit dem New Work Award von Xing ausgezeichnet.

Stefanie Hornung

Die freie Reporterin (Haufe, herCAREER, Publishing Exhibition) Stefanie Hornung ist auf die Themen Personalmanagement, New Work und Diversity spezialisiert. Sie beschäftigt sich zudem mit der Zukunft von Journalismus und Corporate Publishing. Stefanie Hornung gehörte viele Jahre als Pressesprecherin zum Team der größten deutschen Personalfachmessen, der Zukunft Personal (heute: Zukunft Personal Europe) sowie der PERSONAL Nord und Süd (heute: Zukunft Personal Nord und Zukunft Personal Süd) und war Chefredakteurin des Online-Portals HRM.de.

Nadine Nobile

»Potentiale erkennen und Entfaltung ermöglichen«, das ist der Leitsatz von Nadine Nobile. Die Gründerin von CO:X begleitet Menschen in Organisationen dabei, neue Wege zu finden, um ihre Zukunft aktiv mitzugestalten. Ihre Impulse sind frech, frisch und persönlich. Nadine Nobile studierte Wirtschaftspädagogik. Von 2010 bis 2017 arbeitete sie bei einer bundesweit tätigen Stiftung. Als Führungskraft erlebte sie dort täglich, was es braucht, damit Menschen ihr Potential entfalten und Innovationen vorantreiben.

Literaturverzeichnis

Adams, J. Stacy: Inequity in Social Exchange. In L. Berkowitz (Hrsg.): Advances in Experimental Social Psychology, Vol. 2. Academic Press, New York 1965, S. 267-299.

Adriaans, Jule / Liebig, Stefan: Ungleiche Einkommensverteilung in Deutschland grundsätzlich akzeptiert aber untere Einkommen werden als ungerecht wahrgenommen. In: DIW Wochenbericht, 2018, Nr. 37, S. 801-807.

Ariely, D. (2012), What makes us feel good about our work? (TED Talk), online verfügbar unter: https://www.ted.com/talks/dan_ariely_what_makes_us_feel_good_about_our_work?, letzter Zugriff 17.3.2019.

Ariely, Dan: Payofff – the hidden logic that shapes our motivations. Simon & Schuster, New York 2016.

Arnold, H. (2017), #NewPay: Macht, Geld, Sinn?, online verfügbar unter: https://vision.haufe.de/blog/newpay-macht-geld-sinn/, letzter Zugriff 17.3.2019.

Bach, M. (2017), New Pay = Zeit, online verfügbar unter: https://eyewall.de/2017/10/new-pay-zeit/, letzter Zugriff 17.3.2019.

Balzer, A.-S. (2019), Sinn ist die beste Motivationsquelle überhaupt – ein Interview mit Theo Wehner, online verfügbar unter: https://www.zeit.de/arbeit/2019-03/zufriedenheit-job-arbeitsplatz-sinn-motivation-identifikation, letzter Zugriff 16.3.2019.

Baumann, H. / Klenner, C. / Schmidt, T. (2019), Entgeltgleichheit von Frauen und Männern – Wie wird das Entgelttransparenzgesetz in Betrieben umgesetzt? Eine Auswertung der WSI-Betriebsrätebefragung 2018, WSI-Report, Nr. 45, online verfügbar unter: https://www.boeckler.de/pdf/p_wsi_report_45_2019.pdf, letzter Zugriff 20.2.2019.

Beck, K. u. a. (2001), Manifest für Agile Softwareentwicklung, online verfügbar unter https://agilemanifesto.org/iso/de/manifesto.html, letzter Zugriff 17.3.2019.

Bergmann, Frithjof H.: Neue Arbeit, Neue Kultur. Arbor, Freiburg 2004.

Bergmann, Frithjof H.: On Being Free. University of Notre Dame, Paris 1977.

Bohnet, Iris: What works: Wie Verhaltensdesign die Gleichstellung revolutionieren kann. C.H. Beck, München 2016.

Bosbach, G. (2017), Arbeit, bezahlt mit meinem Leben?! – #newpay, online verfügbar unter: http://www.bosbach.mobi/2017/10/30/arbeit-bezahlt-mit-meinem-leben-newpay/, letzter Zugriff 17.3.2019.

Brandt, Willy: Vorwort zu Jahoda: Wieviel Arbeit braucht der Mensch? Beltz, Weinheim 1983.

Bregman, Rutger: Utopien für Realisten. Rowohlt 2017.

Breuer, K. (2017), Repetitive Arbeit vs. Kreation und Innovation – Warum Bonussysteme aus dem Industriezeitalter nicht mehr funktionieren, online verfügbar unter: https://www.workpath.com/magazine/repetitive-arbeit-vs-kreation-und-innovation-warum-bonussysteme-aus-dem-industriezeitalter-nicht-mehr-funktionieren/, letzter Zugriff 17.03.2019.

Bundesministerium der Justiz und für Verbraucherschutz (2017), Gesetz zur Förderung der Entgelttransparenz zwischen Frauen und Männern (Entgelttransparenzgesetz – Entg-TranspG), online verfügbar unter: https://www.gesetze-im-internet.de/entgtranspg/ BJNR215210017.html, letzter Zugriff 31.1.2019.

Bundesregierung (2018), Mehr Menschen für Pflegeberufe begeistern, online verfügbar unter: https://www.bundesregierung.de/Content/DE/Artikel/2018/07/2018-07-03-ak-tion-pflegekraefte-gewinnen.html, letzter Zugriff 5.3.2019.

Cohn, Ruth C.: Von der Psychoanalyse zur themenzentrierten Interaktion. Von der Behandlung einzelner zu einer Pädagogik für alle?, Klett-Cotta, 15. Auflage, Stuttgart 2018.

Copley, Frank Barkley / Taylor, Frederick W.: Father of Scientific Management. Routledge, London 1993 [1923].

Dämon, K. (2015), Bye bye Boni! Unternehmen verzichten auf Boni, online verfügbar unter: https://www.wiwo.de/erfolg/management/bye-bye-boni-unternehmen-verzichten-auf-boni/12478112.html, letzter Zugriff 1.3.2019.

Deci, Edward L. / Ryan, Richard M.: Die Selbstbestimmungstheorie der Motivation und ihre Bedeutung für die Pädagogik. In: Zeitschrift für Pädagogik. 1993, 39. Jg., Nr. 2., S. 223-238.

Deci, Edward L. / Koestner, Richard / Ryan, Richard M.: A Meta-Analytic Review of Experiments Examining the Effects of Extrinsic Reward on Intrinsic Motivation. In: Psychological Bulletin. 1999, Vol. 125, Nr. 6, S. 627-668.

Deutsche Bahn (2017), Mehr Geld, weniger Wochenstunden oder mehr Urlaub? DB-Mitarbeiter wählen mehr Urlaub, online verfügbar unter: https://www.deutschebahn. com/de/presse/pressestart_zentrales_uebersicht/DB-Mitarbeiter_Waehlen_mehr_ Urlaub-1201380, letzter Zugriff 10.4.2019.

Deutsches Institut für Wirtschaftsforschung e. V. (DIW Berlin) (2018), Pressemitteilung vom 16.1.2018: Einkommensverteilung in Deutschland: Spreizung der Bruttoeinkommen hat seit der Wiedervereinigung zugenommen, online verfügbar unter: https://www.diw.de/ sixcms/detail.php?id=diw_01.c.575256.de, letzter Zugriff 11.4.2019.

Dörrie, P. (2017), Können wir Armut nicht einfach abschaffen?, online verfügbar unter: https://perspective-daily.de/article/330/nwKY9ZOx, letzter Zugriff 31.1.2019.

Drucker, Peter F.: The Practice of Management. Harper Business, New York 2006 [1954].

Englische Regierungsseite (o.J.), Search and compare gender pay gap data, online verfügbar unter: https://gender-pay-gap.service.gov.uk/, letzter Zugriff 1.3.2019.

EVG (2016), Tarifverhandlungen DB AG: EVG erhöht Druck – Warnstreik »der nächste folgerichtige Schritt« – Demo gegen Spaltung, online verfügbar unter: https://www.evg-on-line.org/dafuer-kaempfen-wir/tarifpolitik/news/tarifverhandlungen-db-ag-evg-erhoeht-druck-warnstreik-der-naechste-folgerichtige-schritt-demo-gegen-spaltung/, letzter Aufruf 10.4.2019.

EVG (2016), EVG-Mitgliederbefragung 2016 – die Ergebnisse, online verfügbar unter: https://www.evg-online.org/dafuer-kaempfen-wir/tarifpolitik/news/mitgliederbefragung-er-gebnisse/, letzter Zugriff 10.4.2019.

EVG (2016), EVG setzt innovativen Tarifvertrag mit Wahlmodell durch – Mehr als 5 Prozent Lohnerhöhung im Volumen, online verfügbar unter: https://www.evg-online.org/dafu-er-kaempfen-wir/tarifpolitik/news/evg-setzt-innovativen-tarifvertrag-mit-wahlmodell-durch-mehr-als-5-prozent-lohnerhoehung-im-volumen/, letzter Aufruf 10.4.2019.

EVG (2016), Tarifverhandlungen DB AG: Auftaktrunde am Montag, online verfügbar unter: https://www.evg-online.org/dafuer-kaempfen-wir/tarifpolitik/news/tarifverhandlungen-db-ag-auftaktrunde-am-montag/, letzter Zugriff 10.4.2019.

EVG (2018), DB AG: EVG fordert 7,5 Prozent einschließlich mehr vom EVG-Wahlmodell, online verfügbar unter: https://www.evg-online.org/mitmachen/kampagnen-und-ak-tionen/db-ag-evg-fordert-75-prozent-einschliesslich-mehr-vom-evg-wahlmodell, letzter Zugriff 10.4.2019.

EVG (2018), 6,1 Prozent mehr Geld einschließlich mehr vom EVG-Wahlmodell – alle 37 Forderungen durchgesetzt, online verfügbar unter: https://express.evg-online.org/aus-gabe-05-2018/tarifabschluss-db-ag-2018/, letzter Zugriff 10.4.2019.

Feile, G. (2017), Gleicher Lohn für gleiche Arbeit, oder was?, online verfügbar unter: https://www.klub-der-kommplizen.de/gehaelter-fair/, letzter Zugriff 17.3.2019.

Fischer, S. (2017), New Work – New Pay – Old Justice?, online verfügbar unter: https://www.coplusx.de/2017-11-08-newwork-newpay-oldjustice/, letzter Zugriff 17.3.2019.

Folger, Robert: Distributive and procedural justice: Combined impact of »voice« and impro-vement on experienced inequity. Journal of Personality and Social Psychology. 1977, 35, 108-119.

GiveDirectly (2018), Basic income, online verfügbar unter: https://givedirectly.org/basic-in-come, letzter Zugriff 31.1.2019.

Glassdoor (2019), Startseite, online verfügbar unter: https://www.glassdoor.de/, letzter Zugriff 10.3.2019.

Glucksberg, Sam: »The influence of strength of drive on functional fixedness and perceptual recognition«. In: Journal of Experimental Psychology. 1968, Nr. 63, S. 36–41.

Google (2018), Google Code of Conduct, online verfügbar unter: https://abc.xyz/investor/other/google-code-of-conduct/, letzter Zugriff 15.3.2019.

Google (2019), Mission Statement auf Unternehmenswebseite, online verfügbar unter: https://about.google/intl/de/, letzter Zugriff 15.3.2019.

Habekost, S. (2017), Was bin ich wert?, online verfügbar unter: http://hrpepper.de/was-bin-ich-wert/, letzter Zugriff 17.3.2019.

Hackl, Benedikt / Wagner, Marc / Attmer, Lars / Baumann, Dominik: New Work: Auf dem Weg zur neuen Arbeitswelt – Management-Impulse, Praxisbeispiele, Studien. Springer, Wiesbaden 2017.

Hans-Böckler-Stiftung (2018), Pressemitteilungen: Abstand deutlich gestiegen – Vorstände im DAX verdienen im Mittel 71-mal so viel wie durchschnittliche Beschäftigte, online verfügbar unter: https://www.boeckler.de/14_114773.htm, letzter Zugriff 11.4.2019.

Herzberg, Frederick: Was Mitarbeiter in Schwung bringt! In: Harvard Business Manager, 2003 [1968], Heft Nr. 4, S. 2-11.

Hornung, S. (2018), Frithjof Bergmann: »Ich ärgere mich sehr, sehr tüchtig«, online verfügbar unter: www.haufe.de/personal/hr-management/frithjof-bergmann-uebt-kritik-an-akteuller-new-work-debatte_80_467516.html, letzter Zugriff 17.3.2019.

Hornung, Stefanie / Franke, Sven / Nobile, Nadine: Neuland »New Pay«. Wie Unternehmen New Work beim Gehalt umsetzen. In: personal manager – Zeitschrift für Human Resources, Ausgabe 5/2018.

Ibrahim, A. (2017), #NewPay: Schlichte Umkehrung der Gehaltspyramide, online verfügbar unter: https://wyriwif.wordpress.com/2017/09/22/newpay-schlichte-umkehrung-der-gehaltspyramide/, letzter Zugriff 17.3.2019.

IG Metall (2016), Eine neue Arbeitszeitkultur, online verfügbar unter: https://www.igmetall.de/ueber-uns/kampagnen/mein-leben--meine-zeit/eine-neue-arbeitszeitkultur, letzter Zugriff 7.3.2019.

IG Metall (2018), Bundesweit mehr Geld und selbstbestimmte Arbeitszeiten, online verfügbar unter: https://www.igmetall.de/tarif/tarifrunden/metall-und-elektro/bundesweit-mehr-geld-und-selbstbestimmte-arbeitszeiten, letzter Zugriff 7.3.2019

Initiative Chefsache (2018), Chefsache-Test: Testen Sie Ihre unbewussten Vorurteile, online verfügbar unter: https://initiative-chefsache.de/handlungsbedarf/chefsache-test/, letzter Zugriff 1.3.2019.

Institut für Arbeitsmarkt und Berufsforschung (IAB) (2018), Entgelte von Pflegekräften – weiterhin große Unterschiede zwischen Berufen und Regionen, online verfügbar unter: https://www.iab-forum.de/entgelte-von-pflegekraeften-weiterhin-grosse-unterschiede-zwischen-berufen-und-regionen/, letzter Zugriff 11.4.2019.

Irmscher, Johannes: Lexikon der Antike, Digitale Bibliothek Bd. 18. Directmedia, Berlin 1999.

Jiang, M. (2017), Was tun, wenn wir nicht mehr für's Geld arbeiten?, online verfügbar unter: https://medium.com/MonikaJiang/was-tun-wenn-wir-nicht-mehr-fürs-geld-arbeiten-2a71b45f47ff, letzter Zugriff 17.3.2019.

Joho, K. (2018), Warum Sie mit Kollegen nicht übers Gehalt reden sollten, In: Wirtschafts-Woche online, online verfügbar unter: https://www.wiwo.de/erfolg/beruf/lohntransparenz-warum-sie-mit-kollegen-nicht-uebers-gehalt-reden-sollten/20852070.html, letzter Zugriff 17.3.2019.

Kela (2018), Contrary to reports, the Basic Income Experiment in Finland will continue until the end of 2018, online verfügbar unter: https://www.kela.fi/web/en/-/contrary-to-reports-the-basic-income-experiment-in-finland-will-continue-until-the-end-of-2018, letzter Zugriff 1.3.2019.

Klau, R. (2013), Startup Lab workshop: How Google sets goals: OKRs, online verfügbar unter: https://www.youtube.com/watch?time_continue=16&v=mJB83EZtAjc, letzter Zugriff 17.3.2019.

Klenner, Christina (2016), Gender Pay Gap, online verfügbar unter: https://www.boeckler.de/wsi_63839.htm?produkt=HBS-006394, letzter Zugriff 1.3.2019.

Kluge, S. (2017), Bekommen? Verdienen? #NewPay? #FairPay? Gestatten, ich werde mal wieder persönlich, online verfügbar unter: https://www.linkedin.com/pulse/bekommen-verdienen-newpay-fairpay-gestatten-ich-werde-sabine-kluge/, letzter Zugriff 17.3.2019.

Klünder, N. (2016), Differenzierte Ermittlung des Gender Care Gap auf Basis der repräsentativen Zeitverwendungsdaten 2012/13, online verfügbar unter: https://www.gleichstellungs-bericht.de/kontext/controllers/document.php/30.b/a/f83f36.pdf, letzter Zugriff 1.3.2019.

Krämer, E. (2010), Führen mit Zielen heißt: die Kompetenz der Mitarbeiter wertschätzen!, online verfügbar unter: https://www.egon-kraemer.de/Presseartikel%20Fuehren%20mit%20Zielen%20-%20Egon%20Kraemer.pdf, letzter Zugriff 17.3.2019.

Krüger, L. (2017), Wie Geld mich verändert hat, online verfügbar unter: https://www.buero-nymus.de/wie-geld-mich-veraendert-hat/, letzter Zugriff 11.3.2019.

Krüger, L. (2017), Zeit ist das neue Geld, online verfügbar unter: https://bueronymus.word-press.com/2017/10/24/zeit-ist-das-neue-geld/, letzter Zugriff 17.3.2019.

Krüger, L. (2019), Büronymus – die menschliche Seite der Arbeit, online verfügbar unter: www.bueronymus.de, letzter Zugriff 11.3.2019.

Kühne, A.-M. (2017), #NewPay – Einbeziehen anstatt abzuhängen, online verfügbar unter: https://www.coplusx.de/2017/11/03/newpay-einbeziehen-anstatt-abzuh%C3%A4ngen/, letzter Zugriff 17.3.2019.

Leventhal, Gerald S.: What should be done with equity theory? New approaches to the study of fairness in social relationships. In K. Gergen, M. Greenberg, & R. Willis (Hrsg.), Social Exchange: Advances in Theory and Research. Plenum Press, New York 1980, S. 27–55.

Lillemeier, S. (2016), Der »comparable worth«-Index als Instrument zur Analyse des Gender Pay Gaps«, Working Paper Nr. 205, Hans Böckler Stiftung, online verfügbar unter: https://www.boeckler.de/pdf/p_wsi_wp_205.pdf, letzter Zugriff 1.3.2019.

Machate, P. (2017), #NewPay – Zwischen Wunsch und Wirklichkeit, online verfügbar unter: https://www.future-of-hr.com/2017/10/vorsicht-vor-der-ego-falle-newpay-und-der-spagat-zwischen-wunsch-und-wirklichkeit/, letzter Zugriff 17.3.2019.

McGregor, Douglas: The Human Side of Enterprise. McGraw-Hill, New York 1960.

Mein Grundeinkommen (2019), Startseite, online verfügbar unter: https://www.mein-grund-einkommen.de/, letzter Zugriff 17.3.2019.

Meyer, Markus / Wenzel, Jenny / Schenkel, Antje: Krankheitsbedingte Fehlzeiten in der deutschen Wirtschaft im Jahr 2017. In: Bernhard Badura u. a. (Hrsg.): Fehlzeiten-Report 2018, Sinn erleben – Arbeit und Gesundheit, Springer: Berlin 2018, S. 331-387.

Muck, F. (2017), »Mit Luther kam der Arbeitszwang in die Welt«, online verfügbar unter: https://www.deutsche-handwerks-zeitung.de/mit-luther-kam-der-arbeitszwang-in-die-welt/150/3094/359863, letzter Zugriff 17.3.2019.

Patagonia (2019), Patagonia's Mission Statement, online verfügbar unter: https://www.patagonia.com/company-info.html, letzter Zugriff 15.3.2019.

Pink, Daniel H.: Drive: Was Sie wirklich motiviert. Ecowin Verlag, Salzburg 2010.

PronovaBKK (2018), Betriebliches Gesundheitsmanagement 2018 – Ergebnisse der Arbeitnehmerbefragung, online verfügbar unter: https://www.pronovabkk.de/downloads/ae740f1f69ccabf0/pronovaBKK_BGM_Studie2018.pdf, letzter Zugriff 9.3.2019.

Rahn, M. / Aleweld, T. (2018), Vergütung in agilen Organisationen: Lassen Sie sich inspirieren! Warum klassische Vergütungsansätze an ihre Grenzen geraten und welche Alternativen es gibt, online verfügbar unter: https://www.compbenmagazin.de/verguetung-in-agilen-organisationen-lassen-sie-sich-inspirieren, letzter Zugriff 17.3.2019.

Redmann, B. (2017), Agilität ist fair, online verfügbar unter: https://brittaredmann.blogspot.com/2017/10/agilitat-ist-fair.html, letzter Zugriff 17.3.2019.

Rimmelspacher, S. O. (2017), Wie ich vor 12 Jahren unsere Prämiensysteme einführte diese kontinuierlich verbesserte und uns am Ende davon befreit habe, online verfügbar unter: http://agil-durchstarten.de/wie-ich-vor-12-jahre-unsere-praemiensysteme-einfuehrte-diese-kontinuierlich-verbesserte-und-uns-am-ende-davon-befreit-habe/, letzter Zugriff 15.3.2019.

Rotermund, U. (2017), New Pay – Welches Vergütungssystem passt zu New Work?, online verfügbar unter: https://www.culture-change-management.de/blog-reader/new-pay-welches-verguetungssystem-passt-zu-new-work.html, letzter Zugriff 17.3.2019.

Sauer, S. (2016), Tarifabschluss – Neuartiges Wahlmodell. In: Frankfurter Rundschau, online verfügbar unter: https://www.fr.de/wirtschaft/neuartiges-wahlmodell-11069208.html, letzter Zugriff 17.3.2019.

Schildmann, C. / Voss, D. (2018), Aufwertung von sozialen Dienstleistungen. Warum sie notwendig ist und welche Stolpersteine auf dem Weg liegen, Forschungsförderung Report, Nr. 4, Hans-Böckler-Stiftung, online verfügbar unter: https://www.boeckler.de/pdf/p_fofoe_report_004_2018.pdf, letzter Zugriff 1.3.2019.

Schmid, W. (2012), Was ist Arbeit?, online verfügbar unter: https://momentum-magazin.de/de/was-ist-arbeit/, letzter Zugriff 17.3.2019.

Schulze, U. (2017), New Pay – ein Kommentar von Ute Schulze, online verfügbar unter: https://www.coplusx.de/2017/10/04/new-pay-ein-kommentar-von-ute-schulze/, letzter Zugriff 11.3.2019.

Shane, S. / Wakabayashi, D. (2018), ›The Business of War‹: Google Employees Protest Work for the Pentagon, The New York Times, online verfügbar unter: https://www.nytimes.com/2018/04/04/technology/google-letter-ceo-pentagon-project.html, letzter Zugriff 15.3.2019.

Sinek, S. (2009), How great leaders inspire action (TED Talk), online verfügbar unter: https://www.ted.com/talks/simon_sinek_how_great_leaders_inspire_action, letzter Zugriff 1.3.2019.

Spät, P. (2016), Martin Luther, der Vater des Arbeitsfetischs, online verfügbar unter: https://www.zeit.de/karriere/2016-11/martin-luther-reformation-arbeit-kapitalismus , letzter Zugriff 17.3.2019.

Stangl, W. (2018), ›extrinsische Motivation‹, Online Lexikon für Psychologie und Pädagogik, online verfügbar unter: http://lexikon.stangl.eu/1951/extrinsische-motivation/, letzter Zugriff 16.3.2019.

Statista (2018), Gender Pay Gap in der Schweiz bis 2016, online verfügbar unter: https://de.statista.com/statistik/daten/studie/292066/umfrage/verdienstabstand-zwischen-maennern-und-frauen-gender-pay-gap-in-der-schweiz/, letzter Zugriff 1.3.2019.

Statista (2019), Anzahl der Pflegebedürftigen in Deutschland in den Jahren 1999 bis 2017 (in 1.000), online verfügbar unter: https://de.statista.com/statistik/daten/studie/2722/umfrage/pflegebeduerftige-in-deutschland-seit-1999/, letzter Zugriff 11.4.2019.

Statista (2019), Arbeitslosenquote in Deutschland im Jahresdurchschnitt von 2004 bis 2019, online verfügbar unter: https://de.statista.com/statistik/daten/studie/1224/umfrage/arbeitslosenquote-in-deutschland-seit-1995/, letzter Zugriff 17.3.2019.

Statistisches Bundesamt (Destatis) (2017), Drei Viertel des Gender Pay Gap lassen sich mit Strukturunterschieden erklären, online verfügbar unter: https://www.destatis.de/DE/PresseService/Presse/Pressemitteilungen/2017/03/PD17_094_621.html, letzter Zugriff 1.3.2019.

Statistisches Bundesamt (Destatis) (2018), 3,4 Millionen Pflegebedürftige zum Jahresende 2017, online verfügbar unter: https://www.destatis.de/DE/Presse/Pressemitteilungen/2018/12/PD18_501_224.html, letzter Zugriff 11.4.2019.

Statistisches Bundesamt (Destatis) (2018), Gender Pay Gap 2016: Deutschland weiterhin eines der EU-Schlusslichter, online verfügbar unter: https://www.destatis.de/Europa/DE/Thema/BevoelkerungSoziales/Arbeitsmarkt/GenderPayGap.html, letzter Zugriff 1.3.2019.

Statistisches Bundesamt (Destatis) (2018), Verdienste und Arbeitskosten, online verfügbar unter: https://www.destatis.de/DE/Publikationen/Thematisch/VerdiensteArbeitskosten/Arbeitnehmerverdienste/ArbeitnehmerverdiensteVj2160210183214.pdf?__blob=publicationFile, letzter Zugriff 3.3.2019.

Statistisches Bundesamt (Destatis) (2019), Verdienstunterschied zwischen Frauen und Männern 2018 unverändert bei 21 %, online verfügbar unter: https://www.destatis.de/DE/PresseService/Presse/Pressemitteilungen/2019/03/PD19_098_621.html, letzter Zugriff 13.3.2019.

Statistisches Landesamt Rheinland-Pfalz (2018), Equal Pay Day: Verdienstunterschied zwischen Frauen und Männern unverändert, online verfügbar unter: https://www.statistik.rlp.de/no_cache/de/einzelansicht/news/detail/News/2412/, letzter Zugriff am 1.3.2019.

Staudl, F.-P. (2017), New Pay – was ist New und was Pay?, online verfügbar unter: https://www.linkedin.com/pulse/new-pay-ist-und-franz-peter-staudt/, letzter Zugriff 17.3.2019.

Tagesschau (2017), ARD-Wahlarena: Frage an Merkel zur Pflege, online verfügbar unter: https://www.youtube.com/watch?v=WClqdJSgsok, letzter Zugriff 5.3.2019.

Taylor, Frederick W.: The Principles of Scientific Management. Cosimo, New York 2006 [1911].

Transparancy International (2018), Corruption Perception Index 2018, online verfügbar unter: https://www.transparency.org/cpi2018, letzter Zugriff 31.1.2019.

Väth, Markus: Arbeit – die schönste Nebensache der Welt. Wie New Work unsere Arbeitswelt revolutioniert. Gabal, Offenbach 2016.

Werner, Götz W.: Einkommen für Alle – Bedingungsloses Grundeinkommen – die Zeit ist reif. Kiepenheuer & Witsch, Köln 2018.

Wigwam (2018), Ja!Buch, online verfügbar unter: https://wigwam.im/wp-content/up-loads/2018/04/Wigwam-JaBuch2017.pdf, letzter Zugriff 17.3.2019.

Wikimedia e. V. (2019), Vision auf Unternehmenswebseite, online verfügbar unter: https://wikimedia.de/, letzter Zugriff 15.3.2019.

Wikipedia (2018), Achtstundentag, online verfügbar unter: https://de.wikipedia.org/wiki/Achtstundentag, letzter Zugriff 9.3.2019.

Wikipedia (2018), Bedingungsloses Grundeinkommen, online verfügbar unter: https://de.wikipedia.org/wiki/Bedingungsloses_Grundeinkommen, letzter Zugriff 17.3.2019.

Wikipedia (2018), Bedingungsloses Grundeinkommen in Kenia, online verfügbar unter: https://de.wikipedia.org/wiki/Bedingungsloses_Grundeinkommen#Kenia, letzter Zugriff 10.2.2019.

Wikipedia (2018), Scientific Management, online verfügbar unter https://de.wikipedia.org/wiki/Scientific_Management, letzter Zugriff 1.3.2019.

Wirtschaftskammer Österreich (2019), Angabe des Mindestentgelts im Stelleninserat, online verfügbar unter: https://www.wko.at/service/arbeitsrecht-sozialrecht/Angabe_des_Mindestentgelts_im_Stelleninserat.html, letzter Zugriff 31.1.2019.

Wotschack, P. / Samtleben, C. / Allmendinger, J. (2017), Gesetzlich garantierte »Sabbaticals« – ein Modell für Deutschland? Argumente, Befunde und Erfahrungen aus anderen europäischen Ländern, Wissenschaftszentrum Berlin für Sozialforschung, online verfügbar unter: https://bibliothek.wzb.eu/pdf/2017/i17-501.pdf, letzter Zugriff 7.3.2019.

Wunderer, D. (2017), New Pay – Alter Hut, online verfügbar unter: https://inklusionsgedanken.wordpress.com/2017/10/17/new-pay-alter-hut/, letzter Zugriff 17.3.2019.

Xing (2017), Die Deutschen befürworten Gehaltstransparenz, online verfügbar unter: https://corporate.xing.com/de/newsroom/pressemitteilungen/meldung/xing-studie-die-deutschen-befuerworten-gehaltstransparenz/ letzter Zugriff 17.3.2019.

Zaremba, M. L. (2016), Erste Studie zu unseren Gewinner*innen, online verfügbar unter: https://www.mein-grundeinkommen.de/news/6AtRCWMMQoo8amu4aqEeK, letzter Zugriff 1.2.2019.

Zeit Online (2018), Altenheime und Kliniken melden über 36.000 unbesetzte Stellen, online verfügbar unter: https://www.zeit.de/wirtschaft/2018-04/pflege-kranke-altenheime-kliniken-notstand-bundesregierung, letzter Zugriff 11.4.2019.

Abbildungsverzeichnis

Stichwortverzeichnis

Exklusiv für Buchkäufer!

Ihre Arbeitshilfen zum Download:

▶ **http://mybook.haufe.de/**

▶ **Buchcode:** QOY-4506